なるほど複素関数

村上　雅人　著

なるほど複素関数

海鳴社

はじめに

　おそらく複素関数論ほど評価が分かれる数学の分野はないであろう。まず、一般的には、複素関数論は、大学の数学の授業の中で、最も分かりにくい代表として多くのひとに敬遠される。この理由は簡単で、複素数は実数と虚数 ($i=\sqrt{-1}$) からなる数であるが、虚数に対する拒否反応がもともと強いうえに、複素関数論がいったい何を目的としているのかが初学者には分からないからである。

　一方、複素関数論は、関数論とも呼ばれる。英語では Theory of functions と訳す。つまり、複素数を変数とする関数 (function) こそが、本来の関数なのだと主張しているのである。これは、複素関数を学んではじめて関数が何たるかを理解できるという深遠な理由による。事実、多くの数学者は、複素関数こそが関数の王道であると考えている。確かに、実数は複素数の一部であるから、実数関数は複素関数に包含されることになる。現代数学は、複素数なしで語ることはできない。最近話題になったワイルズによるフェルマーの最終定理の証明でも複素関数が大活躍をしている。

　しかし、このような説明をされても、我々が暮らしている世界が実数の世界であることに変わりはない。わざわざ虚数などという訳のわからないものを導入して、世の中を惑わすのはいかがなものかというのが多くのひとが持つ印象であろう。日常生活で、虚数を使わないと不便だという場面に出会うことはまずありえない。むしろ、虚数などというものを生活に持ち込んだら混乱するのは目に見えている。銀行に虚数円を預けたり、ひととの待ち合わせを虚数時間で約束したのでは、社会自体が成り立たない。

　一歩ゆずって、理工系の専門課程に進んで関数の世話になるにしても、虚数などをわざわざ持ち込まなくとも、実数関数だけで充分事足りるはずである。実験結果に虚数が入り込んだら、大変な混乱を招く。大体にして、理工系の専門家が世話になっているコンピュータも虚数の計算などしてく

れない。

　結論として、虚数を使う意味がない。これが多くの方の常識的見解であろう。実際に、数学の世界でも虚数を使うことがタブーとされた時代があったのである。19世紀までは、虚数を使って得られる数学的な結果をいっさい無視するという学派もあった。

　ところが、19世紀になって、力学や電磁気学などの物理学が発展すると、単純な数式では解けない問題が数多く現れるようになってきた。この時、虚数を使うと実数ではうまく解けない微分方程式の解法がうまくいくことが認識されるようになったのである。そして、いったん虚数に対する拒否反応がなくなると、虚数（複素数）の持つ効用を多くのひとが実感するようになった。20世紀最大の成果と呼ばれる量子力学も複素数で表現されている。もし、複素数がなかったならば、量子力学の数学表現は、貧弱なものになっていただろう。あるいは、量子力学そのものが建設されなかったかもしれない。

　残念なことに、多くのひとは、複素数が非常に便利な数学的道具ということを認識する前に、複素数（あるいは複素関数）を投げ出すという不幸に見舞われる。これは、複素関数を教える側にも責任の一端がある。

　数学の講義全般に共通することであるが、その分野が将来いったい何の役に立つかということは、あまり説明されずに抽象的な内容の講義が続く。特に、複素数に関しては、もともと虚数に対する拒否反応があるため、少し難解な内容が出てくると、多くのひとは途中で投げ出してしまうのである。

　本書では、複素関数が理工系学問にどのように役に立つのかを実感できるようにまとめている。まず、初学者が誤解しやすい複素関数の特徴を、実数関数との違いを強調して示した。それは、複素関数を図示するには4次元の世界が必要であるという事実である。このため、複素関数ではz平面とw平面の2枚の平面を使う。4次元というと複雑という印象を受けるかもしれないが、4次元になったおかげで等角写像という理工系分野に波及効果の大きい応用が開けるのである。

　また、複素積分には面白い性質があって、その特徴をうまく利用すると、解法の困難な実数積分を複雑な計算をすることなく解くことができる。こ

の手法にはじめて接すると、その神秘性に魅了されるが、本書では、この事実を体感できるように実例とともに紹介している。

　本書を通して、複素関数が虚構の学問ではなく、実際に、理工系の幅広い分野で応用される重要な学問であるということを認識していただければ幸いである。

　最後に、本書を出版するにあたってお世話になった海鳴社の辻信行氏と、図の作成や内容の校正でお世話になった超電導工学研究所の小林忍さんに謝意を表する。

平成14年2月　著　者

もくじ

はじめに ・・・・・・・・・・・・・・・・・・・・ 5

第1章　複素数とは ・・・・・・・・・・・・・・・ 11
1.1.　虚数とは？　*11*
1.2.　複素数の加減乗除　*13*
1.3.　複素数を図で表現すると？　*15*
1.4.　虚数 i は回転の役目をする　*20*
1.5.　複素数はベクトル　*21*

第2章　べき級数展開とオイラーの公式 ・・・・・・・・ 26
2.1.　べき級数展開　*27*
  2.1.1.　マクローリン展開　*27*
  2.1.2.　テーラー展開　*31*
2.2.　指数関数の展開　*32*
2.3.　三角関数の展開　*34*
2.4.　級数展開を利用した微分の解法　*34*
  2.4.1.　三角関数の微分　*35*
  2.4.2.　指数関数の微分　*36*
2.5.　級数展開を利用した積分　*37*
2.6.　オイラーの公式　*39*
2.7.　複素平面と極形式　*44*
2.8.　1 の n 乗根を求める　*46*
2.9.　オイラーの公式の利用　*51*

第3章　複素数の関数 ・・・・・・・・・・・・・・・ 53
3.1.　複素変数の2次関数　*53*
3.2.　複素変数の初等関数　*61*
  3.2.1.　三角関数　*61*
  3.2.2.　指数関数　*66*
  3.2.3.　対数関数　*69*
3.3.　複素関数の微分　*70*
3.4.　実数関数と複素関数の対応関係　*78*
3.5.　複素関数の積分　*87*

第4章　複素積分 ・・・・・・・・・・・・・・・・ 91
4.1.　複素関数と積分　*91*

- 4.2. 複素積分の特徴　*92*
- 4.3. なぜ周回積分はゼロか？　*93*
- 4.4. ゼロとならない周回積分　*98*
- 4.5. なぜ複素積分の値は一定か　*100*
- 4.6. 複素積分の応用　*101*
  - 4.6.1. 積分値がゼロを利用した解法　*101*
  - 4.6.2. フレネル積分　*103*
- 4.7. 複素積分の真髄　*107*
- 4.8. 留数とは何か？　*108*
- 4.9. ローラン展開　*110*
- 4.10. ローラン展開と留数　*111*
- 4.11. 留数の求め方　*112*
  - 4.11.1. 極と留数　*112*
  - 4.11.2. 留数が複数ある場合　*115*
- 4.12. 複素積分のパターン　*116*
  - 4.12.1. 多項式の商の積分　*117*
  - 4.12.2. 三角関数を含んだ積分　*124*
  - 4.12.3. 三角関数と有理関数の組み合わせ　*128*
  - 4.12.4. フーリエ変換型積分　*131*
- 4.13. コーシーの積分公式　*135*

第5章　等角写像　・・・・・・・・・・・・・・・・・・*139*
- 5.1. 等角写像とは　*140*
- 5.2. 等角写像の条件　*142*
- 5.3. 種々の関数による等角写像　*146*
  - 5.3.1. $f(z) = z^2$ の例　*146*
  - 5.3.2. 指数関数　*152*
  - 5.3.3. 三角関数　*154*
- 5.4. 空力学に利用される変換　*162*
  - 5.4.1. ジューコウスキー変換　*162*
  - 5.4.2. カルマン・トレフツ変換　*170*
- 5.5. 多角形を自在につくる変換　*173*

第6章　調和関数と等角写像の応用　・・・・・・・・・・・*180*
- 6.1. 調和関数　*181*
  - 6.1.1. 熱伝導方程式　*181*
  - 6.1.2. ラプラス方程式と正則関数　*184*
- 6.2. 等角写像の応用　*192*
  - 6.2.1. 温度分布への応用　*192*
  - 6.2.2. 逆関数の利用　*196*
- 6.3. 複素速度ポテンシャル　*202*
- 6.4. 等角写像と複素ポテンシャル　*210*
- 6.5. シュバルツ・クリストッフェル変換の応用　*221*

6.6.　電磁気学への応用　*224*

第 7 章　解析接続・・・・・・・・・・・・・・・・・・・*233*
　　7.1.　テーラー展開と定義域　*234*
　　7.2.　複素関数の解析接続　*240*
　　7.3.　ガンマ関数の解析接続　*246*

第 8 章　多価関数とリーマン面・・・・・・・・・・・*254*
　　8.1.　多価関数とは　*254*
　　8.2.　複素数の多価性　*260*
　　8.3.　複素関数の多価関数　*261*
　　8.4.　分岐点　*265*
　　8.4.1.　分岐点とは　*265*
　　8.4.2.　分岐点を有する関数の積分　*266*
　　8.5.　多様なリーマン面　*272*

補遺 1　三角関数の公式・・・・・・・・・・・・・・・*276*

補遺 2　コーシーの積分定理・・・・・・・・・・・・・*282*
　　A2.1.　コーシーの積分定理　*282*
　　A2.2.　グリーンの定理　*284*

補遺 3　ガウスの積分公式・・・・・・・・・・・・・・*289*

補遺 4　直交座標から極形式への変換・・・・・・・・・*293*
　　A4.1.　コーシー・リーマンの関係式の極形式表示　*293*
　　A4.2.　ラプラス方程式の極形式表示　*298*
　　A4.3.　複素ポテンシャルの極形式表示　*299*

補遺 5　極限値・・・・・・・・・・・・・・・・・・・*301*

　　索引・・・・・・・・・・・・・・・・・・・・・・*307*

第1章　複素数とは

1.1. 虚数とは？

　我々が住んでいる世界は**実数** (real number) の世界である。自然現象を表現したり、それを解析するのにも、また経済問題を論じるのも実数で十分である。しかし、数学の世界においては、実数の世界だけでは物足りないというひとが表れ、**虚数**という概念をつくり出した。

　虚数とは、まさに「いつわり」の数で実際には存在しない数である。いわば、人間が頭の中でつくり出した虚像である。ただし、「虚」という字をあてはめるのは日本だけで、英語では、imaginary（想像）number という語を使う。つまり想像の産物というわけである。このため、万国共通語としての数学では、imaginary の頭文字をとって、虚数を「i」と表記する。

　同じ数字を 2 回かけ合わせると、実世界では、必ず正の値になる。$+1$ を 2 回かけても $+1$ であるし、-1 を 2 回かけても $+1$ である。同じ数字を 2 回かけてマイナスになることはあり得ない。ところが、だれかがいたずらに、2 回かけて -1 になる数があったらどうかと考えた。これが虚数 i である。つまり

$$i^2 = -1 \quad \text{あるいは} \quad i = \sqrt{-1}$$

と定義できる。

　ただし、歴史的に虚数が導入されたのにはそれなりの理由がある。それは、すべての **2 次方程式** (equation of second degree) の**根** (root) を求めるための**便法** (expedient) であった。いま

$$ax^2 + bx + c = 0$$

という 2 次方程式を考える。この根は、周知のように

$$x = \frac{-b \pm \sqrt{b^2 - 4ac}}{2a}$$

で与えられる。この時、$\sqrt{}$ の中の $b^2 - 4ac$ を**判別式** (discriminant) と呼んでいる。これが正であれば、(実数) **解** (solution) が得られるが、これが負の値をとると実数の範囲では解がない。2 次方程式と言いながら、何も解がないのでは座り心地が悪い。(それでどこが悪いと言われれば、それまでではあるが。) そこで、このような場合にも解が得られるように導入されたのが虚数である。この時の解は

$$x = \frac{-b}{2a} \pm \frac{\sqrt{-(b^2 - 4ac)}}{2a} i$$

となって、実数と虚数からできている。これを**複素数** (complex number) と呼んでいる。

　複素数の実数項を**実数部** (real part) あるいは**実部**と呼び、虚数の項を**虚数部** (imaginary part) あるいは**虚部**と呼ぶ。複素数において、虚数部が 0 のものを実数と呼び、実数部が 0 のものを虚数あるいは純虚数と呼ぶ。

　その後、すべての n 次方程式は n 個の複素数解を持つことがガウス (Gauss) によって証明されている。これは、虚数を導入した効用のひとつであろう。虚数がなければ、**n 次方程式は n 個の解を持つ**というようなすっきりした結果にはならないからである。

　しかし、実際問題として、このような複素数を考えることに、どのような意味があるのかと疑義を唱える方も当然いるであろう。冒頭でも述べたように、我々が住んでいる世界は実数で十分である。わざわざ実在しない数を導入する必要などない。100 円の借金はできるが、$10i$ 円の借金など意味がない。最近では、虚時間などという概念も出現しているが、待ち合わ

せ時間を虚数で指定することなど問題外である。

　数学の専門家も虚数に対する拒否反応はかなり強かったと聞く。実際に19世紀ごろまでは、虚数で得られる数学的な結果を無視するという態度を多くの数学者がとっている。それが変わったのは、物理や工学の道具としての数学応用が進む中で、虚数を使うと解法ができる微分方程式が数多く現れたからである。

　そして、いったん複素数の存在を認めたとたんに、数学の世界が大きく拡がっただけでなく、実利面においても大きな飛躍につながったのである。特に、現代物理の基礎をなしている**量子力学** (quantum mechanics) は、複素数で表現されている。虚数がこれほどの応用範囲を持っている事実は、正直言って、ただ不思議としか言いようがない。本書は、その複素数の関数がどのようなものかを紹介するものである。

　そこで、複素数においても、ある規則さえ導入すれば、その**四則計算** (arithmetic calculation) が矛盾なくできるということを、まず紹介しよう。

1.2. 複素数の加減乗除

　複素数の**足し算** (addition) や**引き算** (subtraction) は「実数部と虚数部に分けて計算する」という決まりがある。よって

$$(a+bi)+(c+di)=(a+c)+(b+d)i$$
$$(a+bi)-(c+di)=(a-c)+(b-d)i$$

となる。具体的な数値を入れれば

$$(5+3i)+(2+2i)=(5+2)+(3+2)i=7+5i$$
$$(5+3i)-(2+2i)=(5-2)+(3-2)i=3+i$$

となる。

　また、**かけ算** (multiplication) や**わり算** (division) も普通に行なって、$i^2=-1$ という関係を使い、最後に実数部と虚数部で整理すればよい。

例えば、かけ算は

$$(a+bi) \times (c+di) = (a+bi)c + (a+bi)di = ac + bci + adi + bdi^2$$
$$= ac + bci + adi - bd = (ac - bd) + (bc + ad)i$$

となり、具体的な数値を入れると

$$(5+3i) \times (2+2i) = 5 \times (2+2i) + (3i) \times (2+2i) = 10 + 10i + 6i + 6i^2$$
$$= 10 + 16i - 6 = 4 + 16i$$

となる。わり算は少し工夫して分母に虚数が残らないようにする。これは、$a+bi$ に $a-bi$ をかければ

$$(a+bi)(a-bi) = a^2 - b^2 i^2 = a^2 - b^2(-1) = a^2 + b^2$$

となって虚数が消える関係を利用する[1]。すると

$$\frac{c+di}{a+bi} = \frac{(c+di)(a-bi)}{(a+bi)(a-bi)} = \frac{(ac+bd) + (ad-bc)i}{a^2+b^2}$$

のように分母が実数になる。具体例で示すと

$$(5+3i) \div (2+2i) = \frac{5+3i}{2+2i} = \frac{(5+3i)(2-2i)}{(2+2i)(2-2i)}$$
$$= \frac{10 + 6i - 10i - 6i^2}{4 - 4i^2} = \frac{16 - 4i}{8} = 2 - \frac{1}{2}i$$

のように計算できる。

---

[1] これら複素数を互いに共役 complex conjugate と呼んでいる。$z = a+bi$ の共役複素数 $\bar{z} = \overline{a+bi} = a - bi$ と表記する。

以上のように、一定のルールを決めれば、すべて矛盾を生じることなく複素数の加減乗除の計算が可能である。

演習 1-1　i の平方根を求めよ。

解）　i の平方根を $z = x + yi$ とおくと

$$z^2 = (x + yi)^2 = x^2 - y^2 + 2xyi = i$$

となる。よって、それぞれの実数部と虚数部が等しいと置くと

$$x^2 - y^2 = 0, \quad 2xy = 1$$

となる。最初の式より $y = x$ を選ぶと $2x^2 = 1$ となり $x = \pm 1/\sqrt{2}$ となるが、上の式を満足する組み合わせは

$$z = \pm \frac{1}{\sqrt{2}} \pm \frac{1}{\sqrt{2}} i$$

となる。

1.3. 複素数を図で表現すると？

複素数の効用の 1 つは、視野が拡がることである。こういっても何のことか分からないかもしれないが、**実数** (real number) から**複素数** (complex number) への拡張は、**1 次元** (one dimension) から **2 次元** (two dimension) への拡張と言えるのである。後で紹介するように、複素数には 2 次元ベクト

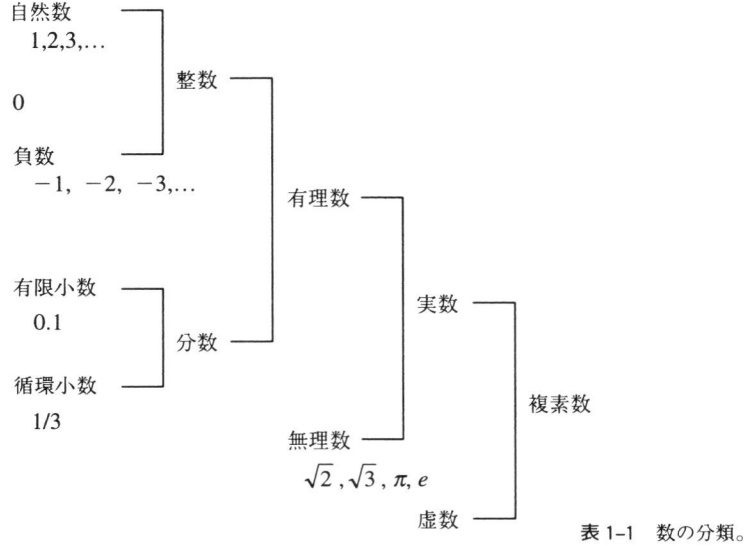

表 1-1　数の分類。

ルの働きがある。

　また、表 1-1 に数の分類を示すように、すべての数を包含するのが複素数である。つまり、複素数という**集合** (set) の中で、たまたま虚数部がゼロの数字が実数という部分集合 (subset) を形成しているのである。

　ここで、実数の集合を図で表すとどうなるだろうか。これは、一般には図 1-1 に示したような**数直線** (number line) と呼ばれる無限の線で表現できることが知られている。中心にゼロが位置し、(通常は) 右側がプラス、左側がマイナスの線で表される。実数に関する限りは、この 1 本の無限の数直線で、すべての実数を表現することができる。**無理数** (irrational number) や**分数** (fraction) も含めて、すべての実数が、たった 1 本の線で表現できるのである。

　それでは、複素数はどうであろうか。もちろん、1 本の数直線で表すのは無理である。ここで、非常にうまいことを考えたひとがいる。図 1-2 に示したように、数直線に対し、原点 (ゼロ点) で垂直に交差する直線を描き、

第 1 章 複素数とは

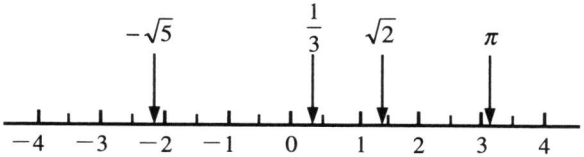

図 1-1 数直線。

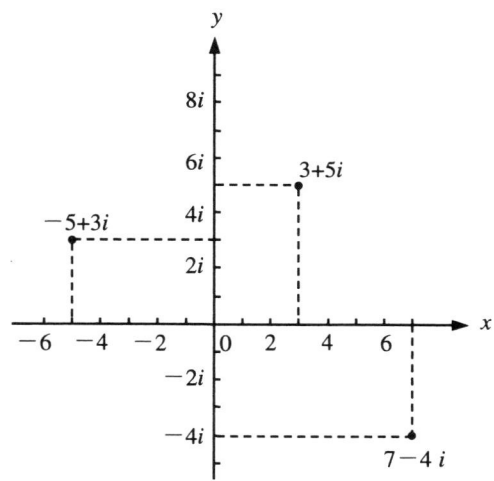

図 1-2 複素平面。

これを虚数に対応させたのである[2]。

　これが、なぜ賢いかはおいおい説明するとして、このような平面（**複素平面**：complex plane と呼ぶ）を考えると、すべての複素数は、この平面の

---

[2] 日本では、この xy 平面を複素平面あるいはガウス平面 (Gaussian plane) と呼んでいる。ガウスがはじめて、複素数を 2 次元平面を使って表示したから、この名がついたと教えられた記憶がある。しかし、米国では complex plane あるいは Argand diagram と習った。これは、アルガン (Argand) という数学者にちなんでいる。

17

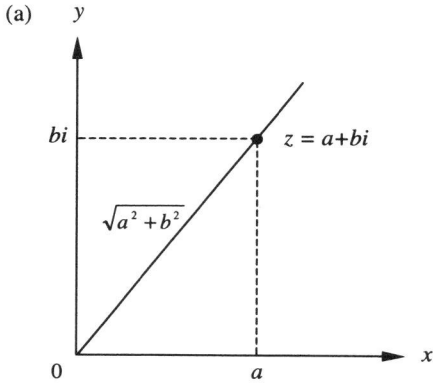

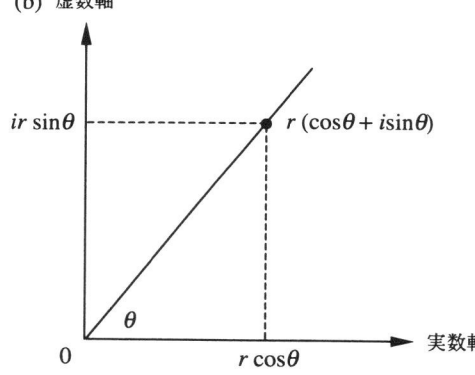

図 1-3 複素数の絶対値あるいは距離。

点として表現することができる。例えば、図 1-2 に示したように、$3+5i$ という複素数は、横軸が 3 でたて軸が 5 の延長で交わった点で表現される。実数から複素数への拡張が 1 次元から 2 次元への拡張と最初に断ったのは、このことである。つまり、実数を表すにはたった 1 本の線ですむが、複素数を表すためには 2 次元平面が必要となるからだ。

さらに、複素平面を考えると、複素数の**絶対値** (absolute value) というイメージが分かる。つまり、図 1-3(a) に示すように、原点からの**距離** (modulus) を絶対値と定義する。すると、複素数 $z=x+yi$ の絶対値は

第 1 章 複素数とは

$$|z| = \sqrt{x^2 + y^2}$$

となる。例えば $3+5i$ の絶対値は $|3+5i| = \sqrt{3^2 + 5^2} = \sqrt{34}$ で与えられる。

また、複素平面で x と y の 2 変数を使って表示するかわりに、原点からの距離 r と、x 軸の正の方向となす角 θ を使って複素数を表示することもできる（図 1-3(b)参照）。この表示方法を**極形式** (polar form) と呼んでいる。この時、この角度 θ を**偏角** (argument) と呼ぶ。ここで

$$r = \sqrt{x^2 + y^2} \quad x = r\cos\theta \quad y = r\sin\theta$$
$$z = r\cos\theta + ir\sin\theta = r(\cos\theta + i\sin\theta)$$

の関係にある。

よって、すべての複素数は、偏角 θ を有することになり、これを偏角の英語 argument の略を使って $\arg(z)$ と書く。

演習 1-2 複素数 $z = \sqrt{2} + \sqrt{2}i$ の絶対値と偏角を求めよ。

解） まず絶対値は

$$|z|^2 = \left(\sqrt{2}\right)^2 + \left(\sqrt{2}\right)^2 = 4 \qquad |z| = 2$$

となる。よって

$$z = \sqrt{2} + \sqrt{2}i = 2\left(\frac{1}{\sqrt{2}} + \frac{1}{\sqrt{2}}i\right) = 2\left(\cos\frac{\pi}{4} + i\sin\frac{\pi}{4}\right)$$

と変形できるから、偏角は

$$\arg(z) = \arg(\sqrt{2} + \sqrt{2}i) = \frac{\pi}{4}$$

となる。

1.4. 虚数 i は回転の役目をする

それでは、この複素平面がどのように便利かを見てみよう。ここで、簡単な例として、大きさが1の複素数を考える。ここで、1は図1-4のように x 軸上の $x=1$ の点として表される。これに i をかけたらどうなるか。

$$1 \times i = i$$

であるから、y 軸上の図の点（つまり i）になる。それでは、さらに i をかけたらどうなるであろうか。今度は

$$i \times i = i^2 = -1$$

となるので、x 軸上の -1 の点に移る。さらに i をかけると

$$-1 \times i = -i$$

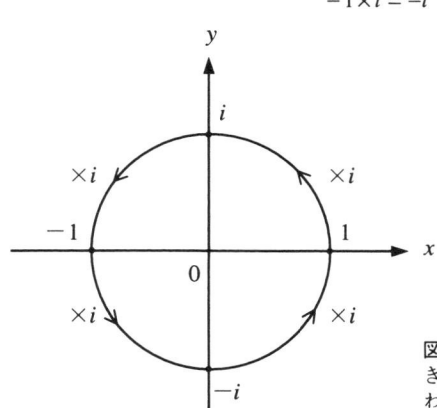

図 1-4 複素平面における i の働き。複素平面では、$\times i$ は反時計まわりの $\pi/2$ の回転に相当する。

となり、y 軸上の $-i$ の点になり、さらに i をかけると 1 に戻る。

ここで重要な点は、i をかけるという作業が、複素平面上では左まわり（反時計まわり: counter-clockwise）に 90°（$\pi/2$）回転 (rotation) するという変換になっていることである。また、4 回で自分自身に戻るということも重要である。

$$\begin{array}{ccccccccc} & \times i & & \times i & & \times i & & \times i & \\ 1 & \to & i & \to & i^2 & \to & i^3 & \to & i^4 \\ 1 & \to & i & \to & -1 & \to & -i & \to & 1 \end{array}$$

それが、どうしたと言われるかもしれないが、i が $\pi/2$ の回転に相当するという事実が、多くの分野で非常に役にたつのである。

1.5. 複素数はベクトル

複素数は視野を拡げるという話をしたが、実は、複素数には**ベクトル** (vector) の働きがある。複素数は実数部と虚数部からできており、これが 2 **次元ベクトル** (two dimensional vector) の成分に対応する。

$$x + yi \quad \to \quad \begin{pmatrix} x \\ y \end{pmatrix}$$

さらに、複素平面における複素数表示は、2 次元空間（平面）における 2 次元ベクトルと同様の働きをする。つまり、$x+yi$ は起点を原点 (0, 0) とすると終点が (x, y) のベクトルと考えることができる。よって、図 1-5 に示すように、複素数の加法や減法には、ベクトルの加法、減法に用いる**平行四辺形の法則** (law of parallelogram) が成立する。たとえば、$z_1 + z_2$ は z_1, z_2 を辺とする**平行四辺形** (parallelogram) の**対角線** (diagonal) となる。

2 次元ベクトルであるから、当然のことながら**内積** (inner product) を定義することができる。英語では、普通のベクトルの場合と同様に、**ドット積** (dot product) あるいは**スカラー積** (scalar product) とも言う。任意の 2 つの

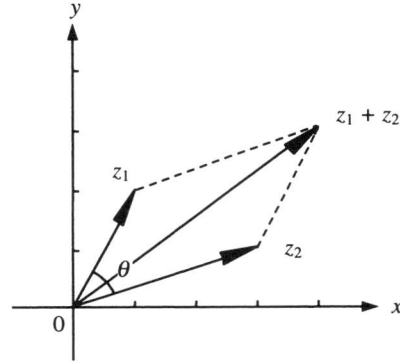

図1-5 複素数とベクトル。複素数の足し算は、ベクトルと同様に平行四辺形の法則が成立する。

複素数を

$$z_1 = x_1 + y_1 i \qquad z_2 = x_2 + y_2 i$$

とすると、内積は

$$z_1 \cdot z_2 = |z_1||z_2|\cos\theta$$

で定義される。ここで θ は、ふたつの複素数がなす角度であり、$0 \leq \theta \leq \pi$ とする。もう一つの定義は成分で表示するもので、内積は

$$z_1 \cdot z_2 = x_1 x_2 + y_1 y_2$$

で与えられる。この成分表示をみると、確かに、内積という名が示すとおり複素数の成分どうしのかけ算（積）となっている。

　それでは、複素数の内積に関する2つの定義について、その関係を調べてみよう。図1-6のように、複素数 z_1 と z_2 が実軸の正方向となす角を α, β とすると

第1章 複素数とは

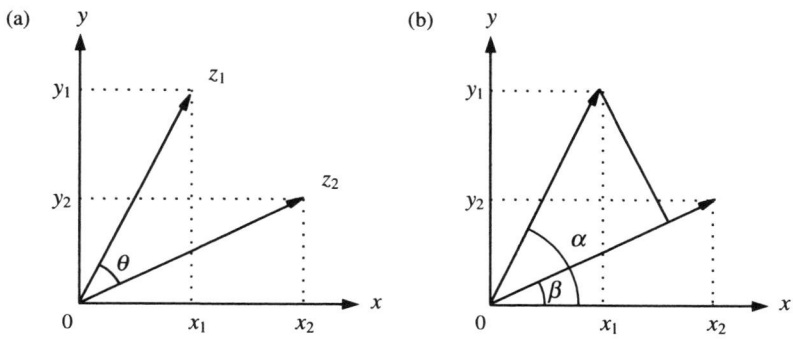

図1-6 複素数の内積。

$$z_1 \cdot z_2 = |z_1||z_2|\cos\theta = |z_1||z_2|\cos(\alpha - \beta) = |z_1||z_2|(\cos\alpha\cos\beta + \sin\alpha\sin\beta)$$

で与えられる（補遺1に示したコサイン関数の**加法定理**を使っている）。ここで

$$\cos\alpha = \frac{x_1}{|z_1|}, \quad \cos\beta = \frac{x_2}{|z_2|}, \quad \sin\alpha = \frac{y_1}{|z_1|}, \quad \sin\beta = \frac{y_2}{|z_2|}$$

の関係にあるので、上式に代入すると

$$z_1 \cdot z_2 = |z_1||z_2|(\cos\alpha\cos\beta + \sin\alpha\sin\beta) = |z_1||z_2|\left(\frac{x_1 x_2}{|z_1||z_2|} + \frac{y_1 y_2}{|z_1||z_2|}\right) = x_1 x_2 + y_1 y_2$$

となって、複素数の内積を求める2通りの表記が等しいことが分かる。
ちなみに、同じ複素数どうしの内積は

$$z_1 \cdot z_1 = |z_1||z_1|\cos 0 = |z_1|^2 = \overline{z_1}z_1 = z_1\overline{z_1}$$

$$z_1 \cdot z_1 = \overline{z_1}z_1 = (x_1 - y_1 i)(x_1 + y_1 i) = x_1^2 + y_1^2$$

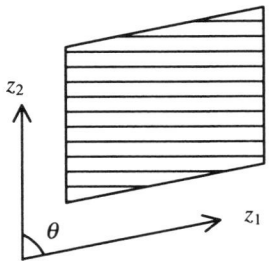

図1-7 複素数の外積。

となって、自身の大きさの2乗となる。

複素数は2次元ベクトルであるから、3次元ベクトルでしか定義できない**外積** (outer product) を考えることはできないはずである。ところが、あるルールを適用すれば外積を定義することができる。その定義は、ふたつの複素数 のなす角を θ とすると、

$$z_1 \times z_2 = |z_1||z_2|\sin\theta$$

となる。この値は、図1-7 に示すように、複素数 z_1 および z_2 がつくる平行四辺形 (parallelogram) の面積に相当する（成分表示では、$x_1y_2 - x_2y_1$ となる）。ただし、普通のベクトルの場合には、外積はベクトルとなるので、ベクトル積とも呼ばれるが、複素数の場合にはベクトル（複素数）ではなく、スカラーとなる。よって、ベクトル積とは呼ばない。

ここで、いま次の複素数のかけ算を実行してみよう。

$$\overline{z_1}z_2 = (x_1 - y_1i)(x_2 + y_2i) = (x_1x_2 + y_1y_2) + (x_1y_2 - x_2y_1)i$$

すると、これら複素数のかけ算の実数部は内積、虚数部は外積となっていることが分かる。つまり、Re を実数部、Im を虚数部とすると

$$z_1 \cdot z_2 = \text{Re}(\overline{z_1}z_2) \qquad z_1 \times z_2 = \text{Im}(\overline{z_1}z_2)$$

となることが分かる。

> **演習 1-3** ふたつの複素数 $z_1 = 3 + 5i$ および $z_2 = 2 - 3i$ の内積および外積を求めよ。

解) $\overline{z_1} = 3 - 5i$ であるから

$$\overline{z_1} \cdot z_2 = (3 - 5i)(2 - 3i) = -9 - 19i$$

と計算できる。よって、内積と外積は

$$z_1 \cdot z_2 = \mathrm{Re}(\overline{z_1} z_2) = -9 \qquad z_1 \times z_2 = \mathrm{Im}(\overline{z_1} z_2) = -19$$

となる。ちなみに

$$\overline{z_2} = 2 + 3i$$

であるので

$$\overline{z_2} \cdot z_1 = (2 + 3i)(3 + 5i) = -9 + 19i$$

$$z_2 \cdot z_1 = \mathrm{Re}(\overline{z_2} z_1) = -9 \qquad z_2 \times z_1 = \mathrm{Im}(\overline{z_2} z_1) = 19$$

となって積の順序を変えると内積は変わらないが、外積の符号は反転する。

このように複素数がベクトルと同じ働きをするということを利用して、後で紹介するように、複素平面におけるふたつの複素数の和を、平行四辺形の法則を使って作図することができる。

第2章　べき級数展開とオイラーの公式

　本書の目的は**複素関数** (Function of complex variables)、つまり複素数を変数とする関数を理解することである。ところが、**初等関数** (elementary function) でさえも、複素数を変数として考えることが難しい。というよりも、**三角関数** (trigonometric function) や**指数関数** (exponential function) などにおいて、複素数を変数とする意味がない。例えば、$\sin(2+5i)$ や e^{5i} の値を求めよと言われてもすぐには答えが出せないであろう。それならば、複素数を変数とすることは無理なのであろうか。ここで、**べき級数展開** (expansion into power series) が登場する。

　これら初等関数は、本章で紹介するように**無限べき級数** (infinite power series) のかたち

$$f(x) = a_0 + a_1 x + a_2 x^2 + a_3 x^3 + ... + a_n x^n + ...$$

に変形できることが知られている。このようなかたちに変形できれば、x に複素数を代入することで、関数の値を求めることができる。つまり、複素関数にとってべき級数は実数関数との重要な橋渡し役となっている。と言うよりは、**級数展開**（series expansion）という手法がなければ、複素関数を考えることができなくなると言っても過言ではない。

　さらに、複素関数を取り扱う場合の重要な道具に**オイラーの公式** (Euler's formula) がある。この公式を使うと、三角関数や指数関数の複素関数を取り扱う場合に、級数展開式に頼らずに、式の変形が可能になる場合があるうえ、これら関数の相互の関係を築くこともできる。何よりも、指数関数の指数が虚数の $e^{i\theta}$ の物理的な意味もオイラーの公式を基本に理解することができる。複素数が量子力学をはじめとして、多くの物理数学で主役を

第 2 章　べき級数展開とオイラーの公式

演ずるようになったのは、オイラーの公式による複素指数関数 ($e^{i\theta}$, e^{ikx}, $\exp(i\vec{k}\cdot\vec{r})$) の表現の多様性と便宜性にある。実は、このオイラーの公式も級数展開のおかげで導出されたものである。そこで、本章では、関数のべき級数展開の説明を行い、その後、級数展開を利用してオイラーの公式の導出を試みる。

2.1. べき級数展開

2.1.1. マクローリン展開

べき級数展開（expansion into power series）とは、関数 $f(x)$ を、次のような（無限の）べき級数 (power series) に展開する手法である。

$$f(x) = a_0 + a_1 x + a_2 x^2 + a_3 x^3 + a_4 x^4 + a_5 x^5 + ...$$

いったん、関数がこういうかたちに変形できれば、取り扱いが便利である。例えば、x に具体的な数値を代入すれば、その関数の値を簡単な代数計算で求めることができる。もちろん、複素数を代入することも可能となる。

さて、関数を展開するには、それぞれの係数を求めなければならない。それでは、どのような手法で、係数は得られるのであろうか。それを次に示そう。

まず級数展開の式に $x = 0$ を代入する。すると、x を含んだ項がすべて消えるので

$$f(0) = a_0$$

となって、最初の**定数項** (first constant term) が求められる。次に、$f(x)$ を x で微分すると

$$f'(x) = a_1 + 2a_2 x + 3a_3 x^2 + 4a_4 x^3 + 5a_5 x^4 + ...$$

となる。この式に $x = 0$ を代入すれば

$$f'(0) = a_1$$

となって、a_2 以降の項はすべて消えて、a_1 が求められる。

同様にして、順次微分を行いながら、$x = 0$ を代入していくと、それ以降の係数がすべて計算できる。例えば

$$f''(x) = 2a_2 + 3 \cdot 2a_3 x + 4 \cdot 3a_4 x^2 + 5 \cdot 4a_5 x^3 + \ldots$$
$$f'''(x) = 3 \cdot 2a_3 + 4 \cdot 3 \cdot 2a_4 x + 5 \cdot 4 \cdot 3a_5 x^2 + \ldots$$

であるから、$x = 0$ を代入すれば、それぞれ a_2, a_3 が求められる。

よって、**べき級数の係数** (coefficients of power series) は

$$a_0 = f(0), \quad a_1 = f'(0), \quad a_2 = \frac{1}{1 \cdot 2} f''(0), \quad a_3 = \frac{1}{1 \cdot 2 \cdot 3} f'''(0),$$
$$\ldots\ldots\ldots, \quad a_n = \frac{1}{n!} f^n(0)$$

で与えられ、展開式は

$$f(x) = f(0) + f'(0)x + \frac{1}{2!}f''(0)x^2 + \frac{1}{3!}f'''(0)x^3 + \ldots + \frac{1}{n!}f^{(n)}(0)x^n + \ldots$$

となる。これをまとめて書くと**一般式** (general form)

$$f(x) = \sum_{n=0}^{\infty} \frac{1}{n!} f^{(n)}(0) x^n$$

が得られる。この級数を**マクローリン級数** (Maclaurin series)、また、この級数展開を**マクローリン展開** (Maclaurin expansion) と呼んでいる。

第2章 べき級数展開とオイラーの公式

演習 2-1 $f(x) = 2x^4 + x^3 + 2x^2 + 3x + 4$ をべき級数に展開せよ。

解) まず、最初の定数項は、$x = 0$ を代入した値 $f(0) = 4$ である。次に

$$f'(x) = 8x^3 + 3x^2 + 4x + 3, \qquad f''(x) = 24x^2 + 6x + 4,$$
$$f'''(x) = 48x + 6, \qquad f^{(4)}(x) = 48, \qquad f^{(5)}(0) = 0, \quad \ldots\ldots, \quad f^{(n)}(0) = 0$$

であるから、$x = 0$ を代入すると

$$f'(0) = 3 \qquad f''(0) = 4 \qquad f'''(0) = 6 \qquad f^{(4)}(0) = 48$$

と与えられる。よって $f(x)$ は

$$f(x) = 4 + 3x + \frac{1}{2!}4x^2 + \frac{1}{3!}6x^3 + \frac{1}{4!}48x^4 + 0 = 4 + 3x + 2x^2 + x^3 + 2x^4$$

と展開できる。当たり前であるが、**多項式** (polynomial) を展開すれば、もとの関数が得られる。

演習 2-2 $(1+x)^n$ をべき級数に展開せよ。

解) $f(x) = (1+x)^n$ と置いて、その導関数を求める。

$$f'(x) = n(1+x)^{n-1}, \quad f''(x) = n(n-1)(1+x)^{n-2}, \quad f'''(x) = n(n-1)(n-2)(1+x)^{n-3},$$
$$f^{(4)}(x) = n(n-1)(n-2)(n-3)(1+x)^{n-4}, \cdots, \quad f^{(n)}(x) = n!, \quad f^{(n+1)}(x) = 0$$

となる。ここで $x = 0$ を代入すると

$$f'(0) = n, \quad f''(0) = n(n-1), \quad f'''(0) = n(n-1)(n-2),$$
$$f^{(4)}(0) = n(n-1)(n-2)(n-3), \cdots, \quad f^{(n)}(0) = n!, \quad f^{(n+1)}(0) = 0$$

となり、$(n+1)$ 次以上の項の係数はすべて 0 となる。これを

$$f(x) = f(0) + f'(0)x + \frac{1}{2!}f''(0)x^2 + \frac{1}{3!}f'''(0)x^3 + \ldots + \frac{1}{n!}f^{(n)}(0)x^n$$

に代入すると

$$f(x) = 1 + nx + \frac{1}{2!}n(n-1)x^2 + \frac{1}{3!}n(n-1)(n-2)x^3 + \ldots + \frac{1}{2!}n(n-1)x^{n-2} + nx^{n-1} + x^n$$

となる。これを一般式で書けば

$$f(x) = (1+x)^n = \sum_{k=0}^{n} \frac{n!}{k!(n-k)!} x^k$$

が得られる。これは、**2項定理** (binomial theorem) と呼ばれるよく知られた関係である。

$$\frac{n!}{k!(n-k)!} = \binom{n}{k}$$

と書くこともでき

$$(1+x)^n = \sum_{k=0}^{n} \binom{n}{k} x^k$$

と表記される。

2.1.2. テーラー展開

実は、級数展開に関しては、マクローリン展開は一般的ではない。マクローリン級数では

$$f(x) = a_0 + a_1 x + a_2 x^2 + a_3 x^3 + a_4 x^4 + a_5 x^5 + \ldots$$

のような、x に関するべき級数を考えたが、一般には、α を任意の実数として

$$f(x) = a_0 + a_1(x-\alpha) + a_2(x-\alpha)^2 + a_3(x-\alpha)^3 + a_4(x-\alpha)^4 + a_5(x-\alpha)^5 + \ldots$$

のような無限べき級数に展開することができる。この場合も、マクローリン展開と同様の手法で各係数が得られる。

まず級数展開の式に $x=\alpha$ を代入する。すると、$x-\alpha$ を含んだ項がすべて消えるので

$$f(\alpha) = a_0$$

となって、最初の定数項が求められる。次に、$f(x)$ を x で微分すると

$$f'(x) = a_1 + 2a_2(x-\alpha) + 3a_3(x-\alpha)^2 + 4a_4(x-\alpha)^3 + 5a_5(x-\alpha)^4 + \ldots$$

となる。この式に $x=\alpha$ を代入すれば

$$f'(\alpha) = a_1$$

となって、a_2 以降の項はすべて消えて、a_1 が求められる。

同様にして、順次微分を行いながら、$x=\alpha$ を代入していくと、それ以降の係数がすべて計算できる。例えば

$$f''(x) = 2a_2 + 3\cdot 2a_3(x-\alpha) + 4\cdot 3a_4(x-\alpha)^2 + 5\cdot 4a_5(x-\alpha)^3 + ...$$
$$f'''(x) = 3\cdot 2a_3 + 4\cdot 3\cdot 2a_4(x-\alpha) + 5\cdot 4\cdot 3a_5(x-\alpha)^2 + ...$$

であるから、$x=\alpha$ を代入すれば、それぞれ a_2, a_3 が求められる。
　よって、べき級数の係数は

$$a_0 = f(\alpha), \quad a_1 = f'(\alpha), \quad a_2 = \frac{1}{1\cdot 2}f''(\alpha), \quad a_3 = \frac{1}{1\cdot 2\cdot 3}f'''(\alpha),$$
$$\dots\dots, \quad a_n = \frac{1}{n!}f^n(\alpha)$$

で与えられ、展開式は

$$f(x) = f(\alpha) + f'(\alpha)(x-\alpha) + \frac{1}{2!}f''(\alpha)(x-\alpha)^2 + ... + \frac{1}{n!}f^{(n)}(\alpha)(x-\alpha)^n + ...$$

となる。これをまとめて書くと**一般式** (general form)

$$f(x) = \sum_{n=0}^{\infty} \frac{1}{n!}f^{(n)}(\alpha)(x-\alpha)^n$$

が得られる。これを**テーラー級数** (Taylor series) と呼び、この級数展開を**テーラー展開** (Taylor expansion) と呼んでいる。また、α は任意であり、$(x-\alpha)$ の項で展開した場合を、**点 $x=\alpha$ のまわりの展開** (the expansion about a point $x=\alpha$) という。よって、マクローリン展開は、点 $x=0$ のまわりのテーラー展開と呼ぶこともできる。

2.2. 指数関数の展開

　級数展開の一般式を見ると分かるように、展開するためには n 階の**導関数** (nth order derivative) を求める必要がある。よって、その導関数を求める

第2章 べき級数展開とオイラーの公式

計算が複雑な関数では級数展開に大変な作業を要する。幸い、初等関数は n 階の微分が簡単にできる。その代表が**指数関数** (exponential function) である。なぜなら、指数関数 e^x では、**微分** (differentiation) したものがそれ自身になるように定義されているからである。

確認の意味で、その関係を示すと

$$\frac{df(x)}{dx} = \frac{de^x}{dx} = e^x = f(x) \qquad \frac{d^2 f(x)}{dx^2} = \frac{d}{dx}\left(\frac{df(x)}{dx}\right) = \frac{de^x}{dx} = e^x$$

となって e の場合は、$f^{(n)}(x) = e^x$ と簡単となる。ここで、$x = 0$ を代入すると、すべて $f^{(n)}(0) = e^0 = 1$ となる。よって、e の展開式は

$$e^x = 1 + x + \frac{1}{2!}x^2 + \frac{1}{3!}x^3 + \frac{1}{4!}x^4 + \ldots + \frac{1}{n!}x^n + \ldots$$

で与えられることになる。規則正しい整然とした展開式となっている。ここで、e^x の展開式を利用すると**自然対数** (natural logarithm) の**底** (base) である e の値を求めることができる。e^x の展開式に $x = 1$ を代入すると

$$e = 1 + 1 + \frac{1}{2} + \frac{1}{6} + \frac{1}{24} + \ldots$$

これを計算すると

$$e = 2.718281828\ldots\ldots$$

が得られる。このように、級数展開を利用すると、**無理数** (irrational number) の e の値を求めることも可能となる。

2.3. 三角関数の展開

同様の手法で、**三角関数**（trigonometric function）の級数展開を行うことができる。まず $f(x) = \sin x$ を考える。この場合

$$f'(x) = \cos x, \quad f''(x) = -\sin x, \quad f'''(x) = -\cos x,$$
$$f^{(4)}(x) = \sin x, \quad f^{(5)}(x) = \cos x, \quad f^{(6)}(x) = -\sin x$$

となり、4回微分するともとに戻る。その後、順次同じサイクルを繰り返す。ここで、$\sin 0 = 0, \cos 0 = 1$ であるから、

$$\sin x = x - \frac{1}{3!}x^3 + \frac{1}{5!}x^5 - \frac{1}{7!}x^7 + \ldots + (-1)^n \frac{1}{(2n+1)!}x^{2n+1} + \ldots$$

と展開できることになる。

次に $f(x) = \cos x$ について展開式を考えてみよう。この場合の導関数は

$$f'(x) = -\sin x, \quad f''(x) = -\cos x, \quad f'''(x) = \sin x,$$
$$f^{(4)}(x) = \cos x, \quad f^{(5)}(x) = -\sin x, \quad f^{(6)}(x) = -\cos x$$

で与えられ、$\sin 0 = 0, \cos 0 = 1$ であるから

$$\cos x = 1 - \frac{1}{2!}x^2 + \frac{1}{4!}x^4 - \frac{1}{6!}x^6 + \ldots + (-1)^n \frac{1}{(2n)!}x^{2n} + \ldots$$

となる。

2.4. 級数展開を利用した微分の解法

いったん、与えられた関数を x のべき**級数**（power series）のかたちに変形できると、その**微分**（differentiation）や**積分**（integration）を簡単に行うこ

第 2 章　べき級数展開とオイラーの公式

とができる。その後、微分あるいは積分したべき級数を、他の関数の級数展開と比較することで解を得ることが可能となる場合もある。その例をいくつか紹介する。

2.4.1.　三角関数の微分

前節でも取り扱ったが、$\sin x$ の級数展開は以下で与えられる。

$$\sin x = x - \frac{1}{3!}x^3 + \frac{1}{5!}x^5 - \frac{1}{7!}x^7 + ... + (-1)^n \frac{1}{(2n+1)!}x^{2n+1} + ...$$

これを x で微分してみよう。すると

$$\frac{d(\sin x)}{dx} = 1 - \frac{1}{3!} \cdot 3x^2 + \frac{1}{5!} \cdot 5x^4 - \frac{1}{7!} \cdot 7x^6 + ... + (-1)^n \frac{1}{(2n+1)!} \cdot (2n+1)x^{2n} + ...$$

となり、右辺を整理すると

$$1 - \frac{1}{2!}x^2 + \frac{1}{4!}x^4 - \frac{1}{6!}x^6 + ... + (-1)^n \frac{1}{(2n)!}x^{2n} + ...$$

となって、まさに $\cos x$ であることが分かる。すなわち

$$\frac{d(\sin x)}{dx} = \cos x$$

という結果が得られる。同様にして、$\cos x$ の微分を求めてみよう。

$$\cos x = 1 - \frac{1}{2!}x^2 + \frac{1}{4!}x^4 - \frac{1}{6!}x^6 + ... + (-1)^n \frac{1}{(2n)!}x^{2n} + ...$$

であるから

$$\frac{d(\cos x)}{dx} = -\frac{1}{2!} \cdot 2x + \frac{1}{4!} \cdot 4x^3 - \frac{1}{6!} \cdot 6x^5 + ... + (-1)^n \frac{1}{(2n)!} \cdot 2nx^{2n-1} + ...$$

となる。この右辺を整理すると

$$-x + \frac{1}{3!}x^3 - \frac{1}{5!}x^5 + \frac{1}{7!}x^7 - ... + (-1)^n \frac{1}{(2n-1)!} x^{2n-1} + ...$$

となって、$-\sin x$ であることが分かる。よって

$$\frac{d(\cos x)}{dx} = -\sin x$$

と与えられる。

2.4.2. 指数関数の微分

次に指数関数の導関数を級数展開を利用して計算してみよう。

$$e^x = 1 + x + \frac{1}{2!}x^2 + \frac{1}{3!}x^3 + \frac{1}{4!}x^4 + ... + \frac{1}{n!}x^n + ...$$

x で微分すると

$$\frac{d(e^x)}{dx} = 0 + 1 + \frac{1}{2!} \cdot 2x + \frac{1}{3!} \cdot 3x^2 + \frac{1}{4!} \cdot 4x^3 + \frac{1}{5!} \cdot 5x^4 + ... + \frac{1}{n!} \cdot nx^{n-1} + ...$$

となり、右辺を整理すると

$$1 + x + \frac{1}{2!}x^2 + \frac{1}{3!}x^3 + \frac{1}{4!}x^4 + ... + \frac{1}{n!}x^n + ...$$

となって、それ自身に戻る。つまり

$$\frac{d(e^x)}{dx} = e^x$$

が確かめられる。

このように、べき級数の微分は容易であるから、級数展開した関数を微分することで、関数そのものの微分が可能になる場合もある。

2.5. 級数展開を利用した積分

関数をべき級数に展開できれば、項別積分を利用することで、その積分を求めることもできる。例として三角関数から紹介する。$\sin x$ は

$$\sin x = x - \frac{1}{3!}x^3 + \frac{1}{5!}x^5 - \frac{1}{7!}x^7 + \ldots + (-1)^n \frac{1}{(2n+1)!}x^{2n+1} + \ldots$$

とべき級数展開することができる。これら各項を積分すると

$$\int \sin x\, dx = C + \frac{x^2}{2} - \frac{1}{3!} \cdot \frac{1}{4}x^4 + \frac{1}{5!} \cdot \frac{1}{6}x^6 - \frac{1}{7!} \cdot \frac{1}{8}x^8 + \ldots$$
$$+ (-1)^n \frac{1}{(2n+1)!} \cdot \frac{1}{2n+2} x^{2n+2} + \ldots$$

となる。最初の定数項は任意であるから、-1 を取り出して、書き直すと

$$\int \sin x\, dx = C' - 1 + \frac{x^2}{2!} - \frac{1}{4!}x^4 + \frac{1}{6!}x^6 - \frac{1}{8!}x^8 + \ldots + (-1)^n \frac{1}{(2n+2)!}x^{2n+2} + \ldots$$

となって、まさに $-\cos x$ の級数展開式に積分定数 C' がついたかたちとなっている。よって

$$\int \sin x\, dx = -\cos x + C'$$

が得られる。同様にして

$$\int \cos x\, dx = \sin x + C$$

が得られる。次に指数関数は

$$e^x = 1 + x + \frac{1}{2!}x^2 + \frac{1}{3!}x^3 + \frac{1}{4!}x^4 + \ldots + \frac{1}{n!}x^n + \ldots$$

であるから、各項ごとに積分すると

$$\int e^x\, dx = C + x + \frac{x^2}{2} + \frac{1}{2!}\frac{x^3}{3} + \frac{1}{3!}\frac{x^4}{4} + \ldots + \frac{1}{n!}\frac{x^{n+1}}{n+1} + \ldots$$
$$= C' + 1 + x + \frac{1}{2!}x^2 + \frac{1}{3!}x^3 + \frac{1}{4!}x^4 + \ldots + \frac{1}{n!}x^n + \ldots$$

であるから

$$\int e^x\, dx = e^x + C'$$

となる。

演習 2-3　$\cos x$ を級数展開を利用して積分せよ。

解）　$\cos x$ の級数展開は

第 2 章　べき級数展開とオイラーの公式

$$\cos x = 1 - \frac{1}{2!}x^2 + \frac{1}{4!}x^4 - \frac{1}{6!}x^6 + \ldots + (-1)^n \frac{1}{(2n)!}x^{2n} + \ldots$$

である。そこで、それぞれの項の積分を求めると

$$\int \cos x \, dx = C + x - \frac{1}{2!}\frac{x^3}{3} + \frac{1}{4!}\frac{x^5}{5} - \frac{1}{6!}\frac{x^7}{7} + \ldots + (-1)^n \frac{1}{2n!}\frac{x^{2n+1}}{2n+1} + \ldots$$
$$= C + x - \frac{1}{3!}x^3 + \frac{1}{5!}x^5 - \frac{1}{7!}x^7 + \ldots + (-1)^n \frac{1}{(2n+1)!}x^{2n+1} + \ldots$$

これは、まさに $\sin x$ の展開式であるから

$$\int \cos x \, dx = \sin x + C$$

となる。

2.6.　オイラーの公式

　複素関数論においては、**オイラーの公式**（Euler's formula）が非常に重要な役割を演じる。というよりは、主役と言っても過言ではない。本書でも、かなりの部分にオイラーの公式を利用した表現方法を使っている。
　オイラーの公式とは次式のように、指数関数と三角関数を虚数を仲立ちにして関係づける公式である。

$$e^{\pm i\theta} = \cos\theta \pm i\sin\theta \qquad (\exp(\pm i\theta) = \cos\theta \pm i\sin\theta)$$

　オイラーの公式に θ として π を代入してみよう。すると

39

$$e^{i\pi} = \cos\pi + i\sin\pi = -1 + i \cdot 0 = -1$$

という値が得られる。つまり、自然対数の底である e を $i\pi$ 乗したら -1 になるという摩訶不思議な関係である。e も π も無理数であるうえ、i は想像の産物である。にもかかわらず、その組み合わせから -1 という有理数が得られるというのだから神秘的である。

それぞれ独立に数学に導入された指数関数と三角関数が、虚数を介することで、いともきれいな関係を紡ぎ出している。このため、オイラーの公式を**数学における最も美しい表現**というひともいる。

演習 2-4　オイラーの公式をつかって、$\exp(i\pi/2)$, $\exp(i3\pi/2)$, $\exp(i2\pi)$ を計算せよ。

解）　オイラーの公式に代入して計算すると

$$\exp\left(\frac{\pi}{2}i\right) = \cos\left(\frac{\pi}{2}\right) + i\sin\left(\frac{\pi}{2}\right) = 0 + i \cdot 1 = i$$

$$\exp\left(\frac{3\pi}{2}i\right) = \cos\left(\frac{3\pi}{2}\right) + i\sin\left(\frac{3\pi}{2}\right) = 0 + i \cdot (-1) = -i$$

$$\exp(2\pi i) = \cos 2\pi + i\sin 2\pi = 1 + i \cdot 0 = 1$$

が得られる。

ここで、オイラーの関係がどうして成立するかを考えてみよう。あらためて e^x の展開式と $\sin x$, $\cos x$ の展開式を並べて示すと

$$e^x = 1 + x + \frac{1}{2!}x^2 + \frac{1}{3!}x^3 + \frac{1}{4!}x^4 + \frac{1}{5!}x^5 + \ldots + \frac{1}{n!}x^n + \ldots$$

$$\sin x = x - \frac{1}{3!}x^3 + \frac{1}{5!}x^5 - \frac{1}{7!}x^7 + \ldots + (-1)^n \frac{1}{(2n+1)!}x^{2n+1} + \ldots$$

$$\cos x = 1 - \frac{1}{2!}x^2 + \frac{1}{4!}x^4 - \frac{1}{6!}x^6 + \ldots + (-1)^n \frac{1}{(2n)!}x^{2n} + \ldots$$

となる。

　これら展開式を見ると、e^x の展開式には $\sin x$, $\cos x$ のべき項がすべて含まれている。惜しむらくはサイン関数やコサイン関数では $(-1)^n$ の係数のために、符号が順次反転するので、単純にこれらを関係づけることができない。ところが、虚数 (i) を使うと、この三者がみごとに連結されるのである。

　指数関数の展開式に $x = ix$ を代入してみる。すると

$$e^{ix} = 1 + ix + \frac{1}{2!}(ix)^2 + \frac{1}{3!}(ix)^3 + \frac{1}{4!}(ix)^4 + \frac{1}{5!}(ix)^5 + \ldots + \frac{1}{n!}(ix)^n + \ldots$$
$$= 1 + ix - \frac{1}{2!}x^2 - \frac{i}{3!}x^3 + \frac{1}{4!}x^4 + \frac{i}{5!}x^5 - \frac{1}{6!}x^6 - \frac{i}{7!}x^7 + \ldots$$

と計算できる。この**実数部** (real part) と**虚数部** (imaginary part) を取り出すと、実数部は

$$1 - \frac{1}{2!}x^2 + \frac{1}{4!}x^4 - \frac{1}{6!}x^6 + \ldots + (-1)^n \frac{1}{(2n)!}x^{2n} + \ldots$$

であるから、まさに $\cos x$ の展開式となっている。一方、虚数部は

$$x - \frac{1}{3!}x^3 + \frac{1}{5!}x^5 - \frac{1}{7!}x^7 + \ldots + (-1)^n \frac{1}{(2n+1)!}x^{2n+1} + \ldots$$

となっており、まさに $\sin x$ の展開式である。よって

$$e^{ix} = \cos x + i \sin x$$

という関係が得られることが分かる。これがオイラーの公式である。実数では、何か密接な関係がありそうだということは分かっていても、関係づけることが難しかった指数関数と三角関数が、虚数を導入することで見事に結びつけることが可能となったのである。

演習 2-5 オイラーの公式を利用して、次の三角関数に関する関係を導け。

$$\cos x = \frac{e^{ix} + e^{-ix}}{2} \qquad \sin x = \frac{e^{ix} - e^{-ix}}{2i}$$

解) オイラーの公式から

$$e^{ix} = \cos x + i\sin x \qquad e^{-ix} = \cos x - i\sin x$$

となる。両辺の和と差をとると

$$e^{ix} + e^{-ix} = 2\cos x \qquad e^{ix} - e^{-ix} = 2i\sin x$$

となって、これを整理すれば

$$\cos x = \frac{e^{ix} + e^{-ix}}{2} \qquad \sin x = \frac{e^{ix} - e^{-ix}}{2i}$$

が得られる。

演習 2-6 オイラーの公式を利用して i^i （つまり $\sqrt{-1}^{\sqrt{-1}}$) を計算せよ。

解) $i^i = k$ と置いて、両辺の対数をとると

$$i \ln i = \ln k$$

となる。ここで、オイラーの公式より $i = \exp i(\pi/2)$ であるから $\ln i$ に代入すると

$$i \ln i = i \cdot i \frac{\pi}{2} = i^2 \frac{\pi}{2} = -\frac{\pi}{2}$$

$$\therefore -\frac{\pi}{2} = \ln k \qquad k = e^{-\frac{\pi}{2}}$$

となる。つまり

$$\sqrt{-1}^{\sqrt{-1}} = i^i = \exp\left(-\frac{\pi}{2}\right)$$

と変形できる。ここで

$$e^x = 1 + x + \frac{1}{2!}x^2 + \frac{1}{3!}x^3 + \frac{1}{4!}x^4 + \frac{1}{5!}x^5 + \ldots + \frac{1}{n!}x^n + \ldots$$

の展開式の x に $-\pi/2$ を代入して計算すると

$$\sqrt{-1}^{\sqrt{-1}} = i^i = \exp\left(-\frac{\pi}{2}\right) = 0.2078\ldots$$

となって、なんと実数値が得られる。

　虚数 (i) の i 乗が実数になるというのは驚きであるが、これも対数関数

と級数展開の仲立ちで、複素変数の関数の数学的な導出が可能になったおかげである。

2.7. 複素平面と極形式

オイラーの公式は**複素平面** (complex plane) で図示してみると、その幾何学的意味がよく分かる。そこで、第1章で紹介した複素平面と**極形式** (polar form) について復習してみよう。

複素平面は、x 軸が**実数軸** (real axis)、y 軸が**虚数軸** (imaginary axis) の平面である。実数は、数直線 (real number line) と呼ばれる1本の線で、すべての数を表現できるのに対し、複素数を表現するためには、平面が必要である。

この時、複素数を表現する方法として極形式と呼ばれる方式がある。これは、すべての複素数は

$$z = a + bi = r(\cos\theta + i\sin\theta)$$

で与えられるというものである。ここで θ は、正の実数 (x) 軸からの**角度** (argument)、r は原点からの**距離** (modulus) であり、

$$r = |z| = \sqrt{a^2 + b^2}$$

という関係にある。ここで、複素数の**絶対値** (absolute value) を求める場合、実数の場合と異なり単純に2乗したのでは求められない。$a^2 + b^2$ を得るためには、$a+bi$ に虚数部の符号が反転した $a-bi$ をかける必要がある。これら複素数を**共役** (complex conjugate) と呼んでいる。

ここで、極形式のかっこ内を見ると、オイラー公式の右辺であることが分かる。つまり

$$z = r(\cos\theta + i\sin\theta) = re^{i\theta}$$

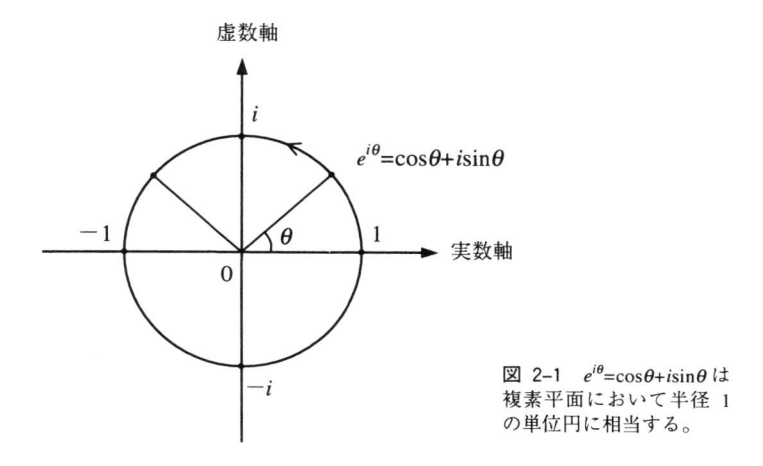

第2章 べき級数展開とオイラーの公式

図 2-1 $e^{i\theta}=\cos\theta+i\sin\theta$ は複素平面において半径 1 の単位円に相当する。

と書くこともできる。すべての複素数が、この形式で書き表される。

　さて、ここで、オイラーの公式の右辺について考えてみよう。

$$\cos\theta + i\sin\theta$$

これは、$r=1$ の極形式であるが、θ を変数とすると、図2-1に示したように、複素平面における半径 1 の円(**単位円**: unit circle と呼ぶ)を示している。よって、$\exp(i\theta)$ は複素平面において半径 1 の円に対応する。ここで、θ はこの円の実軸からの傾角を示している。

　この時、θ を増やすという作業は、単位円に沿って**回転**するということに対応する。例えば、$\theta=0$ から $\theta=\pi/2$ への変化は、ちょうど1に i をかけたものに相当する。これは

$$\exp\left(i\frac{\pi}{2}\right) = \exp\left(0+i\frac{\pi}{2}\right) = \exp(0)\cdot\exp\left(i\frac{\pi}{2}\right)$$

と変形すれば、

$$\exp(0) = 1, \quad \exp\left(i\frac{\pi}{2}\right) = i$$

ということから、$1 \times i$ であることは明らかである。さらに $\pi/2$ だけ増やすと、$i^2 = -1$ となる。つまり、$\pi/2$ だけ増やす、あるいは回転するという作業は、i のかけ算になる。よって、i は回転演算子とも呼ばれる。このように、単位円においては**指数関数のかけ算が角度の足し算と等価**であるという事実が重要である。

2.8. 1 の n 乗根を求める

指数関数のかけ算が偏角の足し算と等価であるという性質を利用すると、複素数の n 乗根を求めることが簡単にできる。

まず、はじめに

$$z^3 = 1$$

の根を求めてみよう。これは普通に解けば

$$z^3 - 1 = (z-1)(z^2 + z + 1) = 0$$

と因数分解できるので、$z = 1$ と $z^2 + z + 1 = 0$ の解を求めればよいことが分かる。この2次方程式の解は

$$z = \frac{-1 \pm \sqrt{-3}}{2} = -\frac{1}{2} \pm \frac{\sqrt{3}}{2}i$$

で与えられる。よって $z^3 = 1$ の3乗根は

$$z = 1, \quad z = -\frac{1}{2} + \frac{\sqrt{3}}{2}i, \quad z = -\frac{1}{2} - \frac{\sqrt{3}}{2}i$$

第2章 べき級数展開とオイラーの公式

となる。

ここで、単位円にもどって考えてみよう。$z^3 = 1$ の右辺は、$\exp(2\pi i) = 1$ であるから、$z = \exp i\theta$ として偏角（θ）に注目すると、3回足すと 2π になる角度 θ（$3\theta = 2\pi$）を偏角とする $\exp i\theta$ が根であることがすぐに分かる。これからただちに $\theta = 2\pi/3$ という解が得られる。また、$\exp(4\pi i) = 1$ であるから、$\theta = 4\pi/3$ も根である。次は、$6\pi, 8\pi, 10\pi$ と続いていくが、それぞれ $\exp(6\pi i/3) = \exp(2\pi i) = 1$ というように、同じ解の繰り返しとなり、結局

$$z = \exp(2\pi i/3), \quad z = \exp(4\pi i/3), \quad z = \exp(6\pi i/3)$$

となって、オイラーの公式に代入すると、

$$z = \cos\frac{2\pi}{3} + i\sin\frac{2\pi}{3} = -\frac{1}{2} + \frac{\sqrt{3}}{2}i$$

$$z = \cos\frac{4\pi}{3} + i\sin\frac{4\pi}{3} = -\frac{1}{2} - \frac{\sqrt{3}}{2}i$$

$$z = \cos\frac{6\pi}{3} + i\sin\frac{6\pi}{3} = \cos 2\pi = 1$$

と3乗根が得られる。

しかし、$z^3 = 1$ だけでは、あまり便利さを実感できないかもしれない。この方法の利点は、同じ手法が n 乗根、つまり $z^n = 1$ にすぐに拡張できることである。

まず、$z^n = 1$ の根として、すぐに 1 と $\exp(2\pi i/n)$ が得られることが分かる。次に、これ以外の根も、3乗根を求めたのと同じ手法で簡単に解くことができる。一般式にすれば

$$\sqrt[n]{1} = \cos\left(\frac{2k\pi}{n}\right) + i\sin\left(\frac{2k\pi}{n}\right) = \exp\left(\frac{2k\pi}{n}i\right)$$

と与えられる。

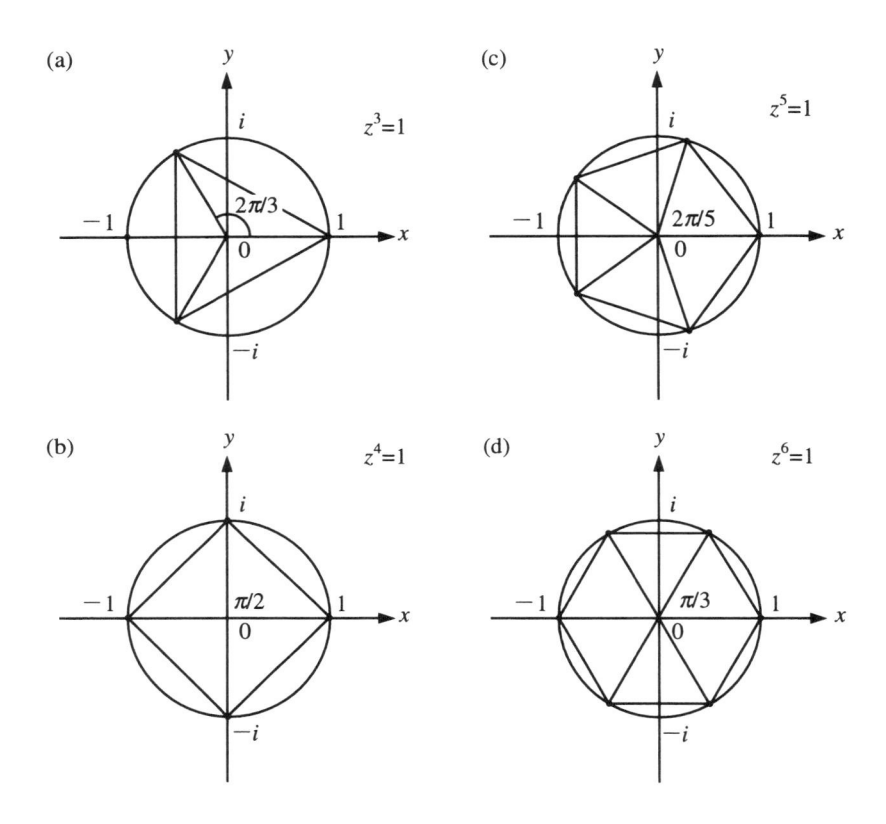

図 2-2　複素平面を利用して、1 の n 乗根を求める方法。図のように $z=1$ を頂点とし、単位円に内接する正 n 角形を描けば、その頂点が求める根となる。

　ここで、重要なことは、$z^n = 1$ の根は、$z = \exp(2\pi i/n)$ をひとつの**頂点** (vertex) として、単位円に内接する**正 n 角形** (regular polygon with n angles) をつくった時のそれぞれの頂点 (vertices) に対応するということである。これは、n 乗根 (nth root) の最小の偏角が $2\pi/n$ ($k = 1$) で、順次それが整数倍 (k 倍) になっていくということから自明であろう。ただし、すぐに分かることであるが、$z^n = 1$ の場合は、必ず $z = 1$ も頂点に含まれる。

　例として、3 乗根 (cubic root)、4 乗根 (fourth root)、5 乗根 (fifth root)、6 乗根 (sixth root) の場合を図 2-2 に示す。それぞれ、単位円に内接し、$z = 1$

第 2 章　べき級数展開とオイラーの公式

を頂点とする正 3 角形 (equilateral triangle)、正方形 (square)、正 5 角形 (regular pentagon)、正 6 角形 (regular hexagon) の頂点が根となる。

さらに、この関係を使えば、すべての複素数の n 乗根を求めることができる。例えば、単位円上にある複素数 (z_1) の n 乗根は、$z = \exp(2\pi i/n)$ を頂点とする n 角形のかわりに、この複素数を $z = z_1$ から偏角にして $2\pi/n$ だけずれた点を頂点とする正 n 角形をつくると、その頂点が n 乗根を与える。

演習 2-7　z_1 を絶対値が 1 の複素数とするとき、$z^n = z_1$ の一般解を求めよ。

解）　$z^8 = 1$ の場合をまず図 2-3 に示す。ここで、最小の偏角は $\theta = 2\pi/8 = \pi/4$ であり、これが順次整数倍になった $2\theta = \pi/2$, $3\theta = 3\pi/4, 4\theta = \pi \ldots$ に対応した単位円上の点が 8 乗根を与える。次に、

$$z_1 = \cos\theta_1 + i\sin\theta_1$$

の場合の 8 乗根は、図 2-4 に示すように、単位円上で偏角が $\theta_1/8$ の点を頂点とする正 8 角形を描けば、その頂点が根となる。

よって、n 乗根の一般式は

$$\sqrt[n]{z_1} = \cos\left(\frac{\theta_1}{n} + \frac{2k\pi}{n}\right) + i\sin\left(\frac{\theta_1}{n} + \frac{2k\pi}{n}\right) = \exp\left\{i\left(\frac{\theta_1}{n} + \frac{2k\pi}{n}\right)\right\}$$

で与えられる。すなわち、実軸から θ_1/n だけ回転させた正 n 角形の頂点の値となる。

ここで、すべての複素数は

$$z = r(\cos\theta + i\sin\theta)$$

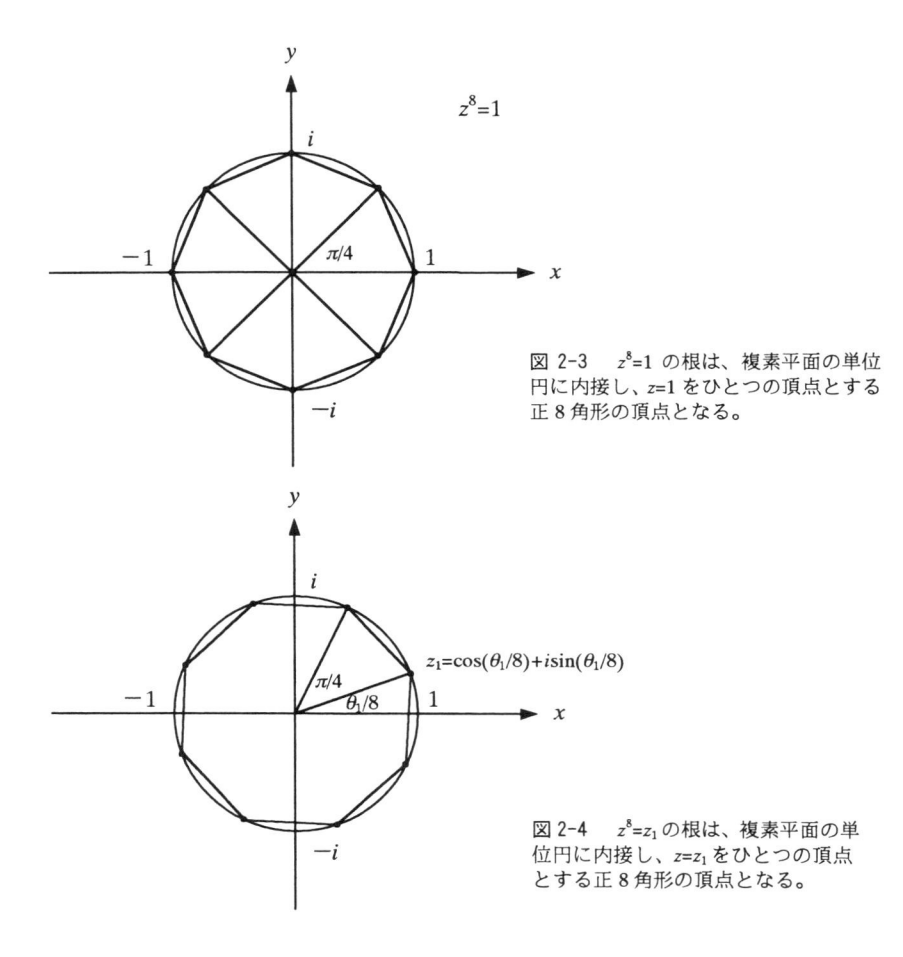

図 2-3　$z^8=1$ の根は、複素平面の単位円に内接し、$z=1$ をひとつの頂点とする正 8 角形の頂点となる。

図 2-4　$z^8=z_1$ の根は、複素平面の単位円に内接し、$z=z_1$ をひとつの頂点とする正 8 角形の頂点となる。

の極形式で与えられるから、その n 乗根は

$$\sqrt[n]{z} = \sqrt[n]{r}\left\{\cos\left(\frac{\theta + 2k\pi}{n}\right) + i\sin\left(\frac{\theta + 2k\pi}{n}\right)\right\} = \sqrt[n]{r} \cdot \exp\left\{i\left(\frac{\theta + 2k\pi}{n}\right)\right\}$$

で与えられることになる。

2.9. オイラーの公式の利用

すでに三角関数のところでも紹介したが、指数関数が三角関数に変換されるオイラーの関係を利用すると、いくつかの公式も簡単に証明することができる。高校で習う次の公式を思い出して欲しい。

$$(\cos\theta + i\sin\theta)^n = \cos n\theta + i\sin n\theta$$

これは、ド・モアブルの定理 (de Moivre's theorem) と呼ばれるものであるが、これも、別な見方をすれば左辺の n 回かけるという操作が右辺では θ を n 回たすという足し算に変換されると見ることもできる。

この公式もオイラーの式を使えば、次のように簡単に証明できる。

$$e^{i\theta} = \cos\theta + i\sin\theta$$

の関係から、指数関数の積を使うと

$$(\cos\theta + i\sin\theta)^n = (e^{i\theta})^n = e^{in\theta} = e^{i(n\theta)} = \cos n\theta + i\sin n\theta$$

となり、ド・モアブルの定理がすぐに証明できる。

このように、オイラーの公式はかけ算を、より計算のしやすい足し算に変換できるという効用がある。

例えば、$\exp(i\theta_1)$ と $\exp(i\theta_2)$ のかけ算は、複素平面では θ_1 と θ_2 の足し算になる。つまり、$\exp i(\theta_1+\theta_2)$ がその値を与える。

この関係は、2個のかけ算だけではなく、$\exp(i\theta_1), \exp(i\theta_2), \ldots\ldots, \exp(i\theta_n)$ の n 個の数のかけ算が

$$\sum \theta_k = \theta_1 + \theta_2 + \theta_3 + \ldots + \theta_n$$

の足し算を使って $\exp(i\Sigma\theta)$ で与えられることを示している。

このようにして、複雑な複数回のかけ算などは指数関数を利用して、足

し算に置き換えて、その解 θ を求め、実際の計算は $\sin\theta, \cos\theta$ に置き換えて、その値を求めるという手法である。

ここで、重要な点は最後の計算には e が入ってこない点である。いちいち無理数である $e = 2.7182818...$ が顔を出したのでは計算が煩雑になるが、あくまで e は計算の仲立ちをするだけで最後は三角関数だけの計算で済む。これがオイラーの公式のすぐれた点である。

演習 2-8　$1+\sqrt{3}i$ を 8 乗した値を求めよ。

　解）　$1+\sqrt{3}i = 2\left(\dfrac{1}{2} + \dfrac{\sqrt{3}}{2}i\right) = 2\left(\cos\dfrac{\pi}{3} + i\sin\dfrac{\pi}{3}\right)$

と変形できるので

$$\left(1+\sqrt{3}i\right)^8 = 2^8\left(\cos\dfrac{8\pi}{3} + i\sin\dfrac{8\pi}{3}\right) = 256\left(\cos\dfrac{2\pi}{3} + i\sin\dfrac{2\pi}{3}\right)$$

$$= 256\left(-\dfrac{1}{2} + \dfrac{\sqrt{3}}{2}i\right) = -128 + 128\sqrt{3}i$$

と計算できる。ここで 8 乗という操作が、$\pi \to 8\pi$ の変換で済むというのが、この手法の利点である。

　複素関数においては、本章で紹介した級数展開と、オイラーの公式が大活躍する。それでは、実際に複素数の関数がどのような特徴を持つのか次章で見てみよう。

第 3 章　複素数の関数

　複素関数論 (Theory of complex functions) は、読んで字のごとく**複素数** (complex number) を**変数** (variable) とする関数 (function) に関する理論である。例えば、複素数を z と書くと、**複素関数** (complex function) は**実数関数** (real function) と同じように $f(z)$ と書くことができる。ところが、このような表記をすること自体に、すでに大きな落とし穴がある。

　なぜなら、複素関数は実数関数のように自由にグラフに描くことができないからである。この事実を認識しないまま、実数関数の延長で複素関数に対処しようとすると、自分がいったい何をしているかが分からなくなってしまう。複素関数論が分かりにくい比喩として、「まるで深い森に迷い込んだようだ」と表現されるが、実は、森（複素関数論）への入口で、すでに大きな勘違いしているところに、そもそもの原因がある。

　そこで、本章では複素数の関数が、実数関数とどこが違うのかという点を強調しながら、複素関数の特徴について説明を行う。

3.1.　複素変数の 2 次関数

　例として、実数関数の 2 次関数 (quadric function) について考えてみよう。これは

$$f(x) = x^2$$

と表記することができ、誰でも知っているように、図 3-1 に示したようなグラフとして描くことができる。ところで、この実数 x のかわりに、複素数 z を持ってきたらどうであろうか。すると

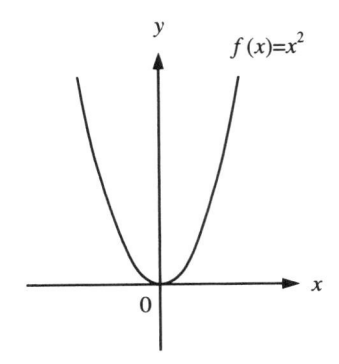

図 3-1　実数関数 $y = f(x) = x^2$ のグラフ。

$$f(z) = z^2$$

という複素関数で表記できる。ところが、この関数は簡単にグラフに描くことができないのである。こんな単純なものが、なぜグラフに描けないかというと、複素関数が4次元 (four dimension) の世界となるからである。言い変えれば、複素関数を描くためには、軸 (axis) が4つ必要になるのである。その説明をしよう。

実は、複素数を z と表記しているが、本来複素数は

$$z = x + yi$$

のように、**実数部** (real part) と**虚数部** (imaginary part) の2変数からなる数である。よって、変数である複素数自体を表現するために、図 3-2 に示すように、**実数軸** (real axis) と**虚数軸** (imaginary axis) の2つの軸（つまり平面）を必要とする。これを**複素平面** (complex plane) と呼んでいる。さらに、z を2乗して得られる $f(z)$ も当然複素数であるから、これを表示するためにも、実数軸と虚数軸が必要になり、結果として合計4個の軸が必要になる（図 3-3 参照）。残念ながら4つの軸からなる4次元の世界を図示する能力はわれわれにはない。この事実を、まず認識する必要がある。

第 3 章　複素数の関数

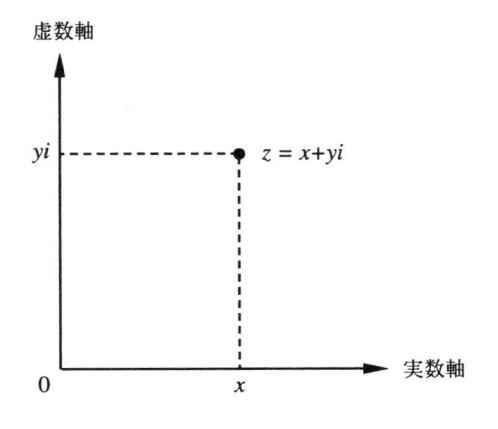

図 3-2　複素数を表示するための平面。実数軸と虚数軸が必要となる。

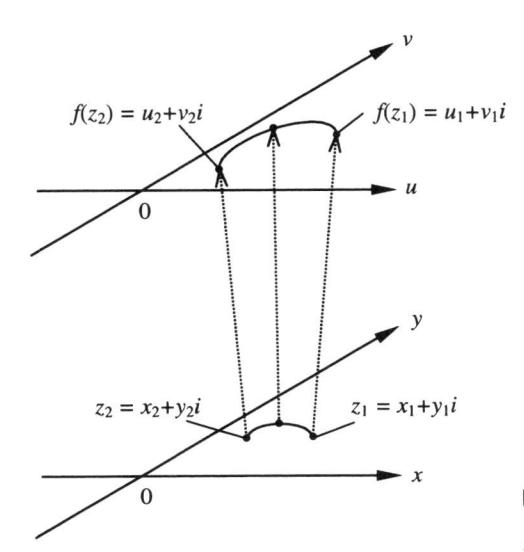

図 3-3　複素関数 $w=f(z)$ を表示するためには4つの軸を必要とする。

それでは、どうするか。ここで複素関数に登場する**写像** (mapping) という概念が必要になる。つまり、変数を表示する複素平面 (z 平面) を用意し、それがどのようなものかをまず図示する。つぎに、得られた複素関数を表示する複素平面 (w 平面: $w = f(z)$) に、z に関数を作用して得られる結果のグラフを表示する。このとき、**z 平面** (z plane) のグラフが **w 平面** (w plane) のグラフへ変換されることになり、ある平面の像を、別の平面の像に写す操作に対応するので**写像** (mapping) と呼んでいる[1]。残念ながら、複素関数においては、このような表現方法をとるしかない。

しかし、この場合でも、まだ問題がある。実数関数の変数は x 軸上しか動けないから、x 軸のある値に対して、y 軸のある値が対応するので、関数 $y = f(x)$ のグラフは、$(x, f(x))$ の軌跡として 1 本のグラフとして図示することができる。図 3-1 の $y = x^2$ がその例である。

一方、複素平面では、変数の複素数は z 平面のすべての領域を自由に動くことができる (つまり x と y は任意であるので変数の変化域は線ではなく面となる)。このため、任意変数 z を z 平面に描くこと自体が無意味となる。あえて描こうと思えば、z 平面全体を塗りつぶすしか手がない。また、結果としての複素関数も w 平面の大きな領域に広がってしまう[2]。これでは、せっかく 4 個の軸を使う意味がない。

そこで、複素変数 z の範囲を指定して、変数が動ける自由度を限定する。こうすれば、はじめて、複素関数 $f(z)$ を w 平面に描くことができるようになる。ここまで条件を規定しないと複素関数を描くことはできない。

以上の知識をもとにして、$w = z^2$ のグラフを考えてみよう。まず $z = x + yi$ であるから

$$z^2 = (x + yi)^2 = x^2 + 2xyi + y^2 i^2 = (x^2 - y^2) + 2xyi$$

---

[1] 写像という日本語は、英語では mapping である。map は地図のことであるが、別な平面に地図を書くように、図を移すという表現である。ちなみに、日本語の写像には injection という訳もある。これは 1 対 1 に対応するという意味である。これを injection mapping ともいう。

[2] もちろん $w = f(z) = 1$ という複素関数のように、z 平面のすべての点が w 平面の $z = 1$ という点に変換される場合もある。

第3章 複素数の関数

となるので、w 平面では、$w = u + vi$ とすると

$$u = x^2 - y^2 \quad v = 2xy$$

と変換されることになる。よって対応関係を示すと

$$z_1 = 1+i \to w_1 = 2i \quad z_2 = 2+i \to w_2 = 3+4i \quad z_3 = 1+2i \to w_3 = -3+4i$$

となって、z 平面上の複素数 z に対して w 平面上の複素数 $f(z)$ を対応させることはできる。これらをグラフにするには、それぞれの対応関係を明確にして、図3-4に示すように描く手もあるが、これでは1個1個の対応関係を示す必要があるから大変な労力を要するうえ、あまり意味がない。

よって、前述したように、z の動ける範囲を限定してグラフ化する必要がある。ここで、複素数をグラフにあらわすときに強力な表現方法として前章で紹介した**極形式** (polar form) がある。この方式によれば、任意の複素数は

$$z = r(\cos\theta + i\sin\theta)$$

と表記することができる。さらに**オイラーの公式** (Euler's formula) を使うと

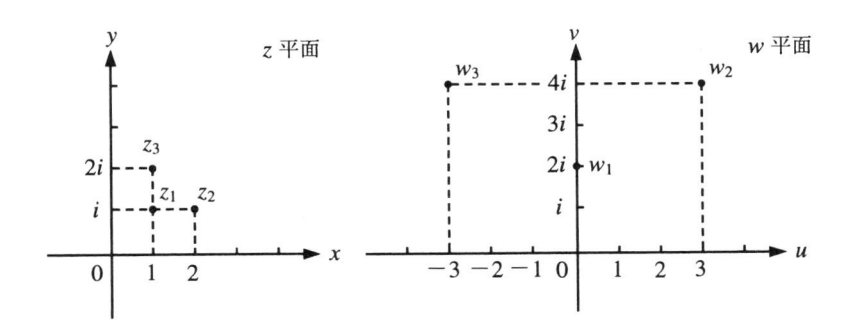

図 3-4　複素関数 $w = f(z) = z^2$ の表示方法

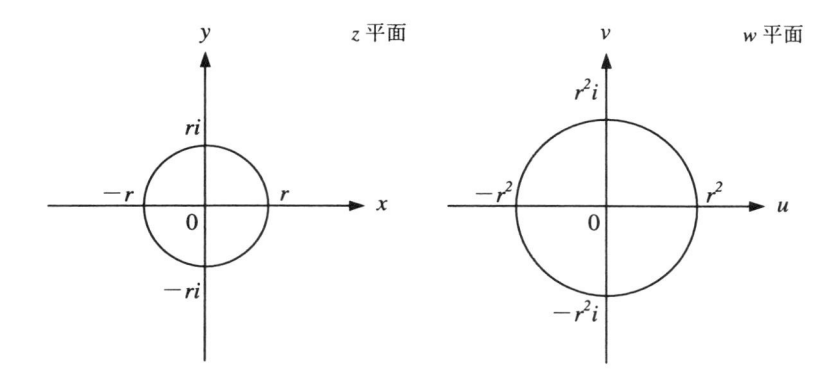

図 3-5　複素関数 $w=f(z)=z^2$ を作用させると、z 平面の半径 r の円は w 平面の半径 r^2 の円に変換される

$$z = re^{i\theta} \quad (あるいは z = r\exp(i\theta))$$

と書くことができる。それでは、極形式を利用して複素関数 $f(z) = z^2$ の特徴を考えてみよう。まず、z を半径が r の円上を動くと考えると、その軌跡は $z = re^{i\theta}$ と規定される。このとき

$$f(z) = z^2 = r^2 e^{i2\theta}$$

となるから、z 平面における半径 r の円は、演算 $f(z) = z^2$ によって w 平面では、半径 r^2 の円に写像されることになる。これを図示すると図 3-5 のような関係となる。つまり、この複素関数によって、円は半径の異なる円に写像 $(r \to r^2)$ されることになる。

ただし、この関係だけでは実はまだ不十分である。というのも、このままでは r が r^2 に変換されるという作用しかグラフからは読み取れない。実際には**偏角** (argument) θ が 2θ に変換されている。そこで、z として z 平面における 4 分円を考えると、$f(z) = z^2$ は w 平面では図 3-6 のような半円となる。こうすれば、r と θ の両方に及ぼす作用を見ることができる。

第3章　複素数の関数

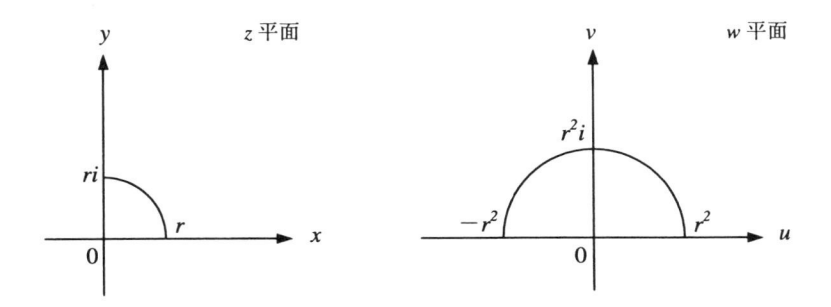

図 3-6　複素関数 $w=f(z)=z^2$ を作用させると、z 平面の半径 r の 4 分円は、w 平面の半径 r^2 の半円に変換される。図 3-5 では偏角 θ がどのように変換されるかが分からない。

このように $f(z) = z^2$ という簡単な関数であっても、複素平面でそれを描こうとすると大変な苦労をするのである。

さらに単純な例として

$$w = f(z) = \alpha z$$

という関数を考えてみよう。これは、実数関数ならば、傾き α の単なる直線となるが、複素関数ではそうはいかない。ここでも複素数を極形式で表示し

$$\alpha = ae^{i\theta_1} \qquad z = re^{i\theta}$$

とおくと

$$w = \alpha z = ae^{i\theta_1} \cdot re^{i\theta} = ar\exp i(\theta + \theta_1)$$

となって、図 3-7 に示すように、大きさを a 倍したうえで、偏角を θ_1 だけ回転する操作となる。このように、実数関数では一見簡単そうな関数であっても、複素変数の関数となったとたんに単純ではなくなるのである。それでは、どうしてこんな苦労をしてまで複素関数を学ぶ必要があるので

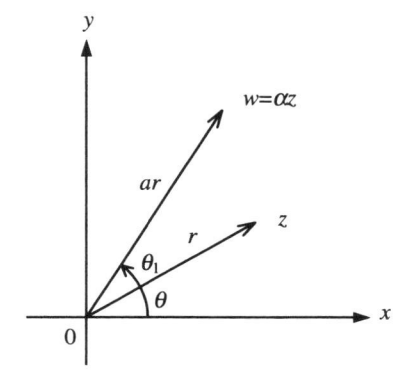

図 3–7　複素関数 $w=f(z)=\alpha z$ の表示。本来は z 平面と w 平面とを区別して表示すべきであるが、ここではひとつの平面で表示している。

あろうか。おそらく複素関数を最初に考えた**コーシー** (Cauchy) は、その応用についてはあまり気にとめていなかったのであろう。むしろ、複素数で関数をつくったらどうなるだろうという純粋な好奇心にかられて、複素関数の性質を調べていたものと思われる。

ところが、複素関数に限らず、すべての数学分野に共通して言えることであるが、多くの数学手法は誕生初期の概念から大きく飛躍して、数多くの理工系分野で利用されるようになっている。例えば、本章で紹介したように、複素関数には、z 平面の図形をある規則を保って w 平面に写す機能があり、これを**写像** (mapping) と呼んでいる。写像という機能を利用すると、複雑な形状をした図形のまわりの物理現象を解析しやすいかたちに変換して解析したのち、再び複雑な形状の場合にあてはめるという芸当ができる。この時、簡単な図形から複雑な図形への変換は機械的にできるので、写像をうまく利用すると、複雑な図形のまわりの現象の解析が、いとも簡単にできてしまうのである。

さらに、複素平面での積分には、驚くほど便利な性質が隠されていて、**複雑な実数積分を苦労せず（積分せず）に解法できる**という大きな効用がある。はじめて、複素積分の性質を習うと、その不思議さに魅了されるが、これについては、本書で次第に明らかにしていく。

3.2. 複素変数の初等関数

前項で紹介した $f(z)=z^2$ を始めとして、$f(z)=z$ や $f(z)=z^3$ などの複素数のべきの関数や、複素変数のべきの多項式

$$f(z) = a_0 + a_1 z + a_2 z^2 + a_3 z^3$$

は、多少煩雑にはなるものの、z に $x+yi$ を代入することで計算することが可能である。また

$$f(z) = \frac{a_0 + a_1 z + a_2 z^2 + a_3 z^3 + ...}{c_0 + c_1 z + c_2 z^2 + c_3 z^3 + ...}$$

のようなかたちをした関数にも対処できる。これを**有理関数** (rational function) と呼んでいる。

3.2.1. 三角関数

それでは、$\cos z$ や $\sin z$ のような複素変数の**三角関数** (trigonometric function) はどうであろうか。常識的には、角度が複素数になることは有り得ないから、$\sin(x+yi)$ のような関数を考えること自体が無意味に思える。しかし、ある方法を使うと、これら関数においても複素数を変数とみなすことができるのである。その方法とは、第 2 章で紹介した級数展開である。

複素変数の場合でも、**べき級数** (power series) であれば、各級数項に複素数を代入して計算することが可能となる。よって、**初等関数** (elementary function) を**べき級数展開** (power series expansion) して、そのべき項 (term) が複素数と考えれば、級数展開の可能なすべての関数に（原理的には）対応できることになる。例えば、サイン関数は

$$\sin x = x - \frac{1}{3!}x^3 + \frac{1}{5!}x^5 - \frac{1}{7!}x^7 + ... + (-1)^n \frac{1}{(2n+1)!} x^{2n+1} + ...$$

のようにべき級数展開することができる。このべき級数の項に複素数を代入すれば、複素変数を引数とする三角関数を考えることができるのである。つまり

$$\sin z = z - \frac{1}{3!}z^3 + \frac{1}{5!}z^5 - \frac{1}{7!}z^7 + ... + (-1)^n \frac{1}{(2n+1)!}z^{2n+1} + ...$$

が z を複素変数とするサイン関数の定義となる。あるいは

$$\sin(x+yi) = (x+yi) - \frac{1}{3!}(x+yi)^3 + \frac{1}{5!}(x+yi)^5 - \frac{1}{7!}(x+yi)^7 + ...$$

のように、実数部と虚数部を変数として表記することもできる。
　同様にして、複素変数のコサイン関数は

$$\cos z = 1 - \frac{1}{2!}z^2 + \frac{1}{4!}z^4 - \frac{1}{6!}z^6 + ... + (-1)^n \frac{1}{(2n)!}z^{2n} + ...$$

の級数展開において、z に複素数を代入したものとなる。他の初等関数も、べき級数展開したのち、そのべき項に複素数を代入することで複素変数の初等関数をすべて定義することができる。いわば、関数の級数展開という手法がなかったならば、複素関数は限られた狭い世界にとどまっていたのである。
　そして、いったんこのような定義ができれば、三角関数の正接関数は、これら sin および cos の定義を元にして

$$\tan z = \frac{\sin z}{\cos z}$$

のように、複素変数の正接として定義できる。

第 3 章　複素数の関数

演習 3-1　級数展開式を利用して、$\sin(0.2+0.1i)$ および $\cos(0.2+0.1i)$ の値を計算せよ。

解）　まず、sin については、第 3 項以降は係数として 1/5!=1/120 がつくうえ、5 乗となるので値が無視できるほど小さいので、第 2 項まで計算する。

$$\sin(0.2+0.1i) \cong (0.2+0.1i) - \frac{1}{3!}(0.2+0.1i)^3$$
$$= (0.2+0.1i) - \frac{1}{6}(0.008 + 3 \cdot 0.04 \cdot 0.1i + 3 \cdot 0.2 \cdot (-0.01) - 0.001i)$$
$$\cong 0.2 - 0.0013 + 0.001 + 0.1i - 0.002i + 0.0002i \cong 0.2 + 0.1i$$

これは、実数関数において θ が小さいときに、$\sin\theta \cong \theta$ という近似式が成立するのと似ている。つぎに、cos についても第 2 項まで計算すると

$$\cos(0.2+0.1i) \cong 1 - \frac{1}{2!}(0.2+0.1i)^2 = 1 - \frac{1}{2}(0.04 + 0.04i - 0.01)$$
$$= 1 - 0.02 + 0.005 - 0.02i = 0.985 - 0.02i$$

となる。ついでに tan を計算すれば

$$\tan(0.2+0.1i) = \frac{\sin(0.2+0.1i)}{\cos(0.2+0.1i)} = \frac{0.2+0.1i}{0.985-0.02i}$$
$$= \frac{(0.2+0.1i)(0.985+0.02i)}{(0.985-0.02i)(0.985+0.02i)} \cong \frac{0.197 - 0.002 + 0.0985i + 0.004i}{0.97}$$
$$\cong \frac{0.195 + 0.1025i}{0.97} \cong 0.2 + 0.1i$$

となる。この場合も、実数関数において θ が小さいときに、$\tan\theta \cong \theta$ という近似式が成立するのと似ている。

実は、三角関数を複素関数に応用する場合は、オイラーの公式を利用した表現方法が重用される。それをつぎに紹介しよう。
オイラーの公式によれば

$$\sin z = \frac{\exp(iz) - \exp(-iz)}{2i}$$

と変形できる。ここで、$z = x + yi$ を代入すると

$$\sin(x + yi) = \frac{\exp i(x + yi) - \exp(-i(x + yi))}{2i} = \frac{\exp(-y)\exp(ix) - \exp(y)\exp(-ix)}{2i}$$

となり、さらにオイラーの公式を使って変形すると

$$\sin z = \frac{\exp(-y)(\cos x + i\sin x) - \exp(y)(\cos x - i\sin x)}{2i}$$

これを実数部と虚数部に分けて

$$\sin z = \frac{(\exp(-y) + \exp(y))\sin x}{2} + \frac{(\exp(-y) - \exp(y))\cos x}{2i}$$

さらに整理すると

$$\sin z = \frac{(\exp(y) + \exp(-y))\sin x}{2} + i\frac{(\exp(y) - \exp(-y))\cos x}{2}$$

とまとめられる。このままでもよいが、**双曲線関数** (hyperbolic function) を使うと

$$\sin(x + yi) = \sin x \cosh y + i \cos x \sinh y$$

第3章　複素数の関数

と書くこともできる。つまり、複素関数 $\sin(x+yi)$ の実数部は $\sin x \cosh y$、虚数部は $\cos x \sinh y$ ということが分かる。同様に、コサイン関数は

$$\cos(x+yi) = \cos x \cosh y - i \sin x \sinh y$$

となる。

演習 3-2 複素数を $z = x + yi$ とすると、$\cos z = \cos x \cosh y - i \sin x \sinh y$ となることを示せ。

解) オイラーの公式によれば

$$\cos z = \frac{\exp iz + \exp(-iz)}{2}$$

となる。ここで、$z = x + yi$ を代入すると

$$\cos(x+yi) = \frac{\exp i(x+yi) + \exp(-i(x+yi))}{2} = \frac{\exp(-y)\exp(ix) + \exp(y)\exp(-ix)}{2}$$

となる。さらにオイラーの公式を使って変形すると

$$\cos z = \frac{\exp(-y)(\cos x + i \sin x) + \exp(y)(\cos x - i \sin x)}{2}$$

これを実数部と虚数部に分けて

$$\cos z = \frac{(\exp(-y) + \exp(y))\cos x}{2} + i\frac{(\exp(-y) - \exp(y))\sin x}{2}$$

とまとめられる。双曲線関数を使うと

$$\cos(x+yi) = \cos x \cosh y - i \sin x \sinh y$$

となる。

3.2.2. 指数関数

指数関数 (exponential function) においても、その**指数** (exponent) に複素数を考えることに直接的な意味はない。しかし、この場合も

$$e^z = 1 + z + \frac{1}{2!}z^2 + \frac{1}{3!}z^3 + \frac{1}{4!}z^4 + \cdots + \frac{1}{n!}z^n + \cdots$$

のように級数展開したうえで、それぞれの項に複素数を代入すれば複素指数の指数関数を定義することができる。ここで、複素変数の指数関数を考える場合、オイラーの公式が大活躍することは容易に想像がつくであろう。

たとえば、z に $x+yi$ を代入して

$$e^{x+yi} = 1 + (x+yi) + \frac{1}{2!}(x+yi)^2 + \frac{1}{3!}(x+yi)^3 + \frac{1}{4!}(x+yi)^4 + \cdots + \frac{1}{n!}(x+yi)^n + \cdots$$

と変形することもできるが、これを力づくで計算するのは、それほど容易ではない。そこで、オイラーの公式をつかって

$$e^{x+yi} = e^x e^{yi} = e^x(\cos y + i \sin y)$$

のように変形すると、取り扱いがはるかに簡単となる。この式をみると e^{x+yi} の実数部と虚数部は、それぞれ

第3章 複素数の関数

$$e^x \cos y \qquad e^x \sin y$$

であることが分かる。

あるいは、複素数を極形式で表示して $z = re^{i\theta}$ を代入する方法もある。たとえば

$$e^z = 1 + re^{i\theta} + \frac{1}{2!}r^2 e^{i2\theta} + \frac{1}{3!}r^3 e^{i3\theta} + \frac{1}{4!}r^4 e^{i4\theta} + \ldots + \frac{1}{n!}r^n e^{in\theta} + \ldots$$

と変形することができる。実際に複素関数の計算をするときには、それぞれの場合に適した表現方法をうまく利用しているのである。

例えば、複素変数の三角関数に関しては、べき級数展開が基本ではあるが、展開式の計算は煩雑であるから、すでに紹介したようにオイラーの公式

$$e^{iz} = \cos z + i \sin z \qquad e^{-iz} = \cos z - i \sin z$$

あるいは、そこから導かれる

$$\cos z = \frac{e^{iz} + e^{-iz}}{2} \qquad \sin z = \frac{e^{iz} - e^{-iz}}{2i}$$

の関係を利用する場合も多い。

演習 3-3 複素変数を指数とする指数関数において $e^{z_1} e^{z_2} = e^{z_1 + z_2}$ が成立することを示せ。

解) $z_1 = x_1 + y_1 i, \ z_2 = x_2 + y_2 i$ とおくと

$$e^{z_1} = e^{x_1 + y_1 i} = e^{x_1}(\cos y_1 + i \sin y_1) \qquad e^{z_2} = e^{x_2 + y_2 i} = e^{x_2}(\cos y_2 + i \sin y_2)$$

と変形できる。よって

$$e^{z_1}e^{z_2} = e^{x_1}(\cos y_1 + i\sin y_1)e^{x_2}(\cos y_2 + i\sin y_2)$$
$$= e^{x_1+x_2}(\cos y_1 + i\sin y_1)(\cos y_2 + i\sin y_2)$$

となる。ここで、三角関数の**加法定理** (addition theorem) を使うと

$$(\cos y_1 + i\sin y_1)(\cos y_2 + i\sin y_2)$$
$$= \cos y_1 \cos y_2 - \sin y_1 \sin y_2 + (\sin y_1 \cos y_2 + \cos y_1 \sin y_2)i$$
$$= \cos(y_1 + y_2) + i\sin(y_1 + y_2)$$

と変形できるので、もとの式に戻すと

$$e^{z_1}e^{z_2} = e^{x_1+x_2}(\cos y_1 + i\sin y_1)(\cos y_2 + i\sin y_2)$$
$$= e^{x_1+x_2}(\cos(y_1 + y_2) + i\sin(y_1 + y_2))$$

これを e^z とおくと、複素指数関数の定義から

$$z = (x_1 + x_2) + (y_1 + y_2)i$$

となることが分かる。すると

$$z = (x_1 + x_2) + (y_1 + y_2)i = x_1 + y_1 i + x_2 + y_2 i = z_1 + z_2$$

と分解できるから、結局

$$e^{z_1}e^{z_2} = e^{z_1+z_2}$$

という関係が成立することが確かめられる。

3.2.3. 対数関数

実数関数と同様に、複素変数の**対数関数** (logarithmic function) も指数関数 (exponential function) から派生的に得られる。いま、w を複素数として

$$z = e^w$$

という関係にあるとき

$$w = \ln z$$

と書いて、w を複素変数 z の対数関数と定義する。これは、ちょうど指数関数と**逆関数** (inverse function) の関係にある。

ここで、対数関数では注意する点がある。それは、$z = e^w$ の場合は、**独立変数**(independent variable) である w の値が決まれば、**従属変数** (dependent variable) である z の値がひとつに定まるが、対数関数では、そうはならないという点である。

つまり、独立変数である z の値に対し、複数の w の値が対応する。このような関数を**多価関数** (multi-valued function) と呼んでいる。例えば、$y = x^2$ は 1 価関数 (single-valued function) であるが、その逆関数の $y^2 = x$ は 2 価関数 (double-valued function) となる。

それでは、対数関数が多価関数になる理由を少し考えてみよう。いま、複素数を極形式で表現すると

$$z = re^{i\theta}$$

と与えられる。ここで、$r = 1$ とし、$\theta = 2\pi$ を代入すると

$$z = e^{i2\pi} = 1$$

となって、これは複素平面上の単位円を一周した場合の値である。同様にして、何度回転しても、2π の整数倍では、もとの 1 に戻るので、n を整数とすると

$$e^{i2n\pi} = 1$$

となる。ここで

$$z = e^w = e^w \cdot 1 = e^w \cdot e^{i2n\pi} = e^{w+i2n\pi}$$

と変形できるから、いったん $z = e^w$ を満足する w が分かれば $w + 2n\pi i$ もすべて、この関係を満足することになる。よって、ひとつの z の値に対して、$w = \ln z$ を満足する w の値が無数に存在するのである。

しかし、ひとつの独立変数に対して、関数の値が無数にあるのは不便である。よって、多価関数では適当な従属変数の範囲を決めて、ひとつの独立変数に対して、ひとつの従属変数が対応するような工夫をする。この場合の従属変数の範囲を**主枝** (principal branch) と呼び、この範囲内にある関数値を**主値** (principal value) と呼ぶ。

演習 3-4 複素変数の対数関数 $w = \ln z$ において $z = -1$ に対応する複素数 w の値を求めよ。

解) $z = e^w = -1$ を満足する複素数 w としては $w = i\pi$ がある。よって、n を整数として

$$w = i\pi + 2n\pi i = (2n+1)\pi i$$

が解となる。

3.3. 複素関数の微分

それでは、複素関数の**微分** (differentiation) はどうなるであろうか。ここ

第3章 複素数の関数

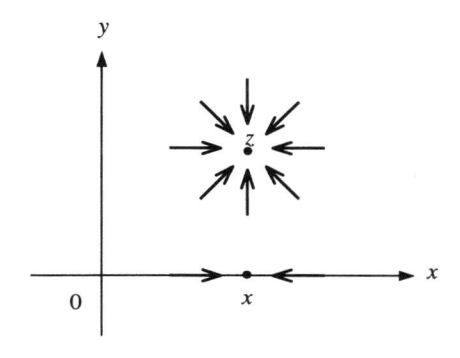

図 3-8 実数において、ある点 x に近づく ($\Delta x \to 0$) 方向は 1 通り、つまり x 軸しかない。これに対し複素平面において、ある点 z に近づく方向 ($\Delta z \to 0$) は無数にある。

で、実数関数 $f(x)$ の微分の定義を思い出してみよう。微分の定義は

$$\frac{df(x)}{dx} = \lim_{\Delta x \to 0} \frac{f(x + \Delta x) - f(x)}{\Delta x}$$

であった。この微分の定義式を複素数にそのままあてはめると

$$\frac{df(z)}{dz} = \lim_{\Delta z \to 0} \frac{f(z + \Delta z) - f(z)}{\Delta z}$$

ということになる。一見したところ実数関数と何も変わりがないように思えるが、実は大きな違いがある。それは

$$\Delta x \to 0 \quad \text{と} \quad \Delta z \to 0$$

の違いである。実変数の場合には、図 3-8 に示すように x 軸上しか動けないので（つまり 1 次元の線上しか動けないので）、0 に近づく方向は 1 通りしかない。ところが、複素数 z は複素平面（2 次元平面）に拡がっているので、それが 0 に近づく方法は何通りもある。このため、複素関数が微分できるかどうかという条件は、特別なものとなる。つまり、複素関数では、ある点 z において微分可能であるためには、図 3-8 に示した**複素平面のど**

の方向から近づいても同じ値を与えるという厳しい制約条件が課せられることになる。微分可能な関数を解析が可能な関数という意味で**解析関数** (analytic function) あるいは**正則関数** (regular function) と呼んでいる。それでは、正則関数に課せられる条件をまず考えてみよう。

いま、z を $z = x + iy$ として、複素関数 $f(z)$ が

$$u(x, y) + iv(x, y)$$

のように、ふたつの実数関数 $u(x, y)$ および $v(x, y)$ の関数で与えられるとする。

この時、点 z で微分可能であるならば、これが x 方向から z に近づいていっても、y 方向から z に近づいていっても同じ値になるはずである。そこで、それぞれのケースで微分を行ってみる。

$$f'(z) = \lim_{\Delta x \to 0} \frac{f(x+\Delta x, y) - f(x, y)}{\Delta x}$$

ここで、lim の中の $f(z)$ を $u(z)$ と $v(z)$ で表すと

$$\frac{\{u(x+\Delta x, y) + iv(x+\Delta x, y)\} - \{u(x, y) + iv(x, y)\}}{\Delta x}$$

$$= \frac{\{u(x+\Delta x, y) - u(x, y)\} + i\{v(x+\Delta x, y) - v(x, y)\}}{\Delta x}$$

となる。これを lim に戻せば

$$f'(z) = \frac{\partial u(x, y)}{\partial x} + i\frac{\partial v(x, y)}{\partial x}$$

と表される。次に、同様の操作を y 軸上で行ってみる。すると

第3章　複素数の関数

$$f'(z) = \lim_{i\Delta y \to 0} \frac{f(x, y + \Delta y) - f(x, y)}{i\Delta y}$$

となって、x軸の場合と同様の計算を行うと

$$f'(z) = \frac{\partial v(x, y)}{\partial y} - i\frac{\partial u(x, y)}{\partial y}$$

以上、ふた通りの方法で求めた $f'(z)$ は等しくなければならないから、それぞれの実数部と虚数部が等しいとおくと

$$\frac{\partial u(x, y)}{\partial x} = \frac{\partial v(x, y)}{\partial y} \qquad \frac{\partial u(x, y)}{\partial y} = -\frac{\partial v(x, y)}{\partial x}$$

が得られる。これを変形すれば

$$\frac{\partial u(x, y)}{\partial x} - \frac{\partial v(x, y)}{\partial y} = 0 \qquad \frac{\partial u(x, y)}{\partial y} + \frac{\partial v(x, y)}{\partial x} = 0$$

の条件が得られる。この両式の組み合わせを、**コーシー・リーマンの関係式** (Cauchy-Riemann's relations) と呼んでいる。これが正則関数に課せられる条件である。

演習 3-5　複素関数 $f(z) = z^2$ がコーシー・リーマンの関係式を満足することを確かめよ。

解)　$z = x + iy$ とし、$f(z) = u(x, y) + iv(x, y)$ とすれば

$$f(z) = z^2 = (x + yi)^2 = x^2 - y^2 + 2xyi$$

となり

$$u(x, y) = x^2 - y^2, \quad v(x, y) = 2xy$$

と与えられる。ここで

$$\frac{\partial u(x,y)}{\partial x} = 2x, \quad \frac{\partial u(x,y)}{\partial y} = -2y \qquad \frac{\partial v(x,y)}{\partial x} = 2y, \quad \frac{\partial v(x,y)}{\partial y} = 2x$$

と計算できるので

$$\frac{\partial u}{\partial x} - \frac{\partial v}{\partial y} = 2x - 2x = 0 \qquad \frac{\partial u}{\partial y} + \frac{\partial v}{\partial x} = -2y + 2y = 0$$

となって、確かにコーシー・リーマンの関係式を満足することが確かめられる。

つぎに、この微分を求めてみよう。すると、まず x 方向から Δx が 0 に近づいていった場合の微分は

$$f'(z) = \frac{\partial u(x,y)}{\partial x} + i\frac{\partial v(x,y)}{\partial x} = 2x + 2yi = 2(x + yi) = 2z$$

一方、y 方向の極限は

$$f'(z) = \frac{\partial v(x,y)}{\partial y} - i\frac{\partial u(x,y)}{\partial y} = 2x - (-2yi) = 2x + 2yi = 2z$$

となって、同じ値が得られる。つまり、実数関数で成立する $d(x^2)/dx = 2x$ という関係が、複素数でも $d(z^2)/dx = 2z$ となって、そのまま成立することが分かる。

演習 3-6 複素関数 $f(z)=1/z$ は $z=0$ に特異点を有するので正則関数ではない。この場合、この関数がコーシー・リーマンの関係式を満足するかどうかを確かめよ。

解) $z = x + iy$ とし、$f(z) = u(x,y) + iv(x,y)$ とすれば

$$f(z) = \frac{1}{z} = \frac{1}{x+yi} = \frac{x-yi}{(x+yi)(x-yi)} = \frac{x}{x^2+y^2} - \frac{y}{x^2+y^2}i$$

となり

$$u(x,y) = \frac{x}{x^2+y^2}, \quad v(x,y) = -\frac{y}{x^2+y^2}$$

と与えられる。ここで

$$\frac{\partial u(x,y)}{\partial x} = \frac{(x^2+y^2) - x(2x)}{(x^2+y^2)^2} = \frac{y^2-x^2}{(x^2+y^2)^2}$$

$$\frac{\partial u(x,y)}{\partial y} = \frac{-(2y)x}{(x^2+y^2)^2} = -\frac{2xy}{(x^2+y^2)^2}$$

$$\frac{\partial v(x,y)}{\partial x} = -\frac{-y(2x)}{(x^2+y^2)^2} = \frac{2xy}{(x^2+y^2)^2}$$

$$\frac{\partial v(x,y)}{\partial y} = -\frac{(x^2+y^2) - y(2y)}{(x^2+y^2)^2} = \frac{y^2-x^2}{(x^2+y^2)^2}$$

と計算できる。よって

$$\frac{\partial u(x,y)}{\partial x} - \frac{\partial v(x,y)}{\partial y} = \frac{y^2-x^2}{(x^2+y^2)^2} - \frac{y^2-x^2}{(x^2+y^2)^2} = 0$$

$$\frac{\partial u(x,y)}{\partial y} + \frac{\partial v(x,y)}{\partial x} = -\frac{2xy}{(x^2+y^2)^2} + \frac{2xy}{(x^2+y^2)^2} = 0$$

となり、正則関数ではないにもかかわらずコーシー・リーマンの関係式を満足する。

　これは、コーシー・リーマンの関係式が、正則関数となるための必要条件であって、十分条件ではないことに対応している。（ただし、$x = 0, y = 0$ では、これら計算式が意味を持たないから、もともと $z = 0$ ではコーシー・リーマンの関係式は成立しないという見方もできる。）

　必要十分条件は、導関数が連続であることが要求される。つまり、$f(z) = 1/z$ は $z = 0$ で導関数が無限大となるので、正則とはならない。ただし、$z = 0$ 以外では正則な関数ということになる。ここで、$z = 0$ 以外の点では微分可能で

$$f'(z) = \frac{\partial u(x,y)}{\partial x} + i\frac{\partial v(x,y)}{\partial x} = \frac{y^2 - x^2}{(x^2 + y^2)^2} + \frac{2xy}{(x^2 + y^2)^2}i = -\frac{(x - yi)^2}{(x^2 + y^2)^2}$$

ここで

$$x^2 + y^2 = (x + iy)(x - iy)$$

であるから

$$f'(z) = -\frac{(x - yi)^2}{(x^2 + y^2)^2} = -\frac{(x - yi)^2}{((x + yi)(x - yi))^2}$$
$$= -\frac{(x - yi)^2}{(x + yi)^2(x - yi)^2} = -\frac{1}{(x + yi)^2} = -\frac{1}{z^2}$$

と計算することができる。これも実数関数の微分の場合と同様である。

演習 3-7 複素関数 $f(z) = z^3$ においてコーシー・リーマンの関係式が成立するかどうかを調べよ。

解) $z = x + iy$ とし、$f(z) = u(x, y) + iv(x, y)$ とすれば

$$f(z) = z^3 = (x + yi)^3 = x^3 + 3x^2(yi) + 3x(yi)^2 + (yi)^3$$
$$= x^3 + 3x^2 yi - 3xy^2 - y^3 i = x^3 - 3xy^2 + (3x^2 y - y^3)i$$

となり

$$u(x, y) = x^3 - 3xy^2, \quad v(x, y) = 3x^2 y - y^3$$

と与えられる。ここで

$$\frac{\partial u(x, y)}{\partial x} = 3x^2 - 3y^2 \qquad \frac{\partial u(x, y)}{\partial y} = -6xy$$

$$\frac{\partial v(x, y)}{\partial x} = 6xy \qquad \frac{\partial v(x, y)}{\partial y} = 3x^2 - 3y^2$$

と計算できるので

$$\frac{\partial u(x, y)}{\partial x} - \frac{\partial v(x, y)}{\partial y} = (3x^2 - 3y^2) - (3x^2 - 3y^2) = 0$$

$$\frac{\partial u(x, y)}{\partial y} + \frac{\partial v(x, y)}{\partial x} = -6xy + 6xy = 0$$

となり、コーシー・リーマンの関係式が成立する。また、この関数では、導関数もすべて連続であるから正則関数である。

3.4. 実数関数と複素関数の対応関係

　いままで、複素関数が実数関数とは違うという点を強調してきたが、実は、複素関数には非常に便利な性質がある。それは、複素関数が**正則**であれば、実数関数 (real function) で成立する関係は、すべて複素関数においてもそのまま成立するという性質である。

　「正則」という用語は複素関数に特有の表現であるが、何のことはない、英語の"regular"の和訳である。よって、「正則関数」とは「ごく当たり前の関数」という意味になる。正則関数は、前項で紹介したように**コーシー・リーマンの関係式**を満足する関数であるが、便宜的には、無限遠を除いて無限 (infinity) になる点がない関数と考えて差し支えない。

　例えば

$$f(z) = \frac{1}{z}$$

という関数は、$z=0$ で無限大になるので正則ではない。そして、このように無限大になる点を**特異点** (singular point) と呼んでいる。ただし、たとえ複素関数に特異点があったとしても、特異点を含まない領域 (domain) では、実数関数で成立する関係は複素関数で成立する。いま紹介した $f(z)=1/z$ という関数も、$z=0$ 以外では、実数関数の性質をそのまま複素関数に持ちこんでも良いのである。

　さて、三角関数などの変数に複素数を導入することは、これら関数の本来の働きを基本に考えると意味がないということを紹介した。そして、これら関数の変数として複素変数を考える橋渡し役は**べき級数** (power series) であることも紹介した。つまり、多くの複素関数は級数展開によって、その意味が保証されている。よって、正則という条件も級数で考える必要がある。

　ここで、正則関数、つまり特異点がない関数を級数展開で考えると、それは

$$f(z) = a_0 + a_1 z + a_2 z^2 + a_3 z^3 + a_4 z^4 + \ldots$$

第3章 複素数の関数

のように、$1/z$ や $(1/z)^n$ という項を含まない級数のことである。これならば、z が無限大でないかぎり、関数が無限大になることがない。ここで、実数軸で、ある関数 $f(x)$ が

$$f(x) = a_0 + a_1 x + a_2 x^2 + a_3 x^3 + a_4 x^4 + \ldots$$

と級数展開できるとする。これを、この実数軸を含む複素平面の領域に拡張することを考える。このとき、複素平面で定義された $f(z)$ が

$$f(z) = b_0 + b_1 z + b_2 z^2 + b_3 z^3 + b_4 z^4 + \ldots$$

という級数に展開されたとすると、正則関数では必ず

$$a_0 = b_0 \quad a_1 = b_1 \quad a_2 = b_2 \quad a_3 = b_3 \quad \ldots\ldots \quad a_n = b_n$$

でなければならない。つまり、べき級数のすべての係数が等しい。言いかえれば、まったく同じ級数展開ということになる。

これを**一致の定理** (identity theorem) と呼んでいる。別の視点で見れば、同じ関数 $f(z)$ が、複素平面内のある**領域** (domain) では、たった一通りの級数にしか展開できないということを示しており、**級数展開の一意性** (uniqueness of power series) とも呼ばれる。

これは、正則な複素関数に課される厳しい条件を考えれば、当たり前の性質である。複素関数のコーシー・リーマンの関係式を導き出したときに見たように、複素関数が、ある点において微分可能となるためには、この点に複素平面のあらゆる方向から近づいたときの微分値が同じ値を示す必要がある。これを、実数関数のように、ある点 z における傾きと考えると、複素関数は、この点 z のまわりの傾きが、360°にわたってすべて同じということを示している。このことを「**超なめらか**」と呼ぶひともいる。どの方向からも、同じ傾きということは、図3-9 に示すように、仮にこのルートを x 軸上にとれば、普通の実数関数であるが、そのまわりの複素平面上の別のルートから近づいても、まったく同じ変化を示すということを意味し

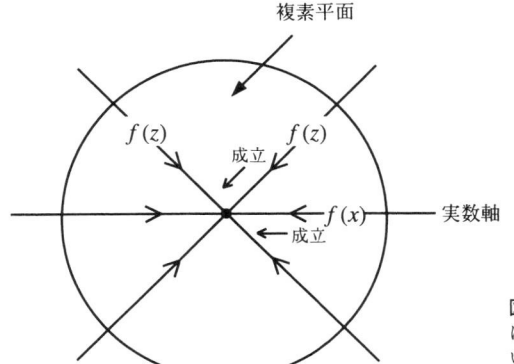

図 3-9 関数 f(z) が正則ならば、実数軸で成立する y=f(x) という関係は、複素平面でも成立する。

ている。つまり、実数関数で成立する関係は、そのまま複素平面でも成立しなければならない。

例えば、三角関数において成立する**加法定理** (addition theorem) や**倍角の公式** (double angle formula) などは、すべて複素数で成立することになる。利用する側からすれば、まことに好都合な性質である。なぜなら、実数関数で得られている膨大な数学公式が複素関数でも使えるからである。

演習 3-8 実数関数で成立する $\cos^2 x + \sin^2 x = 1$ という関係が複素変数においても成立することを示せ。

解) オイラーの公式を利用すると複素変数における三角関数は

$$\cos z = \frac{e^{iz} + e^{-iz}}{2} \qquad \sin z = \frac{e^{iz} - e^{-iz}}{2i}$$

で与えられる。ここで $\cos^2 z + \sin^2 z$ に上式を代入すると

第 3 章　複素数の関数

$$\left(\frac{e^{iz}+e^{-iz}}{2}\right)^2+\left(\frac{e^{iz}-e^{-iz}}{2i}\right)^2=\frac{e^{i2z}+2+e^{-i2z}}{4}-\frac{e^{i2z}-2+e^{-i2z}}{4}=\frac{4}{4}=1$$

なって、確かに $\cos^2 z+\sin^2 z=1$ が成立する。

演習 3-9　実数関数で成立する三角関数の加法定理

$$\sin(x+y)=\sin x\cos y+\cos x\sin y$$

が複素変数においても成立することを示せ。

解)　ここで、複素数を変数とする $\sin(z_1+z_2)$ を考える。するとオイラーの公式から

$$\sin(z_1+z_2)=\frac{\exp i(z_1+z_2)-\exp(-i(z_1+z_2))}{2i}$$

と変形できる。つぎに

$$\sin z_1 \cos z_2 = \frac{\exp(iz_1)-\exp(-iz_1)}{2i}\cdot\frac{\exp(iz_2)+\exp(-iz_2)}{2}$$
$$=\frac{\exp(i(z_1+z_2))+\exp(i(z_1-z_2))-\exp(-i(z_1-z_2))-\exp(-i(z_1+z_2))}{4i}$$

$$\cos z_1 \sin z_2 = \frac{\exp(iz_1)+\exp(-iz_1)}{2}\cdot\frac{\exp(iz_2)-\exp(-iz_2)}{2i}$$
$$=\frac{\exp(i(z_1+z_2))-\exp(i(z_1-z_2))+\exp(-i(z_1-z_2))-\exp(-i(z_1+z_2))}{4i}$$

と計算できるから

$$\sin z_1 \cos z_2 + \cos z_1 \sin z_2 = \frac{\exp(i(z_1+z_2)) - \exp(-i(z_1+z_2))}{2i}$$

となって

$$\sin z_1 \cos z_2 + \cos z_1 \sin z_2 = \sin(z_1 + z_2)$$

の等式が成立することが分かる。

演習 3-10 z を複素数としたとき、$\sin\left(z + \dfrac{\pi}{2}\right)$ および $\cos\left(z + \dfrac{\pi}{2}\right)$ を求めよ。

解) いくつか計算方法があるが、ここではオイラーの公式を利用する。複素変数における三角関数は

$$\sin z = \frac{e^{iz} - e^{-iz}}{2i} \qquad \cos z = \frac{e^{iz} + e^{-iz}}{2}$$

で与えられる。よって

$$\sin\left(z + \frac{\pi}{2}\right) = \frac{e^{iz} e^{i\frac{\pi}{2}} - e^{-iz} e^{-i\frac{\pi}{2}}}{2i} = \frac{ie^{iz} - (-i)e^{-iz}}{2i} = \frac{e^{iz} + e^{-iz}}{2} = \cos z$$

$$\cos\left(z + \frac{\pi}{2}\right) = \frac{e^{iz} e^{i\frac{\pi}{2}} + e^{-iz} e^{-i\frac{\pi}{2}}}{2} = \frac{ie^{iz} + (-i)e^{-iz}}{2} = \frac{-e^{iz} + e^{-iz}}{2i} = -\sin z$$

となって、実数関数と同じ結果が得られる。

第3章 複素数の関数

このように、初等関数において実数で成立する関係は、複素変数においても成立する。つまり、実数の公式をそのまま複素数に拡張することができる。もちろん、実数関数で成立する微分公式も、すべて複素関数に適用することができる。これを、級数展開という観点でみると、複素関数においても

$$\frac{d(z^n)}{dz} = nz^{n-1}$$

という一般式が成立することを示している。この関係が成立すれば、べき級数では、項別微分できるので、自動的に、すべての微分関係が正則関数で成立することを示している。つまり

$$f(z) = a_0 + a_1 z + a_2 z^2 + a_3 z^3 + a_4 z^4 + \ldots$$

の微分は

$$\frac{df(z)}{dz} = a_1 + 2a_2 z + 3a_3 z^2 + 4a_4 z^3 + \ldots$$

と自動的に書けるからである。

これを実際に確かめてみよう。z を極形式で表示して、$z = re^{i\theta}$ とする。すると

$$z^n = r^n e^{in\theta}$$

となる。ただし

$$dz = e^{i\theta} dr + rie^{i\theta} d\theta$$

の関係にある。ここで微分を計算すると

$$d(z^n) = nr^{n-1} e^{in\theta} dr + r^n ine^{in\theta} d\theta$$

となるが、これを変形すると

$$d(z^n) = nr^{n-1}e^{i(n-1)\theta}e^{i\theta}dr + nr^{n-1}e^{i(n-1)\theta}rie^{i\theta}d\theta$$

$$= nr^{n-1}e^{i(n-1)\theta}\left(e^{i\theta}dr + rie^{i\theta}d\theta\right)$$

z に変換すると

$$d(z^n) = nz^{n-1}dz$$

となって、確かに一般式が成立する。

　複素関数がべき級数のかたちで表現できれば、あとはこれらべき項が並んだだけであるので、項別微分が可能となり、結果として、もとの関数も微分可能となる。よって、べき級数展開が可能である三角関数および指数関数では

$$\frac{d\sin z}{dz} = \cos z \qquad \frac{d\cos z}{dz} = -\sin z \qquad \frac{de^z}{dz} = e^z$$

のように実数関数とまったく同様の関係が成立する。

　また、当然のことながら、これら関数の組み合わせで作ることができる双曲線関数や対数関数などにおいても、実数関数で成立する微分公式が、そのまま複素関数にもあてはめることができることは明らかであろう。

　さらに、微分の加減乗除の基本公式である

$$\frac{d(f(z) \pm g(z))}{dz} = \frac{df(z)}{dz} \pm \frac{dg(z)}{dz}$$

$$\frac{d(f(z)g(z))}{dz} = \frac{df(z)}{dz}g(z) + f(z)\frac{dg(z)}{dz}$$

第3章　複素数の関数

$$\frac{d}{dz}\left(\frac{f(z)}{g(z)}\right)=\frac{\frac{df(z)}{dz}g(z)-f(z)\frac{dg(z)}{dz}}{g^2(z)} \qquad \frac{d}{dz}\left(\frac{1}{g(z)}\right)=\frac{-1}{g^2(z)}\frac{dg(z)}{dz}$$

もすべて成立することになる。先ほど、正則関数ではないとして紹介した $f(z) = 1/z$ も $z = 0$ を除けば

$$\frac{d}{dz}\left(\frac{1}{z}\right)=-\frac{1}{z^2}$$

と計算することができる。

演習 3-11　複素関数 $w = f(z) = \tan z$ の導関数を求めよ。

解）　複素関数においても

$$w = f(z) = \tan z = \frac{\sin z}{\cos z}$$

の関係が成立する。微分の商の公式を使うと

$$f'(z)=\frac{d(\tan z)}{dz}=d\left(\frac{\sin z}{\cos z}\right)\bigg/dz=\frac{(\sin z)'\cos z-\sin z(\cos z)'}{(\cos z)^2}$$
$$=\frac{\cos^2 z+\sin^2 z}{\cos^2 z}=\frac{1}{\cos^2 z}$$

となる。

本章の冒頭で、複素関数は実数関数とは違うということを強調しながら、一方で、実数関数で成立することが複素関数でもそのまま成立するというと、何か違和感を覚えるかもしれないが、複素関数が 4 次元空間でしか表現できないという事実に変わりがあるわけではない。

　それでは、この理由をもう一度考察してみよう。複素関数は 2 変数関数であるが、実は、これら変数が勝手きままに変動しているわけではない。まず、実部と虚部は虚数 (i) の作用のおかげで、お互いに独立しているという事実がある。つまり、実数部での変化は実数部だけで閉じており、虚数部には影響を与えない。

　さらに、第 1 章で紹介したように、i のかけ算は複素平面において $\pi/2$ だけ回転するという機能を有しており、虚数部が実数部に影響を与えるのは、それに i を作用させた場合だけである。複素関数は 2 **変数関数**ではあるが、それぞれが勝手気ままに変化するのではなく、以上の制約条件のもとで変化しているのである。この規則を無視したのでは、複素関数の枠組みが崩れてしまう。

　これを具体例でみてみよう。いま複素関数 w として

$$w = u(x, y) + iv(x, y) = xy + (x + y)i$$

という関数を考える。一見したところ、何の問題もなさそうである。さっそく、この関数のコーシー・リーマンの関係式を調べてみると、

$$\frac{\partial u(x, y)}{\partial x} = y, \quad \frac{\partial u(x, y)}{\partial y} = x \qquad \frac{\partial v(x, y)}{\partial x} = 1, \quad \frac{\partial v(x, y)}{\partial y} = 1$$

と計算できるので

$$\frac{\partial u(x, y)}{\partial x} - \frac{\partial v(x, y)}{\partial y} = y - 1 \qquad \frac{\partial u(x, y)}{\partial y} + \frac{\partial v(x, y)}{\partial x} = x + 1$$

となり、**コーシー・リーマンの関係式**は成立しない。つまり、この一見何

の変哲もない関数は、実は正則関数ではないことを示している。この理由は簡単で

$$w = f(z)$$

のように w を z の関数とみなした時、この関数は、z で表現することができないからである。これは、z に何らかの関数を作用したのであれば、必ず**複素平面における規則性や i の働きが維持される**が、2 変数 (x, y) を $z = x + iy$ でひとかたまりという関係を無視して勝手に変動させたのでは、この関係が維持されないためである。

さらに言えば、このような関係があるからこそ、複素数は物理数学において大活躍するということも申し添えておきたい。

3.5. 複素関数の積分

複素関数も**積分** (integration) することが可能である。これを**複素積分** (complex integral) と呼んでいる。そして、微分と同様に実数関数の積分公式は、(正則という条件を満足すれば)複素関数にも、そのまま使うことができる。これは、正則関数がべき級数に展開できるということを考えれば、当然であろう。つまり、いったん複素関数がべき級数のかたちに変形できれば、前節で示したように

$$\frac{d(z^n)}{dz} = nz^{n-1}$$

が成立しているので

$$\int z^n dz = \frac{1}{n+1} z^{n+1} + \text{const}$$

も成立するからである。ただし、const は積分定数である。実際に確かめてみよう。正則関数をつぎのようなべき級数のかたちに展開する。

$$f(z) = a_0 + a_1 z + a_2 z^2 + a_3 z^3 + ... + a_n z^n + ...$$

すると、この関数の積分は

$$\int f(z)\,dz = \int \left(a_0 + a_1 z + a_2 z^2 + a_3 z^3 + ... + a_n z^n + ...\right) dz$$

$$= a_0 z + \frac{a_1}{2} z^2 + \frac{a_2}{3} z^3 + \frac{a_3}{4} z^4 + ... + \frac{a_n}{n+1} z^{n+1} + ... + \text{const}$$

のように項別に積分できることになる。結局、この手法を踏襲すれば、正則関数の積分は、すべて実数関数と同様に行えることになり、結果として実数関数の積分公式がそのまま複素関数にも使えるのである。

　ただし、すべてが実数関数と同じでよいかというとそういう訳ではない。それは、複素数が2変数であるという事実である。1変数の実数関数では、積分経路は常に x 軸上にあるため、積分範囲、すなわち**上端** (upper limit) と**下端** (lower limit) を決めれば、自動的に積分値を求めることができた。

$$\int_a^b f(x)\,dx = S$$

さらに、得られる積分値 S は関数 $f(x)$ と x 軸とによって囲まれた部分の面積を与える。ところが、複素関数の積分の場合には、複素数が x と y の2個の変数であるため、その経路は z 平面に拡がっている。このため、積分範囲を決めても図3-10に示すように、積分路はひとつには定まらない。よって、経路を指定する必要がある。これは、実数関数の**重積分** (multiple integral) と事情は同じである。よって、**積分経路** (contour) を C (contour の略) を使って

$$\int_C f(z)\,dz$$

のように表記する。これを**線積分** (contour integral) と呼んでいる。

第3章　複素数の関数

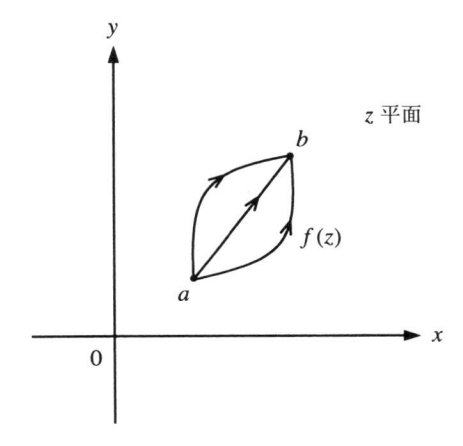

図3-10　実数関数（$y=f(x)$）の積分では、積分経路はひとつであるが、複素関数（$w=f(z)$）の積分では、図のように上端と下端を指定しても、その経路の取り方は無数にある。よって、複素積分では経路を指定しなければならない。

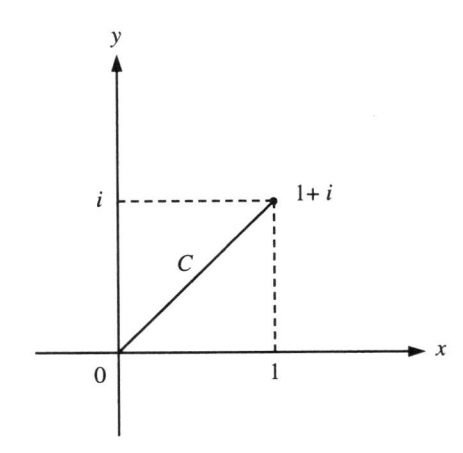

図3-11　積分経路 C。

　例えば、$f(z) = z$ という関数を、原点 $z = 0$ から、点 $z = 1 + i$ に向かう直線を経路（C）として積分してみよう（図3-11参照）。すると、この線上では $z = t + ti$ であり、t が0から1に変化するので

$$\int_C f(z)dz = \int_0^1 (t+it)(1+i)dt$$

と変形することができる。よって

$$\int_0^1 (t+it)(1+i)dt = 2\int_0^1 it\,dt = 2i\left[\frac{t^2}{2}\right]_0^1 = i$$

と計算できる。

　ただし、実数関数の積分は面積や体積を与えたり、微分方程式の解法に役立ったが、複素関数の積分には、それを計算して何かの値を求めるという応用が残念ながらないのである。それでは、なぜ複素積分を行うかというと、**複素積分を利用すると解法の難しい実数積分を計算することができる**という効用があるからである。これについては次章で詳しく解説する。

第4章　複素積分

4.1. 複素関数と積分

複素関数論の応用において、最も重要なものが**複素積分** (complex integral) であろう。しかし、前章でも紹介したように、実数積分と違って、複素関数の積分結果は、頭の中で描くことができないのである。

くり返すと、複素関数の場合、その変数の複素数を表示するだけで xy 平面（z 平面）が必要になる（x 軸と y 軸の両方を使ってしまう）。さらに、結果の複素関数の値も複素数となり、実数と虚数を含んでいるので、それを表示するのにも uv 平面（w 平面）を使う。つまり、複素関数を表示するだけで合計 4 個の軸、**4 次元空間** (four-dimensional space) が必要となるのである。複素積分では、さらに複素関数を積分するという操作が必要になるが、これらすべての過程を頭の中で描くことは到底できない。そこで、複素積分では、z 平面の積分路だけを図示し、その積分結果は値だけを示すという手法を使う。

しかし、これだけ複雑でありながら複素数の積分そのものにはあまり意味がないのであるから始末に困る。極言すれば、複素積分自体には、それを行うことで得るものはほとんどないのである。それでは、なぜ苦労をしてまで複素関数論を学ぶ必要があるのであろうか。実は、複素積分を利用して**普通の方法ではうまく解けない実数積分を解く**というのが、その大きな目的である。

つまり、解きたいのは、あくまで

$$\int_a^b f(x)dx$$

という実数の積分であり、そのために複素積分を利用するのである。そこで、本章では、どのような仕組みで複素積分に実数積分を解くための便宜性があるのかに焦点を絞って解説する。

4.2. 複素積分の特徴

実は、複素平面での積分には大きな特徴があって、そのおかげで実数積分の解法が可能となる。まず、その第一は、普通の複素関数 $f(z)$ を複素平面の**閉曲線** (closed curve: C) 上で積分すると、その値がゼロになるという性質である。すなわち

$$\oint_C f(z)dz = 0$$

となる。ここで $\oint$ は**周回積分** (integration along a closed curve) という記号である。複素変数は基本的には x, y の2個の自由度を有するので、積分するためには、実数の**2重積分** (double integral) と同様に、積分路をきちんと規定しなければならない。当然、積分経路が少しでも変われば、その値も変わってくる。

ところが、驚くことに、複素積分では、どのような閉曲線上で積分しても、ほとんどの複素関数の複素積分の値が 0 になってしまうのである。つまり、複雑な積分計算をするまでもなく積分値が簡単に得られる。冒頭では、複素関数は 4 次元の世界などと脅かしながら、結果として複素積分の計算が簡単だと言うと、何か矛盾した話のように聞こえるかもしれないが、そこにこそ複素積分（複素関数）の神秘性と効用があるのである。

ただし、普通の複素関数とは、**正則関数** (regular function) のことで、前章で示したように積分領域で**コーシー・リーマンの関係式**を満足する関数のことである。（あるいは、第 2 章で紹介したべき級数展開が可能な関数と言い換えても良い。）複素関数の応用に際しては、無限大になる**特異点** (singular point) を持たない関数という認識で十分である。例えば $f(z) = 1/z$

は、$z=0$ で無限大になるので正則ではない。(ただし、$z=0$ 以外の領域では正則である。)

それでは、正則ではない関数の場合はどうか。この場合も、複素積分には驚くべき特徴がある。それは、関数が積分経路の内部の領域で正則でない場合、つまり、閉曲線の中に特異点がある場合は、積分値はゼロにならず、ある一定の値をとるという特徴である。実は、この計算もいとも簡単にできてしまう。つまり、複素積分では、正則であろうが、正則でなかろうが、あらゆる関数の積分（閉曲線という条件はつくが）の値が、複雑な計算を必要とせずに求められるのである。それでは、どうして複素積分には、このような（驚くべき）性質があるのであろうか。

4.3. なぜ周回積分はゼロか？

正則関数を複素平面の閉曲線上において積分すると、その値がゼロになるという性質は**コーシーの積分定理** (Cauchy's integral theorem) として知られている。

これを証明するには複雑な手続きを必要とするが、ここでは、ある程度直感で分かる方法を使ってみる。簡単のため、図4-1に示したような原点を中心とする円に沿って積分する場合を、まず考えてみよう。

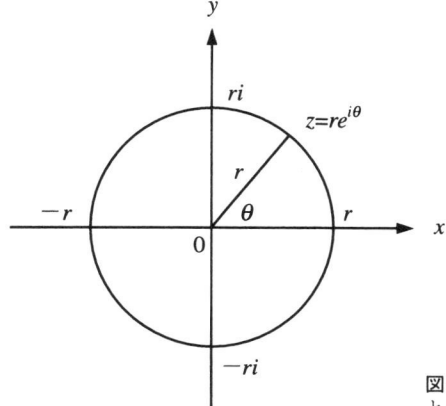

図4-1 複素平面において、原点を中心とする円 ($z=re^{i\theta}$) に沿った積分路。

この時、積分経路を**極形式** (polar form) で表現すれば

$$z = re^{i\theta}$$

で与えられる。複素積分においては、複素変数を極形式で表現し、適宜、オイラーの公式をうまく利用することがポイントとなる。ここで、円では r が一定であるから

$$dz = ire^{i\theta} d\theta$$

となるので、$\oint_C f(z)dz$ は

$$\oint_C f(z)dz = \int_0^{2\pi} F(\theta) \cdot ire^{i\theta} d\theta$$

という θ に関する積分に変換される。ここで、注目すべきは $e^{i\theta}$ という項が関数にかかっているという事実であるが、それを示すために、例として $f(z) = az^2 + bz + c$ という 2 次関数を考える。これに $z = re^{i\theta}$ を代入すると

$$F(\theta) = ar^2 e^{i2\theta} + bre^{i\theta} + c$$

となる。先ほどの式に代入すると

$$\int_0^{2\pi} (ar^2 e^{i2\theta} + br\, e^{i\theta} + c)ire^{i\theta} d\theta = ar^3 i \int_0^{2\pi} e^{i3\theta} d\theta + br^2 i \int_0^{2\pi} e^{i2\theta} d\theta + cri \int_0^{2\pi} e^{i\theta} d\theta$$

となるが、すべての項が

$$\int_0^{2\pi} e^{in\theta} d\theta \qquad (n = 1,\ 2,\ 3)$$

第4章 複素積分

というかたちの積分となっている。この積分値は

$$\int_0^{2\pi} e^{in\theta} d\theta = \frac{1}{in}\left[e^{in\theta}\right]_0^{2\pi} = \frac{1}{in}(e^{i2n\pi} - e^0) = 0$$

のように n が0以外の整数ならばすべてゼロであるから、どうあがいても

$$\oint_C f(z)dz = 0$$

とならざるを得ない。これは、dz を $d\theta$ に変換する際に必ず $e^{i\theta}$ の項が付加されることにそもそもの原因がある。つぎに $f(z)$ に代入しても、定数以外は、かならず $(e^{i\theta})^n = e^{in\theta}$ のかたちをした項しかできないうえ、定数項にも $e^{i\theta}$ がかかるので、結局すべての項が $e^{in\theta}$ (n は整数)というかたちになる。この結果、あらゆる項を円に沿って1周したときの積分値

$$\int_0^{2\pi} e^{in\theta} d\theta \qquad (n = 1, 2, 3....)$$

がゼロとなるので、コーシーの積分定理が成立する。

ただし、いまの場合は原点を中心とした円の場合である。それでは、図4-2のように原点から離れて、**第1象限** (first quadrant) に存在する円の場合はどうであろうか。この場合は

$$z = z_1 + re^{i\theta}$$

と置き換える。再び

$$f(z) = az^2 + bz + c$$

を考えると、この場合は

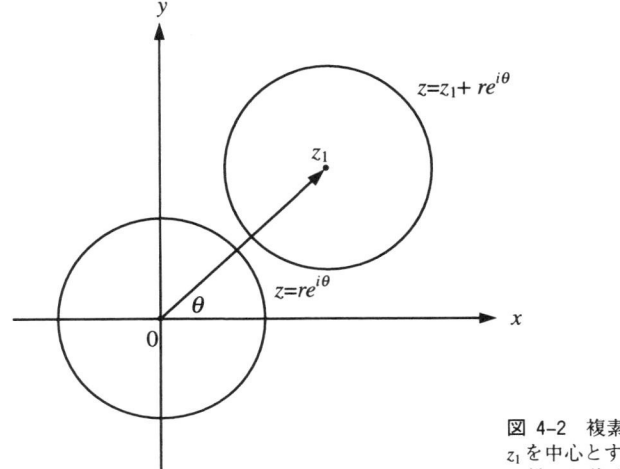

図 4-2 複素平面において点 z_1 を中心とする円 ($z=z_1+re^{i\theta}$) に沿った積分路。

$$a(z_1+re^{i\theta})^2 + b(z_1+re^{i\theta}) + c = az_1^2 + 2arz_1e^{i\theta} + ar^2e^{i2\theta} + bz_1 + bre^{i\theta} + c$$
$$= ar^2e^{i2\theta} + (2az_1+b)re^{i\theta} + (az_1^2 + bz_1 + c)$$

と変形できる。$dz = ire^{i\theta}d\theta$ であるから

$$\oint_C f(z)dz = \int_0^{2\pi} \left\{ar^2e^{i2\theta} + (2az_1+b)re^{i\theta} + (az_1^2+bz_1+c)\right\}ire^{i\theta}d\theta$$

$$= ar^3i\int_0^{2\pi} e^{i3\theta}d\theta + (2az_1+b)r^2i\int_0^{2\pi} e^{i2\theta}d\theta + \left(az_1^2+bz_1+c\right)ri\int_0^{2\pi} e^{i\theta}d\theta$$

となって、この場合も $\oint_C f(z)dz = 0$ となることが分かる。

演習 4-1 複素関数 $f(z) = z^3 - 2z + 2$ を、複素平面における原点を中心とする半径 2 の円に沿って周回積分した場合の値を求めよ。

第4章 複素積分

解） この円上の点は $z = 2e^{i\theta}$ と与えられるので

$$f(z) = z^3 - 2z + 2 = 8e^{i3\theta} - 4e^{i\theta} + 2$$

また

$$dz = 2ie^{i\theta}d\theta$$

の関係にあるから、周回積分は

$$\oint_C f(z)dz = \int_0^{2\pi} 8e^{i3\theta} \cdot 2ie^{i\theta}d\theta - \int_0^{2\pi} 4e^{i\theta} \cdot 2ie^{i\theta}d\theta + \int_0^{2\pi} 2 \cdot 2ie^{i\theta}d\theta$$

$$= 16i\int_0^{2\pi} e^{i4\theta}d\theta - 8i\int_0^{2\pi} e^{i2\theta}d\theta + 4i\int_0^{2\pi} e^{i\theta}d\theta$$

と変形できる。ここで

$$\int_0^{2\pi} e^{in\theta}d\theta \qquad (n \text{ は } 0 \text{ 以外の整数})$$

のかたちをした積分の値は、すべて0であるから

$$\oint_C f(z)dz = 0$$

となる。

ここで、紹介したのは周回積分の経路として円を考えているが、コーシーの積分定理は、すべての閉曲線で成立する。この証明には、**グリーンの定理** (Green's theorem) と**コーシー・リーマンの関係式**を利用する。補遺2に紹介しているので参照していただきたい。

4.4. ゼロとならない周回積分

ここで、どのような場合に $\oint_C f(z)dz$ がゼロとはならないかを示しておこう。複素平面における任意の円に沿った周回積分がゼロになるトリックは

1 閉曲線（円）上では $\oint_C dz \to \int_0^{2\pi} d\theta$ の変換が可能である

2 この変換で被積分関数に $e^{i\theta}$ がかかる

ためである。円である限り 1 の変換は可能であるから、2 の $e^{i\theta}$ の項が消える工夫が、周回積分が 0 とならないために必要となる。この項を消すための方法は簡単で、$e^{-i\theta}$ を含む関数を積分すればよいのである。つまり、$1/z$ である。そうすれば、この項はゼロとならない。

ここで試しに、関数 $f(z)=1/z$ を原点を中心とする半径 r の円上で複素積分を行った場合を計算してみよう。

$$\oint_C \frac{1}{z}dz = i\int_0^{2\pi} \frac{1}{re^{i\theta}} re^{i\theta} d\theta = i\int_0^{2\pi} 1 d\theta = 2\pi i$$

となり、ゼロとはならないことが確かめられる。これは、$1/z$ の項によって $e^{i\theta}$ の項が消えたおかげである。さらに、上の積分では r に関係なく（円の大きさあるいは、閉曲線の大きさに関係なく）積分値は常に一定となることも分かる。

実は、複素積分では特異点を含む閉曲線で、ある関数を積分した場合、その値は常に一定という性質がある。これは、r が分子と分母で相殺されるためであるが、別の証明方法があるので、それはのちほど紹介する。

もうひとつ大事な点は、$1/z$ の特異点は $z=0$ であるが、$z=0$ を含まない円に沿って積分するとその値は 0 になるという事実である。つまり正則ではない関数でも、特異点を含まない閉曲線では、その積分値はゼロになるのである。この理由は簡単で、$e^{i\theta}$ を消すという作用がうまくいかなくな

第4章 複素積分

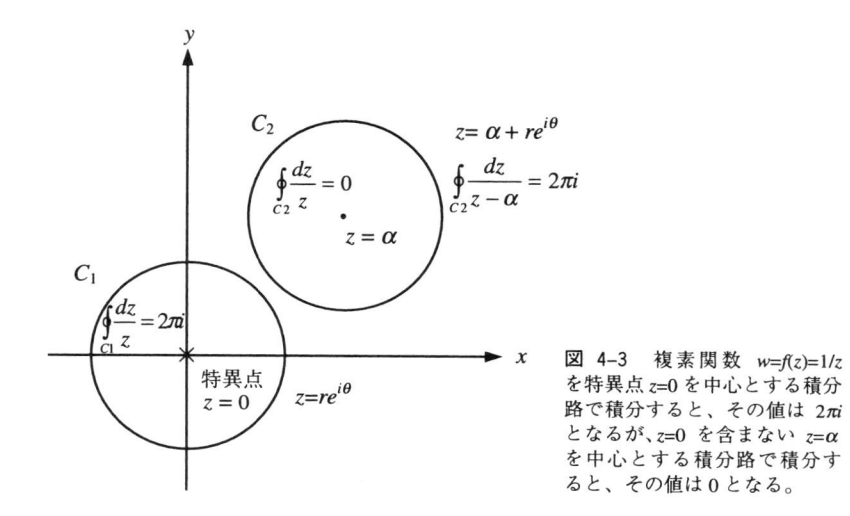

図 4-3 複素関数 $w=f(z)=1/z$ を特異点 $z=0$ を中心とする積分路で積分すると、その値は $2\pi i$ となるが、$z=0$ を含まない $z=\alpha$ を中心とする積分路で積分すると、その値は 0 となる。

$$\oint_{C_1}\frac{dz}{z}=2\pi i \qquad \oint_{C_2}\frac{dz}{z}=0 \qquad \oint_{C_2}\frac{dz}{z-\alpha}=2\pi i$$

るからである。試しに、$f(z)=1/z$ の積分路として、図 4-3 に示すような原点を含まない積分路を仮定してみよう。この場合には、$1/z$ では $e^{i\theta}$ を消すことができないのである。もちろん、この場合は $f(z)=1/(z-\alpha)$ という関数を想定すれば、

$$f(\alpha+re^{i\theta})=\frac{1}{\alpha+re^{i\theta}-\alpha}=\frac{1}{re^{i\theta}}$$

となって $e^{i\theta}$ を消すことができ、積分値がゼロではなくなる。ただし、この場合は特異点が $z=\alpha$ となっており、閉曲線は、この特異点を含んでいることになる。

演習 4-2 複素関数 $f(z)=z+\dfrac{1}{z}$ を原点を中心とする半径 2 の円に沿って周回積分した場合の値を求めよ。

解） この円上の点は $z = 2e^{i\theta}$ と与えられるので

$$f(z) = z + \frac{1}{z} = 2e^{i\theta} + \frac{1}{2e^{i\theta}}$$

いま

$$dz = 2ie^{i\theta}d\theta$$

であるから、周回積分は

$$\oint_C f(z)dz = \int_0^{2\pi} 2e^{i\theta} \cdot 2ie^{i\theta}d\theta + \int_0^{2\pi} \frac{1}{2e^{i\theta}} 2ie^{i\theta}d\theta$$

$$= 4i\int_0^{2\pi} e^{i2\theta}d\theta + \int_0^{2\pi} id\theta = [i\theta]_0^{2\pi} = 2\pi i$$

となり 0 とはならない。

4.5. なぜ複素積分の値は一定か

すでに $f(z) = 1/z$ の積分で示したように、原点を中心とする円の大きさに関係なく、この複素積分の値は常に $2\pi i$ となる。実は、特異点を含む閉曲線上での積分の値はつねに一定となる。これは、特異点を含まない複素平面の閉曲線上での積分はゼロという事実で示すことができる。

今、図 4-4 に示すように特異点を内部に含む円と特異点が内部にない円の積分路の結合を考えてみよう。後者の積分値はゼロであるから、その経路を足しても値は変わらない。ここで、このふたつの円を結合させた時、結合部分の経路は図に示したように閉曲線となっている。

よって、この経路で積分した値はゼロとなる。結果として、最初の円に特異点のない閉曲線を足した大回りの経路で積分しても積分結果は変わらないことになる。このため、ある特異点を内部に含む任意の閉曲線上の複

第4章　複素積分

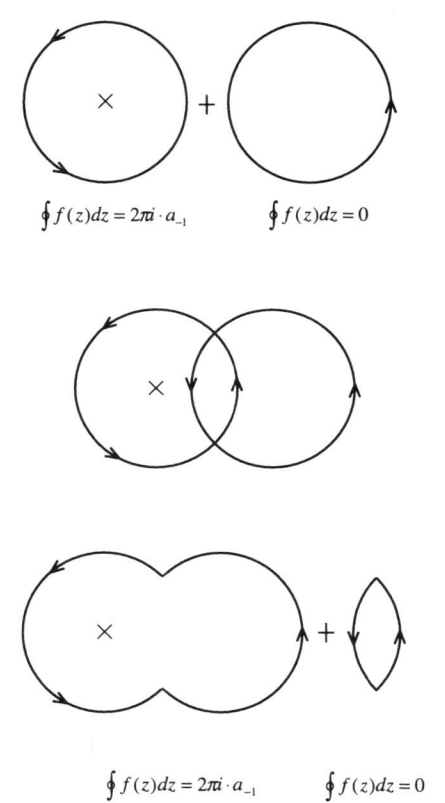

×：特異点

$\oint f(z)dz = 2\pi i \cdot a_{-1}$　　　$\oint f(z)dz = 0$

$\oint f(z)dz = 2\pi i \cdot a_{-1}$　　　$\oint f(z)dz = 0$

図4-4　積分路の結合。特異点を含む積分路と、特異点を含まない積分路を結合させる。特異点を含まない閉曲線に沿った積分値は 0 であるが、これら積分路を結合した時できる共通部分の外周に沿った積分値は 0 であるから、結局、積分路を結合した外周に沿った積分値は、特異点を含む積分路に沿った値となる。同様にして、任意の特異点を含まない積分路を結合させることができる。

素積分の値は常に一定となるのである。

4.6. 複素積分の応用

それでは、ここで複素積分を利用して実数積分を解くという手法を具体的に体験してみよう。

4.6.1. 積分値ゼロを利用した解法

前述したように複素積分の効用は、解くことの難しい実数積分を複素平

面を利用して解くことにある。この時、複素積分の都合のよい性質は、任意の閉曲線上で積分した正則関数の積分値がゼロになることである。つまり、積分せずに結果が分かってしまう。さらに重要な点は閉曲線なら何でも良いという自由度である。

この性質を利用すると、実数の積分路が $-x$ から $+x$ までの場合は、図 4-5 に示したように実数軸だけは固定して、任意の積分路を複素平面上で選ぶことができる。こうすると、一周した値がゼロということが分かっているので、他の積分路の値が得られれば、それぞれの積分路の積分値をすべて足した値がゼロになるということを利用して、実数部分の積分値を計算できることになる。

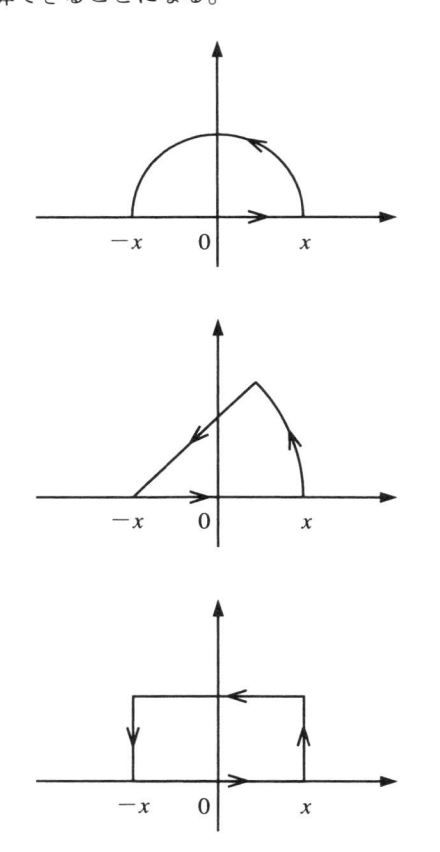

図 4-5 実数関数は、積分値が欲しい $-x$ から x の範囲に固定する。この時、複素平面で任意の積分路を選んでも、全体の積分路が閉じていれば、閉曲線に沿った積分は、正則関数では 0 となる。

また、閉曲線ならば何でもよいので、複素平面の部分も積分が簡単となる経路を選んで積分することができる。

この手法が可能であるのも、すべて $\oint_C f(z) = 0$ という性質のおかげである。それでは、この性質を利用して実際に実数積分を解いてみよう。

4.6.2. フレネル積分

フレネル積分 (Fresnel Integral) は、複素関数の教科書には必ず顔を出す有名なものである。フレネルの波動回折の理論に出てくる

$$\int_0^\infty \cos x^2 dx \qquad \int_0^\infty \sin x^2 dx$$

という積分値を求める問題である。

実は、複素積分を利用する場合、どのように積分経路を選定するかが重要であって、それさえ決まればあとは数学のテクニックを駆使して計算すれば良い。

ここでは図 4-6 のような半径 R の扇形の閉曲線を積分路とする。つぎに被積分関数として

$$f(z) = \exp(-z^2)$$

を考える。この関数には特異点はないから、図 4-6 の閉曲線で積分すれば、その値はゼロとなる。つまり

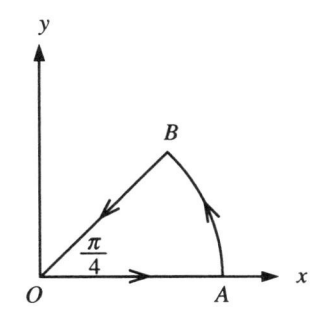

図 4-6 フレネル積分を求めるための積分路。

$$\oint_C f(z)dz = \int_{O\to A} f(x)dx + \int_{A\to B} f(z)dz + \int_{B\to O} f(z)dz = 0$$

となる。ここで最初の積分は

$$\int_{O\to A} f(x)dx = \int_0^R \exp(-x^2)dx$$

で与えられる。扇形の円弧上では $z = Re^{i\theta}$ であり、dz を $d\theta$ に変換すると

$$\int_{A\to B} f(z)dz = \int_0^{\pi/4} \exp\left(-R^2 e^{i2\theta}\right) iRe^{i\theta} d\theta$$

となる。次に、線分 BO に沿っての積分は、この線上では $z = r\exp\left(\dfrac{\pi}{4}i\right)$ と書けて、$dz = \exp\left(\dfrac{\pi}{4}i\right)dr$ であるから

$$\int_{B\to O} f(z)dz = \int_R^0 \exp\left\{-r^2 \exp\left(\dfrac{\pi}{2}i\right)\right\} \exp\left(\dfrac{\pi}{4}i\right) dr$$

で与えられる。

つぎに、それぞれの経路積分を計算してみよう。最終的には $R\to\infty$ の極限について解きたいので、これを考慮しながら計算をすると、実数軸の積分は、**ガウス積分**として有名なもので

$$\lim_{R\to\infty} \int_{O\to R} f(x)dx = \int_0^\infty \exp(-x^2)dx = \dfrac{\sqrt{\pi}}{2}$$

という計算結果が得られる（補遺3参照）。つぎの円弧上の積分

第 4 章　複素積分

$$\int_{A\to B} f(z)dz = iR\int_0^{\pi/4} \exp\left(-R^2 e^{i2\theta}\right)e^{i\theta}d\theta$$

は $\varphi = 2\theta$ と置いて

$$\frac{iR}{2}\int_0^{\pi/2} \exp\left(-R^2\cos\varphi - iR^2\sin\varphi + \frac{i\varphi}{2}\right)d\varphi$$

となる。これを、そのまま解くのは難しいので、少し技巧を使う。この絶対値をとって、その大きさを検討する。この時、$\exp(i\theta)$ のかたちをした項の絶対値はすべて 1 であるから、

$$\left|\int_{A\to B} f(z)dz\right| = \frac{R}{2}\int_0^{\pi/2} \exp(-R^2\cos\varphi)d\varphi = \frac{1}{2}\int_0^{\pi/2} \frac{R}{\exp(R^2\cos\varphi)}d\varphi$$

で与えられる。ここで、exp の級数展開は

$$\exp(R^2\cos\varphi) = 1 + R^2\cos\varphi + \frac{R^4\cos^2\varphi}{2} + \frac{R^6\cos^3\varphi}{6} + ...$$

であり $0 \le \varphi \le \pi/2$ の範囲で $\cos\varphi \ge 0$ であるから

$$\int_0^{\pi/2} \frac{R}{\exp(R^2\cos\varphi)}d\varphi = \int_0^{\pi/2} \frac{R}{1 + R^2\cos\varphi + ...}d\varphi = \int_0^{\pi/2} \frac{1}{\frac{1}{R} + R\cos\varphi + ...}d\varphi$$

と変形でき、$R\to\infty$ で分母が無限大になるので、積分値は 0 となる。
最後の積分路における積分は

$$\int_{B\to O} f(z)dz = \int_R^0 \exp\left\{-r^2\exp\left(\frac{\pi}{2}i\right)\right\}\exp\left(\frac{\pi}{4}i\right)dr = -\exp\left(\frac{\pi}{4}i\right)\int_0^R \exp(-ir^2)dr$$

となるが、これを実数部と虚数部に分けてみよう。まず

$$\exp\left(\frac{\pi}{4}i\right) = \cos\frac{\pi}{4} + i\sin\frac{\pi}{4} = \frac{1}{\sqrt{2}} + \frac{1}{\sqrt{2}}i$$

であり、被積分関数は

$$\exp(-ir^2) = \cos r^2 - i\sin r^2$$

となるので

$$\int_{B\to O} f(z)dz = -\exp\left(\frac{\pi}{4}i\right)\int_0^R \exp(-ir^2)dr$$
$$= -\frac{1}{\sqrt{2}}\left(\int_0^R \cos r^2 dr + \int_0^R \sin r^2 dr\right) - \frac{i}{\sqrt{2}}\left(\int_0^R \cos r^2 dr - \int_0^R \sin r^2 dr\right)$$

となる。ここで、もう一度

$$\int_{O\to A} f(x)dx + \int_{A\to B} f(z)dz + \int_{B\to O} f(z)dz = 0$$

の関係を使い、それぞれについて $\lim_{R\to\infty}$ を求めると

$$\frac{\sqrt{2}}{2}\left(\int_0^\infty \cos r^2 dr + \int_0^\infty \sin r^2 dr\right) + i\frac{\sqrt{2}}{2}\left(\int_0^\infty \cos r^2 dr - \int_0^\infty \sin r^2 dr\right) = \frac{\sqrt{\pi}}{2}$$

という結果が得られる。この等式が成立するためには、両辺の実数部と虚数部が等しくなければならない。よって

第 4 章 複素積分

$$\begin{cases} \dfrac{\sqrt{2}}{2}\left(\int_0^\infty \cos r^2 dr + \int_0^\infty \sin r^2 dr\right) = \dfrac{\sqrt{\pi}}{2} \\ \dfrac{\sqrt{2}}{2}\left(\int_0^\infty \cos r^2 dr - \int_0^\infty \sin r^2 dr\right) = 0 \end{cases}$$

という関係が得られる。これは、簡単な連立方程式であり、結局

$$\int_0^\infty \cos r^2 dr = \frac{1}{2}\sqrt{\frac{\pi}{2}} \qquad \int_0^\infty \sin r^2 dr = \frac{1}{2}\sqrt{\frac{\pi}{2}}$$

と実数積分の値が得られる。このように、複素積分をうまく利用することで、解法の困難な実数積分を求めることが可能となる。

ただし、気をつけなければならない点は、解ける場合もあるが、解けない場合も圧倒的に多いということである。うまく解くためには、適当な積分路の選定と被積分関数の選定が重要となる。

今回の例は、正則関数が閉曲線上の積分ではゼロになるということを利用したものであるが、前述したように、多くの正則関数の実数積分はそれほど苦労せずに解けるので、無理に複素平面を利用する必要がない。実際に複素積分の恩恵を受けるのは、次に示すような特異点を有する関数である。

4.7. 複素積分の真髄

実は、複素積分においては、閉曲線上における正則関数の積分値がゼロになるという性質を利用した解法は主流ではない。というのも、もともと正則関数であれば、苦労をせずに実数積分が可能であるからだ。

前にも、説明したように苦労してまで複素積分を行う理由は、複素平面上での積分が持っているメリットを生かして、解法の難しい実数積分を解くというところにある。前節では、周回積分がゼロとなる場合を紹介したが、積分路内に特異点がある場合にも、同様に、実数軸を含む経路で積分

して、その積分結果から、実数軸上での積分値を求めるという手法を使う。

ここで、特異点がある場合になぜ積分値がゼロにならないかを復習してみよう。周回積分がゼロになるトリックは、$\oint_C dz \to \int_0^{2\pi} d\theta$ の変換で被積分関数に $e^{i\theta}$ がかかるためである。よって、**被積分関数** (integrand) にある $e^{i\theta}$ の項を消す工夫が必要となる。この項を消せるのは $e^{-i\theta}$ を含む関数、すなわち $1/z$ だけである。

前にも示したが、もう一度復習してみる。今、関数 $f(z) = a/z (= ar^{-1}e^{-i\theta})$ を原点を中心とする半径 r の円上で複素積分を行う。すると

$$\oint_C \frac{a}{z} dz = i\int_0^{2\pi} \frac{a}{re^{i\theta}} re^{i\theta} d\theta = ia\int_0^{2\pi} 1 d\theta = 2\pi i \cdot a$$

となって、周回積分がゼロとはならない。これは、$1/z$ の項によって $e^{i\theta}$ の項が消えたおかげである。

ここで、$1/z$ の係数を a_{-1} とすれば、その積分値は $2\pi i \cdot a_{-1}$ となることが分かる。この係数のことを**留数** (residue) と呼ぶ。これは、ただひとつ残留する項ということから、こう呼ばれるのであるが、その意味を探ってみよう。

4.8. 留数とは何か？

さて、正則な複素関数 ($f(z)$) は次のようなべき**級数展開** (power series expansion) が可能である。

$$f(z) = a_0 + a_1 z + a_2 z^2 + a_3 z^3 + a_4 z^4 + ...$$

前節で示したように、このような関数（正則関数）の閉曲線上での周回積分はすべてゼロとなる。これは、$z = re^{i\theta}$ と極形式であらわせば、すべての項が

$$\int_0^{2\pi} e^{in\theta} d\theta = 0$$

のかたちの積分を含むためである。これがゼロにならないためには、$1/z$ の項が必要になるので

$$f(z) = a_{-1}z^{-1} + a_0 + a_1z + a_2z^2 + a_3z^3 + a_4z^4 + ...$$

のかたちをした関数でなければならない。この関数を積分すれば

$$\oint_C f(z)dz = i\int_0^{2\pi}(a_{-1} + a_0 re^{i\theta} + a_1 r^2 e^{i2\theta} + a_2 r^3 e^{i3\theta} + ...)d\theta$$

となる。結局、積分値がゼロとならずに残るのは

$$\oint_C f(z)dz = i\int_0^{2\pi} a_{-1}d\theta = 2\pi i \cdot a_{-1}$$

の項だけである。つまり、**数ある係数の中で** a_{-1} **だけが残る**(残留する)ことになる。これが、定数項 a_{-1} のことを**留数** (residue) と呼ぶ理由である。

それでは、次の関数の場合はどうであろうか。

$$f(z) = a_{-2}z^{-2} + a_{-1}z^{-1} + a_0 + a_1z + a_2z^2 + a_3z^3 + a_4z^4 + ...$$

この積分は

$$\oint_C f(z)dz = i\int_0^{2\pi}(a_{-2}r^{-1}e^{-i\theta} + a_{-1} + a_0 re^{i\theta} + a_1 r^2 e^{i2\theta} + a_2 r^3 e^{i3\theta} + ...)d\theta$$

となり、結局、この場合も残るのは a_{-1} の項だけとなる。これは、$a_{-3}, a_{-4}, ...a_{-n}$ においてもすべて共通して言えることであり、つまり、あらゆる項の中で複素積分で残るのは唯一 a_{-1} の項だけとなる。

よって、与えられた関数を級数展開したうえで、$1/z$ の項だけ着目すればよいことになる。しかし、$1/z$ を含むような級数展開は、あまりなじみがな

い。実は、複素積分の関数展開においては、**ローラン展開** (Laurent expansion) と呼ばれる特殊な展開方法を使う。

4.9. ローラン展開

通常の関数の級数展開は、何度も出てきているが

$$f(z) = a_0 + a_1 z + a_2 z^2 + a_3 z^3 + a_4 z^4 + \ldots$$

というかたちが一般である。これを**テーラー展開** (Taylor expansion) と呼んでいる。しかし、このかたちに展開できる関数（正則関数）は、複素平面の周回積分の値がすべての項でゼロになるので、展開しても意味がないのである。

前節でもみたように、複素積分でゼロにならないのは $1/z$ の項だけである。そこで、複素関数では

$$f(z) = \ldots a_{-3} z^{-3} + a_{-2} z^{-2} + a_{-1} z^{-1} + a_0 + a_1 z + a_2 z^2 + a_3 z^3 + \ldots$$

のように $-n$ の項を含めて級数展開する。これを**ローラン展開**と呼んでいる。

ただし、これらの表記は点 $z = 0$ のまわりで展開した場合の式で、より一般的には点 $z = \alpha$ のまわりで展開した式を使う。これは、特異点が $z = 0$ ではなく、$z = \alpha$ の場合に対応する。

この時、テーラー展開もローラン展開も

$$f(z) = a_0 + a_1(z-\alpha) + a_2(z-\alpha)^2 + a_3(z-\alpha)^3 + a_4(z-\alpha)^4 + \ldots$$
$$f(z) = \ldots + a_{-2}(z-\alpha)^{-2} + a_{-1}(z-\alpha)^{-1} + a_0 + a_1(z-\alpha) + a_2(z-\alpha)^2 + \ldots$$

のように z の項に $z - \alpha$ を代入すれば済む。これをまとめて書けば

テーラー展開では

$$f(z) = \sum_{0}^{\infty} a_n (z - \alpha)^n$$

第 4 章　複素積分

ローラン展開では

$$f(z) = \sum_{-\infty}^{\infty} a_n (z-\alpha)^n$$

となる。これが一般式である。

4.10.　ローラン展開と留数

ある特異点 ($z = \alpha$) のまわりの閉曲線上での積分を考えた時、被積分関数をローラン展開して

$$f(z) = a_{-2}(z-\alpha)^{-2} + a_{-1}(z-\alpha)^{-1} + a_0 + a_1(z-\alpha) + a_2(z-\alpha)^2 + \ldots$$

のように、a_{-2} の項から始まったとする。この時、この関数を $z = \alpha$ を含む閉曲線で積分した時に、$a_{-1}(z-\alpha)^{-1}$ の項以外はすべてゼロとなる。この項だけが残留するということは、$\exp(i\theta)$ 項が $dz \to d\theta$ の変換の際に被積分関数の各項に付加されることが、そもそもの原因である。この時、前項でもみたように、a_{-2} の項でさえも $\exp(-i\theta)$ の項が残り、周回積分の値がゼロになってしまう。つまり、$n = 1$ 以外の a_{-n} の項は、すべてゼロとなる。

よって、ローラン展開の最初の項が a_{-n} からはじまっていても、周回積分では、a_{-1} の項しか残らない。

せっかく苦労して、ローラン展開しても、積分に寄与するのは a_{-1} の項だけというのは、何か拍子抜けするが、それだからこそ、**複素積分を使う意味があるのである**。逆に考えれば、**留数** (a_{-1}) さえ求まれば、簡単に積分値を求められることになるからである。

演習 4-3　複素関数 $f(z) = \dfrac{1}{z - z^2}$ をローラン級数に展開せよ。

解）　この式を変形すると

$$f(z) = \frac{1}{z - z^2} = \frac{1}{z(1-z)} = \frac{1}{z}\left(\frac{1}{1-z}\right)$$

となる。ここで $1/(1-z)$ の級数展開は

$$\frac{1}{1-z} = 1 + z + z^2 + z^3 + \ldots + z^n + \ldots$$

と与えられるから

$$f(z) = \frac{1}{z - z^2} = \frac{1}{z}\left(1 + z + z^2 + z^3 + \ldots + z^n + \ldots\right) = \frac{1}{z} + 1 + z + z^2 + \ldots + z^{n-1} + \ldots$$

これが、求めるローラン展開である。

4.11. 留数の求め方

4.11.1. 極と留数

それでは、どのようにして留数を求めたら良いのであろうか。
例として

$$f(z) = \frac{a_{-1}}{z} + a_0 + a_1 z + a_2 z^2 + a_3 z^3 + \ldots$$

の関数を考える。

この場合、$z = 0$ を代入したのでは、最初の項が無限大となる。そこで、両辺に z をかけるのである。すると

$$z f(z) = a_{-1} + a_0 z + a_1 z^2 + a_2 z^3 + a_3 z^4 + \ldots$$

第4章　複素積分

となる。こうしておいて、$z=0$ を代入すれば a_{-1} が求められる。ただし、注意するのは

$$a_{-1} = \lim_{z \to 0} z f(z)$$

と書くことである。これは、このような表記方法で単純に $z=0$ を代入すると右辺がゼロになってしまうからである。実際の計算では、$f(z)$ に z をかけた結果得られる関数では $z=0$ を代入しても、ゼロとはならないようになっている。

しかし、これは最も簡単な例であって、普通の関数では、こう簡単にはいかない。例えば

$$f(z) = \frac{a_{-2}}{z^2} + \frac{a_{-1}}{z} + a_0 + a_1 z + a_2 z^2 + a_3 z^3 + ...$$

の場合、z をかけただけでは、最初の項が無限大となる。それならばと、両辺に z^2 をかけると

$$z^2 f(z) = a_{-2} + a_{-1} z + a_0 z^2 + a_1 z^3 + a_2 z^4 + a_3 z^5 + ...$$

となって、肝心の項が $a_{-1} z$ となって、$z=0$ を代入すると消えてしまう。

ではどうするか。これからが、複素関数の妙技である。この両辺を z で微分するのだ。これは、すでにテーラー展開で使った手法である。すると、次のように右辺が変形される。

$$\frac{d}{dz}\left[z^2 f(z)\right] = a_{-1} + 2a_0 z + 3a_1 z^2 + 4a_2 z^3 + 5a_3 z^4 + ...$$

ここで、$z=0$ を代入すれば a_{-1} だけが残る。この方法をうまく利用すると、すべてのローラン級数において、留数を求めることが可能となる。

ここで留数の求め方をまとめてみよう。まず、最初の項が a_{-1}/z ではじま

る場合、関数 $f(x)$ は $z = 0$ に「1 位の極 (pole) をもつ」という。この時、留数は

$$a_{-1} = \lim_{z \to 0} z f(z)$$

で与えられる。

つぎに、a_{-2}/z^2 ではじまる時は「2 位の極」、a_{-3}/z^3 ではじまる時は「3 位の極」、そして a_{-n}/z^n ではじまる時、「n 位の極」をもつという。この時の留数は

 2 位の極を持つ時は

$$a_{-1} = \lim_{z \to 0} \frac{d}{dz}[z^2 f(z)]$$

 3 位の極を持つ時は

$$a_{-1} = \frac{1}{2!} \lim_{z \to 0} \frac{d^2 [z^3 f(z)]}{dz^2}$$

となり、結局 n 位の極を持つ時には一般解として

$$a_{-1} = \frac{1}{(n-1)!} \lim_{z \to 0} \frac{d^{n-1}[z^n f(z)]}{dz^{n-1}}$$

が得られる。特異点が $z = 0$ ではなく、$z = \alpha$ の場合には、1 位の極および n 位の極の留数は、それぞれ

$$a_{-1} = \lim_{z \to \alpha}[(z-\alpha)f(z)], \qquad a_{-1} = \frac{1}{(n-1)!} \lim_{z \to \alpha} \frac{d^{n-1}[(z-\alpha)^n f(z)]}{dz^{n-1}}$$

となる。これでめでたく、ローラン展開した後、その特異点における留数を求める手法が確立できたことになる。

演習 4-5 複素関数 $f(z) = \dfrac{4}{z^3} + \dfrac{2}{z} + z^2 + 3z^4$ の留数を求めよ。

解) この関数は $z = 0$ に 3 位の極を有する。よって、z^3 を乗じて、$z^3 f(z) = 4 + 2z^2 + z^5 + 3z^7$ と変形する。この関数の微分を求めると

$$\frac{d}{dz}[z^3 f(z)] = 4z + 5z^4 + 21z^6 \qquad \frac{d^2}{dz^2}[z^3 f(z)] = 4 + 20z^3 + 126z^5$$

よって留数は

$$a_{-1} = \lim_{z \to 0} \frac{1}{2!} \frac{d^2}{dz^2}[z^3 f(z)] = \frac{4}{2!} = 2$$

となる。

もちろん、こんな計算をしなくとも表記の複素関数の $1/z$ 項の係数は 2 であるから、これが留数であることは自明である。

4.11.2. 留数が複数ある場合

さて、留数をいかに求めたらよいかが分かったので、これで複素積分はもう解けるかというと、実は、もうひとつ問題がある。いままでは、閉曲線の中に特異点が 1 個しかない場合しか考えていなかったが、実際には閉曲線内に複数の特異点が存在する場合も考えられる。

しかし、この問題はそれほど難しくはない。図 4-7 に示すように、まず特異点を 1 個ずつ含む閉曲線を考える。この場合の積分値は、それぞれの留数を a_1 と a_2 と置くと、$(2\pi i)a_1$ および $(2\pi i)a_2$ となる。ここで、これら閉曲線をつないで、ひとつの大きな閉曲線をつくることができるが、この操作は、積分値には影響を与えないので、結局、大きな閉曲線の積分値は、こ

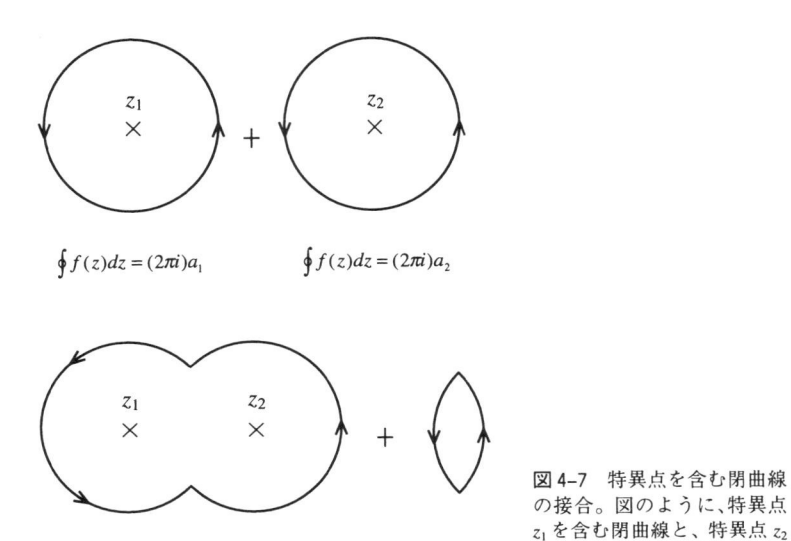

$$\oint f(z)dz = (2\pi i)a_1 \qquad \oint f(z)dz = (2\pi i)a_2$$

$$\oint f(z)dz = (2\pi i)\cdot(a_1 + a_2)$$

図 4-7 特異点を含む閉曲線の接合。図のように、特異点 z_1 を含む閉曲線と、特異点 z_2 を含む閉曲線を結合させる。

れらの和となる。同様にして、閉曲線内に複数の特異点がある場合は、それぞれの留数の和をとれば良いことになる。

4.12. 複素積分のパターン

ここで、**複素積分** (complex integral) を利用して実数積分の値を求める手法を整理すると

1 **被積分関数** (integrand) を決める
   (この時、普通の関数は複素積分の対象とはならない)
2 積分経路を決める
   (この時、積分路となる閉曲線の中に特異点が含まれるように選ぶ)
3 関数をローラン級数に展開する
   (わざわざ展開しなくともよい場合が多い)

第 4 章　複素積分

4　留数 a_{-1} を求める
5　積分値を求める
6　経路ごとに積分値を求める
7　5, 6 から実数部分の積分値を求める

となる。それでは、いくつかの実例を挙げながら、複素積分がどのようなものか具体的に見てみよう。実は、どういう実数積分に、どのような積分路と複素積分を利用すると解法がうまくいくかということは、長い数学の歴史の中である程度明らかになっている。そして、複素積分が利用可能な実数積分を、いくつかのパターンに整理することができる。

4.12.1.　多項式の商の積分

つぎのような、多項式 $f(x)$ と $g(x)$ の商のかたちをした関数を $-\infty < x < \infty$ の範囲で積分する場合

$$\int_{-\infty}^{+\infty} \frac{f(x)}{g(x)} dx$$

分母にある関数 $g(x)$ の次数が $f(x)$ より高い場合には、複素積分を適用することができる。まず、$f(x)$ の次数が $g(x)$ よりも高いと積分は発散するので値を求めることはできない。

さらに、$g(x)$ の次数は、少なくとも $f(x)$ よりも 2 以上高い必要がある。この理由を考えてみよう。

このタイプの積分では、積分路として、図 4-8 に示したような実数軸を含む半円を選ぶ。そのうえで $R \to \infty$ の極限での値を求めるのである。

ここで積分路は

$$\oint \frac{f(z)}{g(z)} dz = \int_{-R}^{R} \frac{f(x)}{g(x)} dx + \int_{C} \frac{f(z)}{g(z)} dz$$

と分けられるが、$g(x)$ の次数が $f(x)$ よりも 2 以上高いと、うまい具合に第 2 項が $R \to \infty$ でゼロになってくれるのである。どうして次数が 2 以上離れ

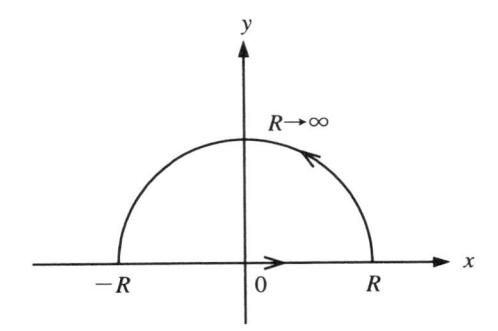

図 4-8 実数軸を含む半円に沿った積分路。

ている必要があるかというと、例えば、先程の半円の円弧に沿った積分をするときに

$$z = Re^{i\theta}$$

の置き換えをすると

$$dz = Rie^{i\theta}d\theta$$

となって、$z \to \theta$ の極座標への変換で、分子に R がかかるため、次数が 1 つ離れていただけでは、分子分母で R が相殺されてしまい、$R \to \infty$ で 0 にならないのである。実際の例で確かめてみよう。

演習 4-6　　定積分 $\int_{-\infty}^{\infty} \dfrac{1}{x^2+a^2}dx$ 　　$(a > 0)$ の値を求めよ。

解)　　これは、$f(x) = 1$, $g(x) = x^2 + a^2$ の場合に相当する。次数が 2 つ離れているので、複素積分が適用できる。ここで被積分関数として

$$\frac{1}{z^2+a^2}$$

第4章　複素積分

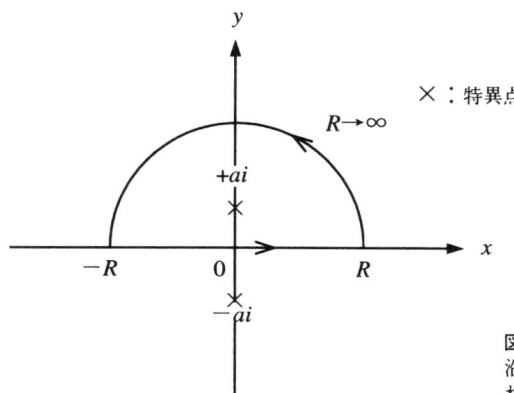

図 4-9　実数軸を含む上半円に沿った積分路。この領域に含まれる特異点は +ai である。

を考える。この関数の特異点は $z = \pm ai$ である。そこで、図 4-9 の積分路を考える。実数軸では $-R < x < R$ として、$R \to \infty$ の極限を求める。
　すると

$$\oint \frac{1}{z^2 + a^2} dz = \int_{-R}^{R} \frac{1}{x^2 + a^2} dx + \int_{C} \frac{1}{z^2 + a^2} dz$$

ここで、左辺の積分値は、積分路内の特異点が ai であり、1位の極であるので、ローラン展開するまでもなく

$$a_{-1} = \lim_{z \to ai}\left[(z - ai) \cdot \frac{1}{z^2 + a^2}\right] = \lim_{z \to ai}\left[\frac{1}{z + ai}\right] = \frac{1}{2ai}$$

と留数が計算でき、積分値は

$$\oint \frac{1}{z^2 + a^2} dz = 2\pi i \cdot a_{-1} = 2\pi i \cdot \frac{1}{2ai} = \frac{\pi}{a}$$

となる。つぎに、右辺の第 2 項の積分は、$z = re^{i\theta}$ と置くと

$$dz = ire^{i\theta} d\theta$$

であるから

$$\int_C \frac{ire^{i\theta}}{r^2 e^{i2\theta} + a^2} d\theta$$

と変形できる。ここで絶対値をとると

$$\left| \frac{ire^{i\theta}}{r^2 e^{i2\theta} + a^2} \right| = \frac{r}{\sqrt{r^4 + 2a^2 r^2 \cos 2\theta + a^4}}$$

となって、$r \to \infty$ でゼロに近づく。したがって

$$\lim_{R \to \infty} \int_{-R}^{R} \frac{1}{x^2 + a^2} dx = \int_{-\infty}^{\infty} \frac{1}{x^2 + a^2} dx = \frac{\pi}{a}$$

となる。

演習 4-7 $\displaystyle\int_{-\infty}^{+\infty} \frac{x^2}{x^4 + 1} dx$ の値を求めよ。

解） これは、$f(x) = x^2$, $g(x) = x^4 + 1$ の場合に相当する。この場合にも次数が2以上離れているので、複素積分が適用できる。ここで

$$\frac{z^2}{z^4 + 1}$$

という被積分関数を考える。この関数の特異点は

$$z^4 + 1 = 0$$

を満足する z であり、$z = \cos\theta + i\sin\theta$ とおくと

第4章 複素積分

$$z^4 = \cos 4\theta + i\sin 4\theta = -1$$

より

$$4\theta = \pi + 2n\pi \,(n = 0, 1, 2, 3, ..)$$

となり

$$\theta = \frac{\pi}{4}, \frac{3}{4}\pi, \frac{5}{4}\pi, \frac{7}{4}\pi, \frac{9}{4}\pi\left(=\frac{\pi}{4}\right), ...$$

と与えられる。よって、特異点は4つあり

$$z = \cos\frac{\pi}{4} + i\sin\frac{\pi}{4} = \frac{1+i}{\sqrt{2}}, \quad z = \cos\frac{3\pi}{4} + i\sin\frac{3\pi}{4} = \frac{-1+i}{\sqrt{2}}$$

$$z = \cos\frac{5\pi}{4} + i\sin\frac{5\pi}{4} = \frac{-1-i}{\sqrt{2}}, \quad z = \cos\frac{7\pi}{4} + i\sin\frac{7\pi}{4} = \frac{1-i}{\sqrt{2}}$$

となる。ここで、積分路として、再び、図 4-10 の実軸を含んだ半円を考える。すると、特異点としては

$$z = \frac{1+i}{\sqrt{2}}, \quad z = \frac{-1+i}{\sqrt{2}}$$

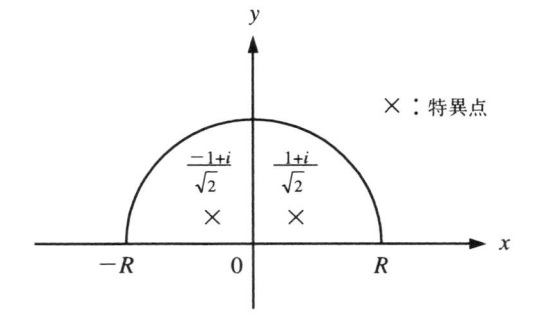

図 4-10 実数軸を含む上半円に沿った積分路。この領域に含まれる特異点は $z=(1+i)/\sqrt{2}$ および $z=(-1+i)/\sqrt{2}$ である。

の 2 点が、この閉曲線の中に含まれることになる。ここで、円弧上の積分路を C と書くと

$$\oint \frac{z^2}{z^4+1} dz = \int_{-R}^{R} \frac{x^2}{x^4+1} dx + \int_C \frac{z^2}{z^4+1} dz$$

となる。

$$\oint \frac{z^2}{z^4+1} dz = \oint \frac{z^2}{\left(z - \frac{1+i}{\sqrt{2}}\right)\left(z - \frac{-1+i}{\sqrt{2}}\right)\left(z + \frac{1+i}{\sqrt{2}}\right)\left(z - \frac{1-i}{\sqrt{2}}\right)} dz$$

であり、すべての特異点は 1 位の極である。ここで、特異点 a に対応した留数を Res(a) と書くと

$$\oint \frac{z^2}{z^4+1} dz = 2\pi i \cdot \text{Res}\left(\frac{1+i}{\sqrt{2}}\right) + 2\pi i \cdot \text{Res}\left(\frac{-1+i}{\sqrt{2}}\right)$$

で与えられることになる。ここで、最初の特異点に対応した留数の値は

$$\text{Res}\left(\frac{1+i}{\sqrt{2}}\right) = \lim_{z \to \frac{1+i}{\sqrt{2}}} \left(z - \frac{1+i}{\sqrt{2}}\right) \frac{z^2}{z^4+1} = \frac{\left(\frac{1+i}{\sqrt{2}}\right)^2}{\left(\frac{1+i}{\sqrt{2}} - \frac{-1+i}{\sqrt{2}}\right)\left(\frac{1+i}{\sqrt{2}} + \frac{1+i}{\sqrt{2}}\right)\left(\frac{1+i}{\sqrt{2}} - \frac{1-i}{\sqrt{2}}\right)}$$

$$= \frac{\left(\frac{1+i}{\sqrt{2}}\right)^2}{\frac{2}{\sqrt{2}} \cdot \frac{2+2i}{\sqrt{2}} \cdot \frac{2i}{\sqrt{2}}} = \frac{1+i}{4\sqrt{2}i}$$

と与えられる。つぎの特異点の留数は

$$\mathrm{Res}\left(\frac{-1+i}{\sqrt{2}}\right) = \lim_{z \to \frac{-1+i}{\sqrt{2}}} \left(z - \frac{-1+i}{\sqrt{2}}\right) \frac{z^2}{z^4+1}$$

$$= \frac{\left(\dfrac{-1+i}{\sqrt{2}}\right)^2}{\left(\dfrac{-1+i}{\sqrt{2}} - \dfrac{1+i}{\sqrt{2}}\right)\left(\dfrac{-1+i}{\sqrt{2}} + \dfrac{1+i}{\sqrt{2}}\right)\left(\dfrac{-1+i}{\sqrt{2}} - \dfrac{1-i}{\sqrt{2}}\right)}$$

$$= \frac{\left(\dfrac{-1+i}{\sqrt{2}}\right)^2}{\dfrac{-2}{\sqrt{2}} \cdot \dfrac{2i}{\sqrt{2}} \cdot \dfrac{-2+2i}{\sqrt{2}}} = \frac{1-i}{4\sqrt{2}i}$$

と計算できるので

$$\oint \frac{z^2}{z^4+1} dz = 2\pi i \cdot \mathrm{Res}\left(\frac{1+i}{\sqrt{2}}\right) + 2\pi i \cdot \mathrm{Res}\left(\frac{-1+i}{\sqrt{2}}\right) = 2\pi i \left(\frac{1+i}{4\sqrt{2}i} + \frac{1-i}{4\sqrt{2}i}\right) = \frac{\pi}{\sqrt{2}}$$

と積分の値が求められる。ここで、つぎの積分において $R \to \infty$ とすると

$$\oint \frac{z^2}{z^4+1} dz = \int_{-R}^{R} \frac{x^2}{x^4+1} dx + \int_{C} \frac{z^2}{z^4+1} dz$$

まず、右辺の第1項は

$$\int_{-R}^{R} \frac{x^2}{x^4+1} dx \to \int_{-\infty}^{\infty} \frac{x^2}{x^4+1} dx$$

となる。次に、第2項の積分は

$$\int_{C} \frac{z^2}{z^4+1} dz = \int_{0}^{\pi} \frac{R^2 e^{i2\theta}}{R^4 e^{i4\theta}+1} Rie^{i\theta} d\theta$$

と変形できるが、被積分関数の絶対値をとると $\left|\dfrac{R^3}{R^4+1}\right|$ であるから、$R \to \infty$ でゼロとなる。よって

$$\lim_{R \to \infty} \oint \frac{z^2}{z^4+1} dz = \int_{-\infty}^{\infty} \frac{x^2}{x^4+1} dx = \frac{\pi}{\sqrt{2}}$$

と与えられる。

4.12.2. 三角関数を含んだ積分

三角関数はオイラーの公式をつかって、複素数（極座標）への変換が簡単にできるため、sin と cos を含んでいて、しかも実数積分が難しい場合に、複素積分を利用すると活路が開ける場合が多い。つまり、オイラーの公式から

$$\sin\theta = \frac{e^{i\theta} - e^{-i\theta}}{2i}, \qquad \cos\theta = \frac{e^{i\theta} + e^{-i\theta}}{2}$$

と変形できるが、$z = e^{i\theta}$ とすれば

$$\sin\theta = \frac{1}{2i}\left(z - \frac{1}{z}\right), \qquad \cos\theta = \frac{1}{2}\left(z + \frac{1}{z}\right)$$

の置き換えができる。これを利用するのである。実例で確かめてみよう。

演習 4-8 複素積分を利用して、実数積分 $\displaystyle\int_0^{2\pi} \frac{d\theta}{10 - 6\cos\theta}$ の値を求めよ。

第4章　複素積分

解） $z = \exp i\theta$ と置く。すると、

$$dz = i\exp(i\theta)d\theta = iz d\theta$$

となる。また

$$\cos\theta = \frac{\exp(i\theta) + \exp(-i\theta)}{2}$$

であるから

$$\cos\theta = \frac{1}{2}\left(z + \frac{1}{z}\right)$$

となる。すると最初の積分は

$$\oint \frac{1}{10 - 3\left(z + \dfrac{1}{z}\right)} \cdot \frac{1}{iz} dz$$

と変形できる。ここで、積分路は図 4-11 に示したような複素平面における単位円である。これを変形すると

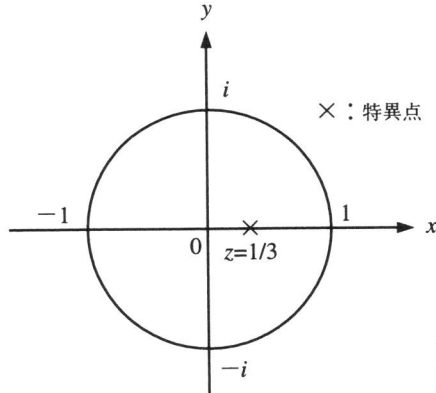

図 4-11　複素平面における半径 1 の円に沿った積分路。単位円内に含まれる特異点は $z=1/3$ である。

$$\oint \frac{1}{10-3\left(z+\frac{1}{z}\right)} \cdot \frac{1}{iz} dz = \oint \frac{1}{i(-3z^2+10z-3)} dz = \oint \frac{1}{i(3z-1)(3-z)} dz$$

ここで、ローラン級数に展開するまでもなく、単位円内に含まれる特異点は $z = 1/3$ である。この関数は1位の極を有するから、留数は

$$a_{-1} = \lim_{z \to 1/3}\left[\left(z-\frac{1}{3}\right) \cdot \frac{1}{i(3z-1)(3-z)}\right] = \frac{1}{i3\left(3-\frac{1}{3}\right)} = \frac{1}{8i}$$

で与えられる。よって積分値は

$$\int_0^{2\pi} \frac{d\theta}{10-6\cos\theta} = 2\pi i \cdot a_{-1} = \frac{2\pi i}{8i} = \frac{\pi}{4}$$

となる。

演習 4-9 $\displaystyle\int_0^{2\pi} \frac{d\theta}{a+b\cos\theta}$ の値を求めよ。

解) $z = e^{i\theta}$ と置く。すると

$$dz = ie^{i\theta}d\theta = iz d\theta$$

となる。また

$$\cos\theta = \frac{e^{i\theta}+e^{-i\theta}}{2}$$

であるから

第4章 複素積分

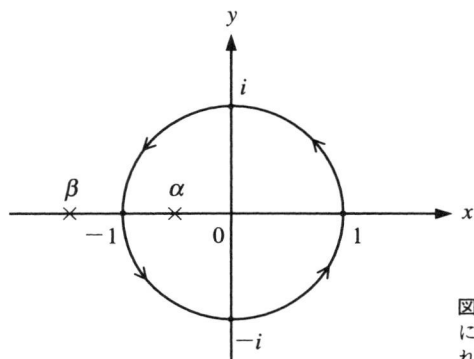

図4-12 複素平面における単位円に沿った積分路。単位円内に含まれる特異点は a および b の値によって変化する。

$$\cos\theta = \frac{1}{2}\left(z + \frac{1}{z}\right)$$

となる。すると最初の積分は

$$\oint \frac{1}{a + \frac{b}{2}\left(z + \frac{1}{z}\right)} \cdot \frac{1}{iz} dz$$

と置き換えることができる。ここで、積分路は、図 4-12 に示した複素平面における単位円を考える。これを変形すると

$$\oint \frac{1}{a + \frac{b}{2}\left(z + \frac{1}{z}\right)} \cdot \frac{1}{iz} dz = \oint \frac{2}{i(bz^2 + 2az + b)} dz = \frac{2}{i} \oint \frac{1}{bz^2 + 2az + b} dz$$

ここで

$$bz^2 + 2az + b = 0$$

のふたつの根を α, β とすると

$$\alpha = \frac{-a+\sqrt{a^2-b^2}}{b}, \quad \beta = \frac{-a-\sqrt{a^2-b^2}}{b}$$

となる。すると最初の積分は

$$\int_0^{2\pi} \frac{d\theta}{a+b\cos\theta} = \frac{2}{ib}\oint \frac{dz}{(z-\alpha)(z-\beta)}$$

と変形できる。ローラン展開するまでもなく、特異点は $z=\alpha$ と $z=\beta$ で、どちらも1位の極となる。

ここで、a と b の値によって、単位円内に含まれる特異点は変化する。例えば、$a>b>0$ とすると、$-1<\alpha<0, \beta<-1$ となるので、$z=\alpha$ が単位円に含まれる特異点となる。このとき留数は

$$a_{-1} = \lim_{z\to\alpha}\left[(z-\alpha)\cdot\frac{2}{ib(z-\alpha)(z-\beta)}\right] = \frac{2}{ib(\alpha-\beta)} = \frac{1}{i\sqrt{a^2-b^2}}$$

で与えられる。よって積分値は

$$\int_0^{2\pi} \frac{d\theta}{a+b\cos\theta} = 2\pi i \cdot a_{-1} = 2\pi i \frac{1}{i\sqrt{a^2-b^2}} = \frac{2\pi}{\sqrt{a^2-b^2}}$$

となる。

4.12.3. 三角関数と有理関数の組み合わせ

つぎに上記ふたつを組み合わせたケース、つまり三角関数と有理関数が混在する場合を考えてみよう。これは、具体例でみた方が分かりやすいので、つぎの積分で解法を示そう。

第 4 章　複素積分

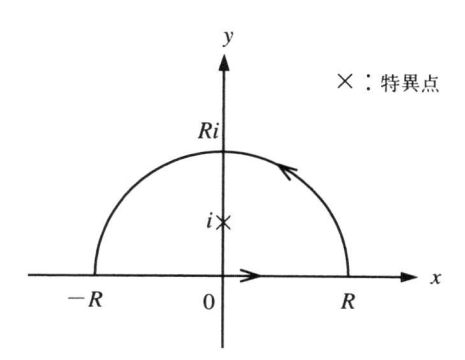

図 4-13　実数軸を含む上半円に沿った積分路。この領域に含まれる特異点は $+i$ である。

$$\int_{-\infty}^{\infty} \frac{\cos nx}{x^2+1} dx \qquad (n>0)$$

すでに読者はお気づきと思うが、このように積分範囲が $-\infty<x<\infty$ の場合は、積分路は大体決まっていて、図 4-13 に示した実数軸 ($-R \leq x \leq R$) を含んだ半円を考え、円の半径 (R) が無限大 ($R \to \infty$) となる極限を求める。

さらに、三角関数が入っているときは、オイラーの公式を利用する。この場合は、被積分関数として

$$f(z) = \frac{e^{inz}}{z^2+1}$$

を考え、図 4-13 の閉曲線に沿った

$$\oint \frac{e^{inz}}{z^2+1} dz$$

という積分を計算する。すると、この特異点は $z=\pm i$ であるが、図の半円に含まれるのは $z=i$ である。この時の留数は

$$a_{-1} = \lim_{z \to i}(z-i)\frac{e^{inz}}{(z+i)(z-i)} = \frac{e^{-n}}{2i}$$

となる。よって

$$\oint \frac{e^{inz}}{z^2+1}dz = 2\pi i a_{-1} = 2\pi i \frac{e^{-n}}{2i} = \pi e^{-n}$$

ここで半円弧の積分路を C とすると

$$\oint \frac{e^{inz}}{z^2+1}dz = \int_{-R}^{R} \frac{e^{inx}}{x^2+1}dx + \int_C \frac{e^{inz}}{z^2+1}dz$$

と分解できるが、第2項は

$$\int_C \frac{e^{inz}}{z^2+1}dz = \int_0^\pi \frac{\exp(inRe^{i\theta})}{R^2 e^{i2\theta}+1}iRe^{i\theta}d\theta = \int_0^\pi \frac{\exp(inR\cos\theta)\exp(-nR\sin\theta)}{R^2 e^{i2\theta}+1}iRe^{i\theta}d\theta$$

と変形できるが、$0 \le \theta \le \pi$ の範囲では $\sin\theta \ge 0$ であり、$n > 0$ であるので $R \to \infty$ で $\exp(-nR\sin\theta) \to 0$（ただし $\sin\theta \ne 0$）となる。また、$\sin\theta = 0$ の場合には

$$\int_C \frac{e^{inz}}{z^2+1}dz = \int_0^\pi \frac{\exp(inR\cos\theta)}{R^2 e^{i2\theta}+1}iRe^{i\theta}d\theta$$

となるが、被積分関数の絶対値をとると

$$\left|\frac{\exp(inR\cos\theta)}{R^2 e^{i2\theta}+1}iRe^{i\theta}\right| = \frac{R}{\sqrt{R^4 + 2R^2\cos 2\theta + 1}}$$

となって、この時も $R \to \infty$ で 0 となる。よって

第 4 章　複素積分

$$\int_{-\infty}^{\infty} \frac{e^{inx}}{x^2+1} dx = \lim_{R \to \infty} \int_{-R}^{R} \frac{e^{inx}}{x^2+1} dx = \pi e^{-n}$$

ここでオイラーの公式をつかって変形すると

$$\int_{-\infty}^{\infty} \frac{e^{inx}}{x^2+1} dx = \int_{-\infty}^{\infty} \frac{\cos nx}{x^2+1} dx + i \int_{-\infty}^{\infty} \frac{\sin nx}{x^2+1} dx = \pi e^{-n}$$

となる。この値は実数であるから、虚数部は 0 となる。よって

$$\int_{-\infty}^{\infty} \frac{\cos nx}{x^2+1} dx = \pi e^{-n} \qquad \int_{-\infty}^{\infty} \frac{\sin nx}{x^2+1} dx = 0$$

でなければならない。このように、この手法では

$$\int_{-\infty}^{\infty} \frac{\sin nx}{x^2+1} dx$$

の積分値も同時に求められる。

4.12.4. フーリエ変換型積分

フーリエ変換 (Fourier transform) も複素積分を利用して解くことがよくある。そこで、まずフーリエ変換とは何であったかを復習してみよう。ある x に関する関数 $F(x)$ 与えられた時

$$a(k) = \frac{1}{2\pi} \int_{-\infty}^{\infty} F(x) \exp(-ikx) dx$$

の積分を利用して、k の関数 $a(k)$ に変換する操作がフーリエ変換である。このとき、頭についている係数 $1/2\pi$ は、ついたりつかなったりするが、これは、フーリエ逆変換

$$F(x) = \int_{-\infty}^{\infty} a(k)\exp(ikx)dk$$

との対では、整合性がとれるようなかたちになっている。

それでは、実際に複素積分を利用して、与えられた関数をフーリエ変換する操作を行ってみよう。いま考える関数は次の関数である。

$$F(x) = \frac{1}{x^2 + b^2} \quad (b > 0)$$

この関数のフーリエ変換は

$$a(k) = \frac{1}{2\pi}\int_{-\infty}^{\infty} \frac{1}{x^2 + b^2}\exp(-ikx)dx$$

となる。ここで、z を複素数として、次の被積分関数を考える。

$$f(z) = \frac{\exp(-ikz)}{z^2 + b^2}$$

この関数を、図 4-14 に示した閉曲線の積分路 $(R > b)$ で積分をしてみよう。この関数は

$$f(z) = \frac{\exp(-ikz)}{z^2 + b^2} = \frac{\exp(-ikz)}{(z + bi)(z - bi)}$$

と変形できるから、特異点は $z = \pm bi$ であるが、図の積分路の中に含まれる特異点は $z = bi$ であるので、留数 a_{-1} は

$$a_{-1} = \lim_{z \to bi}(z - bi)f(z) = \lim_{z \to bi}(z - bi)\frac{\exp(-ikz)}{(z - bi)(z + bi)} = \frac{\exp(kb)}{2bi}$$

第4章　複素積分

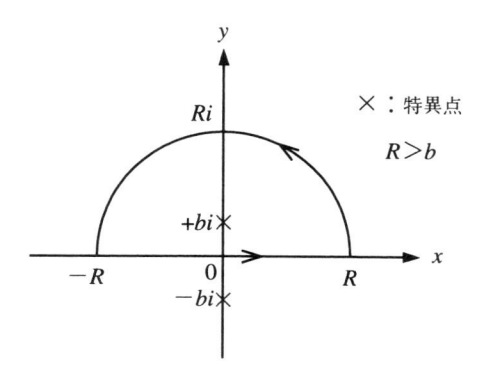

図 4-14　実数軸を含む上半円 ($R>b$) に沿った積分路。この領域に含まれる特異点は $+bi$ である。

で与えられる。よって、留数定理から図の積分路に沿った積分の値は

$$\oint \frac{\exp(-ikz)}{z^2+b^2}dz = 2\pi i a_{-1} = 2\pi i \frac{\exp(kb)}{2bi} = \frac{\pi \exp(kb)}{b}$$

ここで、円弧に沿った積分路を C と書くと

$$\oint \frac{\exp(-ikz)}{z^2+b^2}dz = \int_{-R}^{R} \frac{\exp(-ikx)}{x^2+b^2}dx + \int_C \frac{\exp(-ikz)}{z^2+b^2}dz$$

ここで、円弧 C 上の点は $z = R\exp(i\theta)$ とおける。

$$dz = Ri\exp(i\theta)d\theta$$

であるので

$$\begin{aligned}
\int_C \frac{\exp(-ikz)}{z^2+b^2}dz &= \int_0^\pi \frac{\exp(-ikRe^{i\theta})}{R^2\exp(i2\theta)+b^2}Ri\exp(i\theta)d\theta \\
&= \int_0^\pi \frac{\exp\{-ikR(\cos\theta+i\sin\theta)\}}{R^2\exp(i2\theta)+b^2}Ri\exp(i\theta)d\theta \\
&= \int_0^\pi \frac{\exp(-ikR\cos\theta)\exp(kR\sin\theta)}{R^2\exp(i2\theta)+b^2}Ri\exp(i\theta)d\theta
\end{aligned}$$

と変形できる。虚数を指数とするすべての指数関数の絶対値は 1 である。よって $R \to \infty$ の極限で問題となるのは、実数を指数とする項 ($\exp(kR\sin\theta)$) である。この $kR\sin\theta$ が負であれば $R \to \infty$ の極限で、この値は 0 となるが、正の場合には発散してしまう。いま、考えている積分路は $0 \leq \theta \leq \pi$ であるから、$\sin\theta > 0$ となり、この積分が値を持つためには $k < 0$ という条件が必要となる。

このとき

$$\lim_{R \to \infty} \oint \frac{\exp(-ikz)}{z^2 + b^2} dz = \int_{-R}^{R} \frac{\exp(-ikx)}{x^2 + b^2} dx + \int_{C} \frac{\exp(-ikz)}{z^2 + b^2} dz = \int_{-\infty}^{\infty} \frac{\exp(-ikx)}{x^2 + b^2} dx$$

となるので

$$a(k) = \frac{1}{2\pi} \int_{-\infty}^{\infty} \frac{1}{x^2 + b^2} \exp(-ikx) dx = \frac{1}{2\pi} \frac{\pi}{b} \exp(kb) = \frac{\exp(kb)}{2b} \quad (k < 0)$$

と求められる。それでは、$k > 0$ の場合はどうすればよいか。これにはうまい解決方法がある。積分路として下半円を選ぶのである。すると $\sin\theta < 0$ となるので、指数関数の項が $R \to \infty$ の極限で 0 となる。よって

$$a(k) = \frac{1}{2\pi} \int_{-\infty}^{\infty} \frac{1}{x^2 + b^2} \exp(-ikx) dx = \frac{\exp(-kb)}{2b} \quad (k > 0)$$

これらをまとめた

$$a(k) = \frac{\exp(-|k|b)}{2b}$$

がフーリエ変換となる。

以上のように、フーリエ変換を複素積分を利用して解く場合には、$\exp(ikx)$ という項の x を複素数 z に置き換えるので、exp の肩に実数と虚数が同時に現れる。指数が実数の場合、それが正であると、無限大で発散してしまうので、そうならないような積分路を選定する工夫が必要になる。

4.13. コーシーの積分公式

複素積分が有する重要な性質である**コーシーの積分定理** (Cauchy's integral theorem) については、本章で紹介し、実際にそれを利用して、実数積分を求める演習を行った。実は、複素関数論では、もうひとつ有名な**コーシーの積分公式** (Cauchy's integral formula) と呼ばれるものが存在する。

この公式は積分定理と名前がよく似ているので混同するが

$$f(\alpha) = \frac{1}{2\pi i} \oint_C \frac{f(z)}{z - \alpha} dz$$

というかたちをしている。ここで、$f(z)$ は閉曲線内 C で正則であるとすると、コーシーの積分定理から、その周回積分の値はゼロである。しかし、この関数に $1/(z-\alpha)$ (α は閉曲線内の任意の点) をかけて積分を行うと、係数 $(1/2\pi i)$ はかかっているものの、$f(\alpha)$ という値になるという公式である。

しかし、**留数定理**を学んだ読者にとっては、この公式を理解するのは、それほど問題ではないであろう。まず、$f(z)$ は正則な関数であるから $z = \alpha$ のまわりで展開すると

$$f(z) = f(\alpha) + f'(\alpha)(z-\alpha) + \frac{1}{2!} f''(\alpha)(z-\alpha)^2 + \frac{1}{3!} f'''(\alpha)(z-\alpha)^3 + ...$$

と表される。この時

$$z - \alpha = re^{i\theta}$$

と置くと、閉曲線 (α を中心とした半径 r の円) 上の周回積分は

$$\oint_C \frac{f(z)}{z-\alpha} dz \to ir \int_0^{2\pi} \frac{f(z)}{z-\alpha} e^{i\theta} d\theta$$

と置き換えられる。この時、唯一生き残るのは $1/(z-\alpha)$ の項を含んだ項である。正則な関数では、もちろんこのような項は存在しないが、いま関数 $f(z)$ に $1/(z-\alpha)$ をかけたおかげで、最初の係数のみが、この条件を満足し、生き残ることになる。よって

$$\oint_C \frac{f(z)}{z-\alpha}dz = i\int_0^{2\pi} f(\alpha)\,d\theta = 2\pi i \cdot f(\alpha)$$

と計算できる。これは、まさにコーシーの積分公式である。別な見方をすれば、閉曲線内に特異点 $z=\alpha$ （1位の極）を有し、その**留数**が $f(\alpha)$ である複素関数の積分値であると言える。

ここで簡単な例として、$f(z)=z$ の場合を考えてみよう。積分経路としては、$z=\alpha$ を内部に含む適当な閉曲線を選ぶ。すると、コーシーの積分公式より

$$f(\alpha) = \frac{1}{2\pi i}\oint_C \frac{z}{z-\alpha}dz$$

となるが、$f(\alpha)=\alpha$ であるから

$$\oint_C \frac{z}{z-\alpha}dz = 2\pi i\alpha$$

となる。左辺の積分は、$z=\alpha$ に1位の極を有する複素関数 $z/(z-\alpha)$ の周回積分であり、留数定理を使って計算すれば、確かにこの値が得られる。

演習 4-10 コーシーの積分公式を利用して、積分経路が $z=\alpha$ を内部に含む閉曲線とした場合のつぎの複素積分の値を求めよ。

$$\oint_C \frac{1}{z-\alpha}dz$$

第4章　複素積分

解）　コーシーの積分公式

$$f(\alpha) = \frac{1}{2\pi i} \oint_C \frac{f(z)}{z-\alpha} dz$$

において $f(z) = 1$ という関数を考えると

$$f(\alpha) = 1 = \frac{1}{2\pi i} \oint_C \frac{1}{z-\alpha} dz \quad \text{より} \quad \oint_C \frac{1}{z-\alpha} dz = 2\pi i \quad \text{が得られる。}$$

　コーシーの積分公式は、正則関数 $f(z)$ を $z-\alpha$ で除することで、$z = \alpha$ という特異点を付与し、周回積分の値から $f(\alpha)$ を求めるという公式である。この公式から、その高階導関数を求めることができる。
　いま、この公式を利用して、$z = \alpha$ における微分の値を計算してみよう。すると

$$f'(\alpha) = \lim_{h \to 0} \frac{f(\alpha+h) - f(\alpha)}{h} = \lim_{h \to 0} \frac{1}{2\pi h i} \left\{ \oint_C \frac{f(z)}{z-(\alpha+h)} dz - \oint_C \frac{f(z)}{z-\alpha} dz \right\}$$

ここでかっこの中を整理すると

$$\oint_C \frac{f(z)}{z-(\alpha+h)} dz - \oint_C \frac{f(z)}{z-\alpha} dz = \oint_C \frac{(z-\alpha)f(z) - (z-\alpha-h)f(z)}{(z-\alpha-h)(z-\alpha)} dz$$

$$= \oint_C \frac{h f(z)}{(z-\alpha-h)(z-\alpha)} dz$$

となる。これを先ほどの式に戻すと

$$f'(\alpha) = \lim_{h \to 0} \frac{1}{2\pi h i}\left\{\oint_C \frac{hf(z)}{(z-\alpha-h)(z-\alpha)}dz\right\} = \frac{1}{2\pi i}\oint_C \frac{f(z)}{(z-\alpha)^2}dz$$

という値が得られる。この操作を続けると

$$f''(\alpha) = \frac{2}{2\pi i}\oint_C \frac{f(z)}{(z-\alpha)^3}dz \qquad f'''(\alpha) = \frac{2\cdot 3}{2\pi i}\oint_C \frac{f(z)}{(z-\alpha)^4}dz$$

となって、結局、一般式として

$$f^{(n)}(\alpha) = \frac{n!}{2\pi i}\oint_C \frac{f(z)}{(z-\alpha)^{n+1}}dz$$

という第 n 階導関数の値が得られる。以上、導関数も含めて、これらの公式群を、**コーシーの積分公式**と呼ぶ。

　この公式の重要なメッセージは、正則関数は、何回でも微分可能ということである。つまり、複素関数は、その正則な領域の、あらゆる点で何回でも微分が可能なのである。

　逆の視点で考えれば、正則関数は、テーラー級数展開が可能な関数である。この時、テーラー級数の各係数は、上の公式で与えられることになる。

第5章　等角写像

　複素関数の応用において、最も代表的なものが複素積分であるが、それに負けず劣らず有用性の高いのが**等角写像** (conformal mapping) の応用であろう。これは、複素関数を表現するのに 4 次元空間 (four dimensional space) が必要になるという問題を逆手にとったもので、複素関数が z 平面の図形を w 平面の別の図形に変換するという性質をたくみに利用したものである。

　くわしくは、本文で紹介するが、等角写像の物理数学への応用は、本来解析したい複雑な形状を持った物体のまわりの流体の流れや、熱伝導現象などをより簡単な図形のまわりで解析したうえで、等角写像を利用して、複雑な図形の場合に適用するという手法である。はじめてこの手法に出会うと、よくもこんな便利な方法があったものだと感心させられるが、もちろん、すべての関数に適用できるわけではない。写像できる関数には制約があり、専門的には**調和関数** (harmonic function) と呼ばれるものである。

　第3章でみたように、複素関数には、ある規則に従って、z 平面上の複素数を w 平面上の複素数に写像するという性質がある。ただし、z 平面上の複素数 ($z = x + yi$) を任意としてしまうと、x と y の自由度のために、z 平面すべてを塗りつぶすことになり、何の意味もないということを説明した。

　このため、複素関数においては、z 平面において複素変数が動ける範囲（等角写像では、ある図形）を指定して、それが w 平面にどのように転写されるかによって、その関数の作用をうかがい知る必要がある。このため、同じ関数であっても、どのような図形を選ぶかによって、見える結果もかなり違ってしまう。

5.1. 等角写像とは

それでは、第 3 章でも取り上げた 2 次関数 (quadric function)

$$f(z) = z^2$$

についてもう一度、その性質をみてみよう。いま、z 平面で図 5-1(a) のような第 1 象限にある正方形 (square) を考えてみる。これに、$f(z)$ を作用させると、図 5-1(b) に示すような虚数軸に関して対称な w 平面の図形に変換される。

変換方法を再確認すると、z 平面の任意の点を

$$z = x + yi$$

と置くと

$$w = f(z) = z^2 = (x + yi)^2 = (x^2 - y^2) + 2xyi$$

となり、$w = u + vi$ とすると

$$u = x^2 - y^2, \quad v = 2xy$$

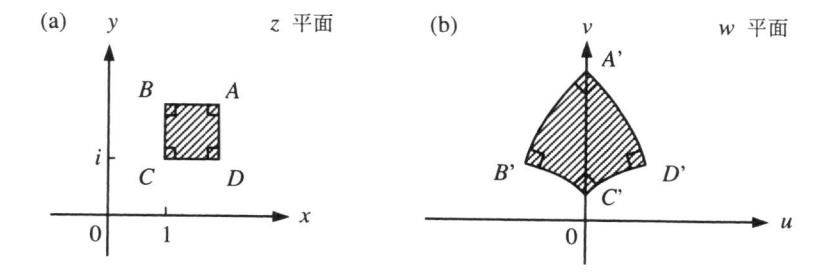

図 5-1 複素関数 $w = f(z) = z^2$ による z 平面から w 平面への写像。z 平面の正方形は、w 平面では図のような図形に変換される。この時、図形のかたちは大きく変化しているが、すべての角度が保たれたまま（つまり $\pi/2$ のまま）変換される。

と変換されることになる。z 平面の正方形の頂点 (x, y) は、この関係にしたがって、w 平面の頂点 (u, v) に変換される。また、x 軸に平行な直線 $(y=a)$ は

$$u = x^2 - a^2, \quad v = 2ax$$

と変換されるので

$$u = \left(\frac{v}{2a}\right)^2 - a^2$$

となって、**放物線** (parabola) になることが分かる。また、まったく同様に y 軸に平行な**直線** (straight line) も放物線になる。以上の規則性に基づいて、それぞれの頂点および辺を変換すると図 5-1(b)のような写像が得られる。

このように、複素関数を作用させると z 平面の図形がかたちを変えて w 平面に変換される。かろうじて四辺形らしきかたちは保っているものの、随分と様相が異なっていることが分かる。ただし、ここで変わらないものがある。それは、それぞれの辺（というよりは写像したものでは曲線となっている）がなす角度である。すべての角度が直角のまま変換されている。角度が変わらない（あるいは等しい）ということから、このような変換を**等角写像** (conformal mapping) と呼んでいる。ただし、このような関係は、写像に使う関数が**正則関数** (regular function) でなければ成立しない。

さらに、正則関数というだけでは等角写像の条件を満足しない。実は、等角写像となるためには

$$f'(z) \neq 0$$

という条件も必要となる。それでは、どうしてこのような条件が必要となるかをまず考えてみよう。

5.2. 等角写像の条件

いま図 5-2 (a) および (b) に示したような z 平面と w 平面を考えてみよう。ここで、z 平面の z_0 点を通る曲線 γ_1 を考える。 これが、ある関数 $w = f(z)$ によって w 平面上で点 z_0 に対応した w_0 点を通る曲線 $f(\gamma_1)$ に変換されるものとする。ここで、曲線 γ_1 に沿って、z_0 から少し離れた点を z_1 として、この点に対応した点を w_1 とすると

$$w_1 - w_0 = f(z_1) - f(z_0)$$

となる。この式を次のように書き換えてみよう。

$$w_1 - w_0 = \frac{f(z_1) - f(z_0)}{z_1 - z_0} \cdot (z_1 - z_0)$$

すると、右辺の第 1 項は微分を求めるかたちになっていることが分かる。つまり

$$f'(z_0) = \lim_{z_1 \to z_0} \frac{f(z_1) - f(z_0)}{z_1 - z_0}$$

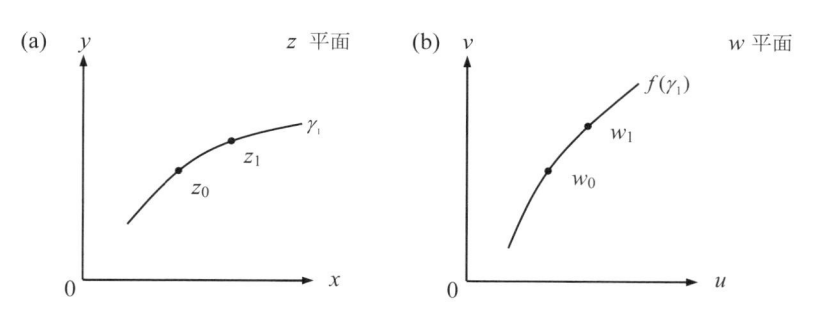

図 5-2　ある複素関数 $w = f(z)$ によって、z 平面の γ_1 という曲線が w 平面では $f(\gamma_1)$ という曲線に変換されている。ここで、γ_1 上の点 z_0 および z_1 が、w 平面では、w_0 および w_1 に対応するものとする。

第 5 章　等角写像

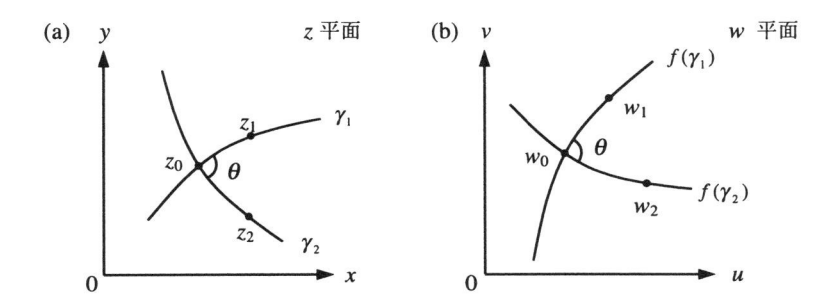

図 5-3 z 平面において、点 z_0 を通るもうひとつの曲線 γ_2 が、複素関数 $w = f(z)$ によって、w 平面の曲線 $f(\gamma_2)$ に変換されるとする。この時、γ_2 上の点 z_2 が、w 平面では、w_2 に対応するものとする。

である。よって、十分 z_0 に近い点では

$$w_1 - w_0 = f'(z_0) \cdot (z_1 - z_0)$$

と書くことができる。

つぎに、図 5-3 のように、z 平面において、同じ点 z_0 を通る曲線 γ_2 をさらに考えて、同様の処理を行うと、この曲線上の点および、それに対応した w 平面上の点では

$$w_2 - w_0 = \frac{f(z_2) - f(z_0)}{z_2 - z_0} \cdot (z_2 - z_0)$$

という関係が得られる。これも微分を使って書くと

$$w_2 - w_0 = f'(z_0) \cdot (z_2 - z_0)$$

となる。この関係は、z_0 を通るすべての曲線について成立する。

ところで、この関係は、実は $f(z)$ が正則関数であることを示す別の表現となっているのである。第 3 章で紹介したように、複素関数が点 z_0 で**微分**

可能 (differentiable) であるためには、その点への近づき方が複素平面では無数にあるため、どのような経路から近づいてもすべて同じ微分値が得られる必要がある。そして、これを満足させる条件から、**コーシー・リーマンの関係式**を導き出した。ここで紹介した関係も、**どのような経路から近づいても、微分値 $f'(z_0)$ が同じになる**という条件と等価である。

ここで、ふたつの式の左辺と右辺の商をとる。すると

$$\frac{w_2 - w_0}{w_1 - w_0} = \frac{f'(z_0) \cdot (z_2 - z_0)}{f'(z_0) \cdot (z_1 - z_0)}$$

となるが、もし $f'(z_0) \neq 0$ であれば

$$\frac{w_2 - w_0}{w_1 - w_0} = \frac{z_2 - z_0}{z_1 - z_0}$$

という関係が成立することになる。このとき、これら複素数の**偏角** (argument) も等しいので

$$\arg\left(\frac{w_2 - w_0}{w_1 - w_0}\right) = \arg\left(\frac{z_2 - z_0}{z_1 - z_0}\right)$$

となる。実は、これら偏角は、γ_1 と γ_2 が z 平面でなす角と、それぞれの写像の曲線が w 平面でなす角に対応している。これらの角度が等しいということは、つまり、角度が保存されたまま写像されることを示している。これが等角写像である。

もし、複素関数が正則ではなかったり、あるいは $f'(z_0) \neq 0$ が満足できなければ、この関係が成立するかどうかは分からない。むしろ、よほどの偶然でもない限り、写像において角度が保存されることはない。この事実を演習で確認してみよう。

第 5 章　等角写像

演習 5-1　正則関数 $f(z) = z^2$ において、$z = 0$ の点で等角写像が行われるかどうか確かめよ。

解）　簡単のため、図 5-4 のような原点と点 $z=1+i$ を通る直線 ($z = r\exp(i\pi/4)$) が実数軸 ($z = r$) となす角を考えてみよう。

z 平面において、これら直線のなす角度は $\pi/4$ である。ここで、それぞれに複素関数 $f(z) = z^2$ を作用させると、実数軸 ($x = r$) は w 平面の実数軸 $w = r^2$ に写像される。一方、直線

$$z = r\exp(i\pi/4)$$

は直線

$$w = r^2 \exp(i\pi/2)$$

に写像され、w 平面における角度は $\pi/2$ となってしまい、等角写像とはならない。これは、$z = 0$ において $f'(z) = 2z = 0$ となるため、等角写像の条件を満足していないことに起因する。

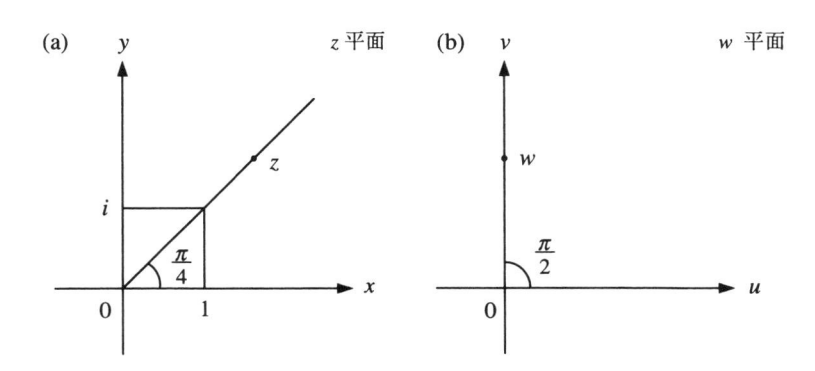

(a) z 平面　　(b) w 平面

図 5-4　z 平面において、原点と点 $z = 1+i$ を通る直線。極形式では、$z = r\exp(i\pi/4)$ と書くことができる。あるいは、$\arg(z) = \pi/4$ となる。

この例のように、正則関数でも、$f'(z) = 0$ となる点は等角写像の対象とはならない。このような点を**臨界点** (critical point) と呼んでいる。ただし、それ以外の領域では、正則関数であれば等角写像の対象となる。このような言い方をすると、臨界点は何か問題のある点のような印象を与えるかもしれないが、むしろ、臨界点をうまく利用することで、応用上重要な図形変換が可能になるのである。これについては、のちほど紹介する。

5.3. 種々の関数による等角写像

　それでは、代表的な複素関数によって、z 平面の図形がどのように w 平面の図形に写像されるのかを実際に確認してみよう。

5.3.1. $f(z) = z^2$ の例

　まず、関数 $f(z) = z^2$ の例をもう一度みてみよう。前にも紹介したが、複素関数では、同じ関数であっても z 平面の図形が異なると、結果がまったく違ったものにみえる。等角写像の項で、教科書に取り上げられている関数は、応用によく利用されるなど、それなりの理由があって紹介されているのであるが、同じ関数なのに、目に見える結果が違うと混乱を与える。これが、初学者にとって複素関数論が分かりにくい原因のひとつとなっている。

　いま、この関数の対象として、z 平面上で、図5-5(a) に示すような碁盤の目をした図を考えてみよう。簡単のために、$x = 1, x = 2$ および $y = 1, y = 2$ で囲まれた正方形 (square) の部分を考える。それぞれの直線を複素数で表示すると

$$z = 1 + yi, \quad z = 2 + yi, \quad z = x + i, \quad z = x + 2i$$

となる。これら直線に対応した w 平面での曲線 $w = f(z) = z^2$ は

$$w = (1 - y^2) + 2yi, \quad w = (4 - y^2) + 4yi$$
$$w = (x^2 - 1) + 2xi, \quad w = (x^2 - 4) + 4xi$$

第5章　等角写像

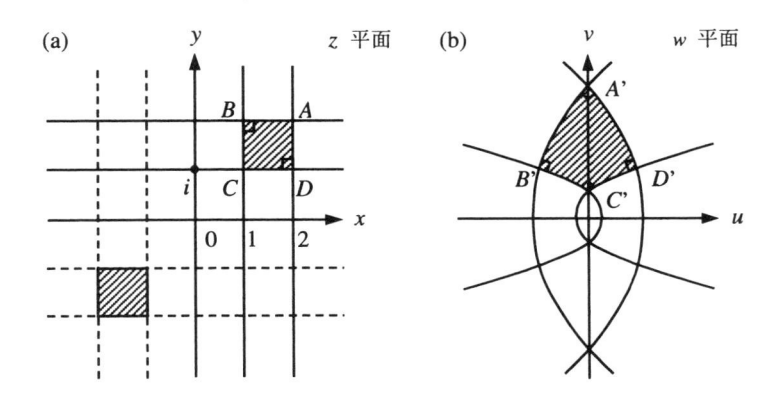

図 5-5　複素関数 $w = f(z) = z^2$ による z 平面から w 平面への等角写像。

と計算できる。これを図示するために

$$w = u + vi$$

と置き直して、u と v の関係をみると、例えば最初の曲線は

$$u = 1 - y^2, \quad v = 2y$$

の関係にあるから

$$u = 1 - y^2 = 1 - \left(\frac{v}{2}\right)^2$$

となって、w 平面では放物線となることが分かる。同様に他のすべての曲線も放物線となり、写像は結局、図 5-5(b) のような放物線型の曲線群となる。実は、この変換が図 5-1 に対応しているのである。

また、写像後の関数を見ると分かるように、z 平面上にあって符号を反転した

$$z = -1 - yi, \quad z = -2 - yi, \quad z = -x - i, \quad z = -x - 2i$$

の直線群も、w 平面のまったく同じ放物線に、それぞれ写像される。

z 平面の直線を、x, y で表現すれば、$x = 1$ および $x = -1$ のふたつの直線は w 平面上の同じ曲線に写像されることになる。$y = 1$ および $y = -1$ も同様である。

演習 5-2　z 平面上で y 軸に平行な直線 (図 5-6(a)) が、複素関数 $f(z) = z^2$ によって、どのような曲線に写像されるかを確かめよ。

解)　z 平面において、y 軸に平行な任意の直線は

$$z = a + yi$$

と書くことができる。ここで a は任意の定数である。よって、w 平面においては

$$w = z^2 = (a^2 - y^2) + 2ayi$$

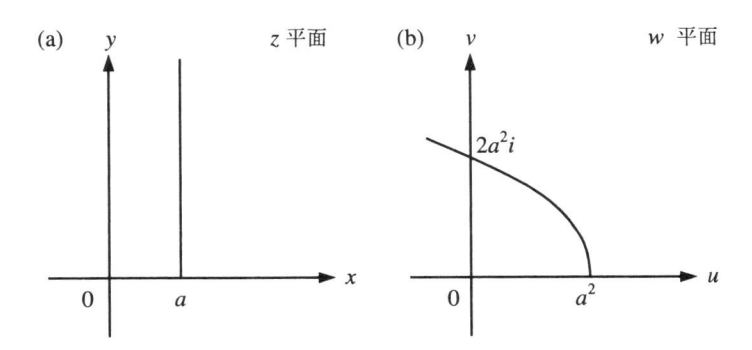

図 5-6　複素関数 $w = f(z) = z^2$ による z 平面の y 軸に平行な直線 ($x = a$) の w 平面への写像。

となる。ここで $w = u + vi$ と置くと、$u = a^2 - y^2$, $v = 2ay$ となるから

$$u = a^2 - y^2 = a^2 - \left(\frac{v}{2a}\right)^2$$

となって、図 5-6(b) に示すように、w 平面の実軸とは $u = a^2$ で、虚軸とは $v = 2a^2 i$ で交わる放物線となることが分かる。

　この演習で分かるように、一辺が放物線の形状をした w 平面上の図形は、z 平面では、単純な長方形に変換される。

　後で示すが、等角写像では、より複雑な図形を単純なもので解析してから、それを再び複素関数を使ってもとの複雑な図形の解析結果を導くという手法が使われる。

　複素数のべき乗の関数や、n 次関数、その多項式、あるいは、その商からなる一般の**有理関数** (rational function) は、基本的には、$f(z) = z^2$ と同じ手法で、その写像を描くことができる。しかし、単純な $f(z) = z^2$ でも、そのグラフ化にはかなりの手間がかかる。よって、実際の応用にあたっては、任意の有理関数ではなく、実際に役に立つ関数を選んで使うことになる。

演習 5-3　z 平面上で y 軸に平行な直線 (図 5-7(a)) が、複素関数 $f(z) = 1/z$ によって、どのような曲線に写像されるかを確かめよ。

　解)　z 平面における複素数を $z = x + yi$ と置く。

$$w = f(z) = \frac{1}{z} = \frac{1}{x + yi} = \frac{x - yi}{(x + yi)(x - yi)} = \frac{x - yi}{x^2 + y^2} = \frac{x}{x^2 + y^2} - i\frac{y}{x^2 + y^2}$$

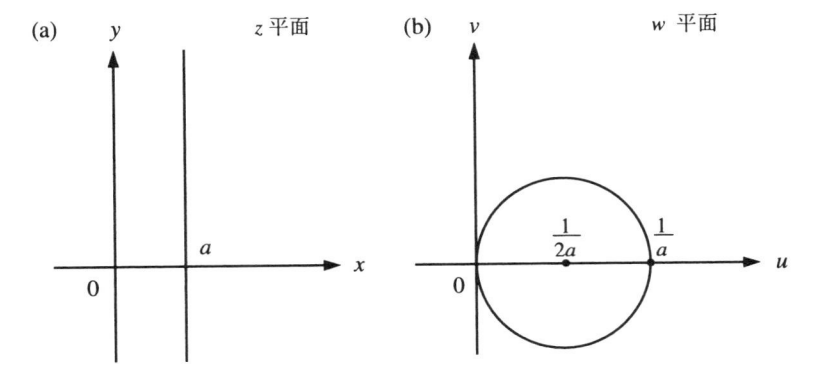

図 5-7 　複素関数 $w = f(z) = 1/z$ による z 平面の y 軸に平行な直線 ($x = a$) の w 平面への写像。

よって、$w = u + vi$ とすると

$$u = \frac{x}{x^2 + y^2}, \quad v = -\frac{y}{x^2 + y^2}$$

となる。ここで、y 軸に平行な直線は $x = a$ とおける。よって

$$u = \frac{a}{a^2 + y^2}, \quad v = -\frac{y}{a^2 + y^2}$$

この両辺から y を消去すれば、w 平面における図が得られる。ここで、両辺の 2 乗をとり、その和を求めると

$$u^2 + v^2 = \frac{a^2}{(a^2 + y^2)^2} + \frac{y^2}{(a^2 + y^2)^2} = \frac{1}{a^2 + y^2}$$

と計算できるので、最初の式に代入すれば

$$u = \frac{a}{a^2 + y^2} = a(u^2 + v^2)$$

これを変形すると

$$u^2 - \frac{u}{a} + v^2 = 0 \qquad u^2 - \frac{u}{a} + \frac{1}{4a^2} + v^2 = \frac{1}{4a^2} \qquad \left(u - \frac{1}{2a}\right) + v^2 = \frac{1}{4a^2}$$

となって、図 5-7(b) に示すように、中心が実軸上の $u = 1/2a$ で半径が $1/2a$ の円となる。同様にして、x 軸に平行な直線 $(y = b)$ は

$$u = \frac{x}{x^2 + b^2}, \quad v = -\frac{b}{x^2 + b^2}$$

となる。同様に変形すると

$$u^2 + \left(v + \frac{1}{2b}\right)^2 = \frac{1}{4b^2}$$

となって、中心が虚数軸の $v = -1/2b$ で、半径が $1/2b$ の円となる。

写像を考える場合、図形によっては、**極形式** (polar form) を使うと取り扱いが簡単な場合も多い。z 平面の任意の点を極形式で表すと

$$z = re^{i\theta}$$

と書けるが、$f(z) = 1/z$ の場合

$$w = \frac{1}{z} = \frac{1}{r}e^{-i\theta}$$

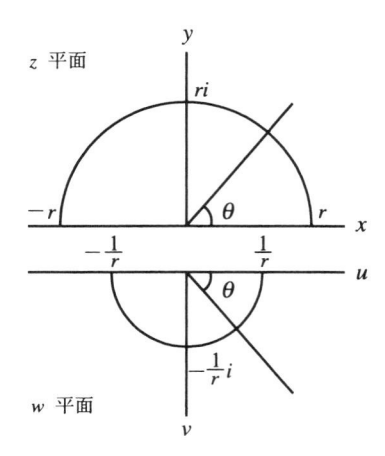

図 5-8　複素関数 $w = f(z) = 1/z$ による z 平面の上半円（半径 r）の w 平面への写像。

となる。この場合、原点は特異点となるが、原点を通る半直線 (half-line) は、原点に関して反転された逆向きの半直線になる。また、半径 r の上半円は、半径が $1/r$ の下半円に写像されることになる（図 5-8 参照）。

5.3.2.　指数関数

　基本的には、すべての複素関数が、$f(z) = z^2$ の場合と同様の手法で等角写像の図を描くことができる。そこで、つぎに指数関数

$$w = f(z) = e^z$$

の例を示そう。ここで $z = x + yi$ を代入すると

$$w = e^{x+yi} = e^x e^{yi} = e^x (\cos y + i \sin y)$$

と変形できる。よって $w = u + vi$ と置くと

$$u = e^x \cos y, \quad v = e^x \sin y$$

となる。この変換式によって、どのような等角写像が行われるかは、z 平面

第5章 等角写像

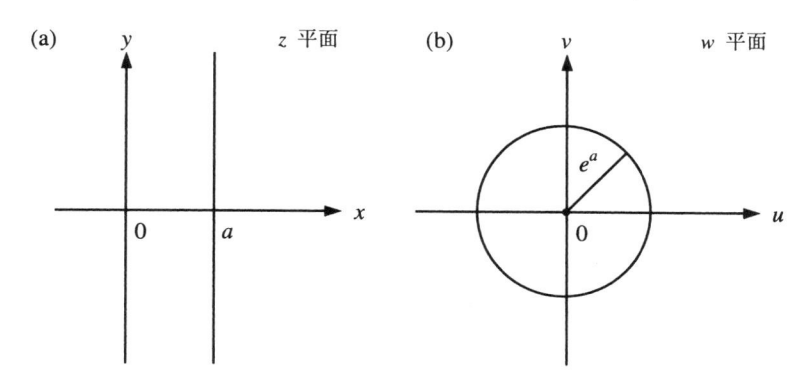

(a) 図 z 平面に y 軸に平行な直線 $x=a$ が描かれている。
(b) 図 w 平面に原点中心、半径 e^a の円が描かれている。

図 5-9 複素関数 $w = f(z) = e^z$ による z 平面の y 軸に平行な直線 $(x=a)$ の w 平面への写像。

で、どのような図形を選ぶかによるが、例えば、y 軸に平行な線 $(x=a)$ は、

$$u^2 + v^2 = \left(e^a\right)^2$$

となり、w 平面上では、半径が e^a の円となる（図 5-9 参照）。一方、x 軸に平行な線 $(y=b)$ は

$$u = e^x \cos b, \quad v = e^x \sin b$$

となるので、

$$v = \frac{\sin b}{\cos b} u = \tan b \cdot u$$

となって、原点を通り、傾きが $\tan b$ の直線となる（図 5-10 参照）。
また、指数関数の場合

$$f'(z) = e^z$$

(a) z 平面 / (b) w 平面

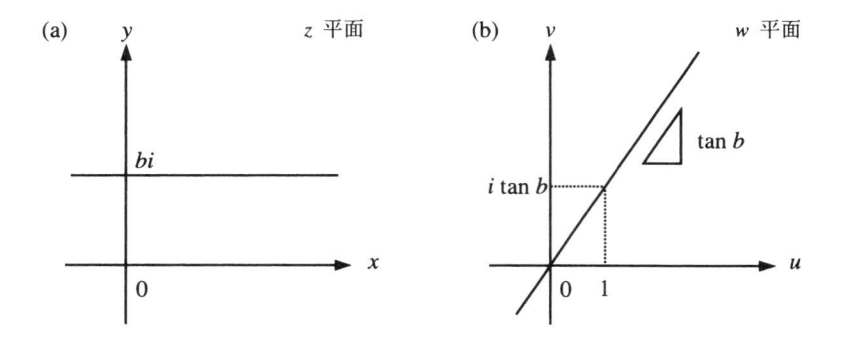

図 5-10 複素関数 $w = f(z) = e^z$ による z 平面の x 軸に平行な直線 ($y = b$) の w 平面への写像。

と微分が与えられるが、この値はすべての複素平面で 0 とはならないので、指数関数の場合には、すべての図形が等角写像されることになる。(つまり臨界点がない。)

5.3.3. 三角関数

それでは、等角写像において重要な役割を演ずる三角関数を見てみよう。まずサイン関数

$$w = f(z) = \sin z$$

を、オイラーの公式をつかって変形すると

$$w = \frac{\exp(iz) - \exp(-iz)}{2i}$$

となる。ここで、あらためて $z = x + yi$ を代入すると

$$w = \frac{\exp i(x+yi) - \exp(-i(x+yi))}{2i} = \frac{\exp(-y)\exp(ix) - \exp(y)\exp(-ix)}{2i}$$

となる。オイラーの公式を使って、さらに変形すると

$$w = \frac{\exp(-y)(\cos x + i\sin x) - \exp(y)(\cos x - i\sin x)}{2i}$$

これを実数部と虚数部に分けて

$$w = \frac{(\exp(-y) + \exp(y))\sin x}{2} + \frac{(\exp(-y) - \exp(y))\cos x}{2i}$$

さらに整理すると

$$w = \frac{(\exp(y) + \exp(-y))\sin x}{2} + i\frac{(\exp(y) - \exp(-y))\cos x}{2}$$

とまとめられる。このままでもよいが、**双曲線関数** (hyperbolic function) を使うと

$$\cosh y = \frac{\exp(y) + \exp(-y)}{2} \qquad \sinh y = \frac{\exp(y) - \exp(-y)}{2}$$

であるから

$$w = \sin x \cosh y + i\cos x \sinh y$$

と書くこともできる。よって、$w = u + vi$ と置くと

$$u = \sin x \cosh y, \quad v = \cos x \sinh y$$

となる。この変換も z 平面での図形によって、その写像の様子は大きく異なるが、ここでは、まず図 5-11(a) に示すような y 軸に平行な直線 ($x = a$) を

(a), (b)

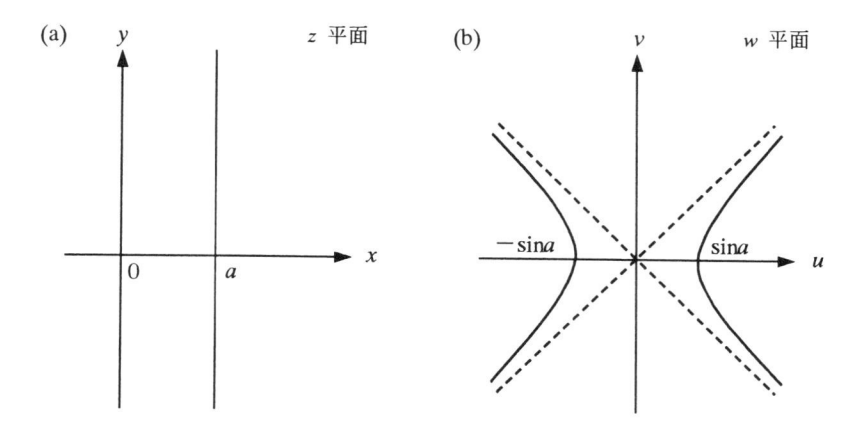

図 5-11 複素関数 $w = f(z) = \sin z$ による z 平面の y 軸に平行な直線 $(x = a)$ の w 平面への写像。

考えてみよう。すると

$$u = \sin a \cosh y, \quad v = \cos a \sinh y$$

となる。よって

$$\cosh y = \frac{u}{\sin a}, \quad \sinh y = \frac{v}{\cos a}$$

と変形できるが、双曲線関数では

$$\sinh^2 y - \cosh^2 y = -1$$

という関係にあるので

$$\left(\frac{v}{\cos a}\right)^2 - \left(\frac{u}{\sin a}\right)^2 = -1 \quad \text{あるいは} \quad \frac{v^2}{\cos^2 a} - \frac{u^2}{\sin^2 a} = -1$$

第5章　等角写像

となり、w平面では、双曲線となることが分かる。結局、$f(z)=\sin z$ による写像は図5-11(b)のようになる。

演習 5-4　z平面においてx軸に平行な直線（図5-12(a)）が、$w=f(z)=\sin z$ によって、w平面にどのように写像されるかを示せ。

解）　x軸に平行な直線は、bを任意の定数として $y=b$ と書くことができるので、w平面では

$$u = \sin x \cosh b, \quad v = \cos x \sinh b$$

となる。よって

$$\sin x = \frac{u}{\cosh b}, \quad \cos y = \frac{v}{\sinh b}$$

と変形できる。結局

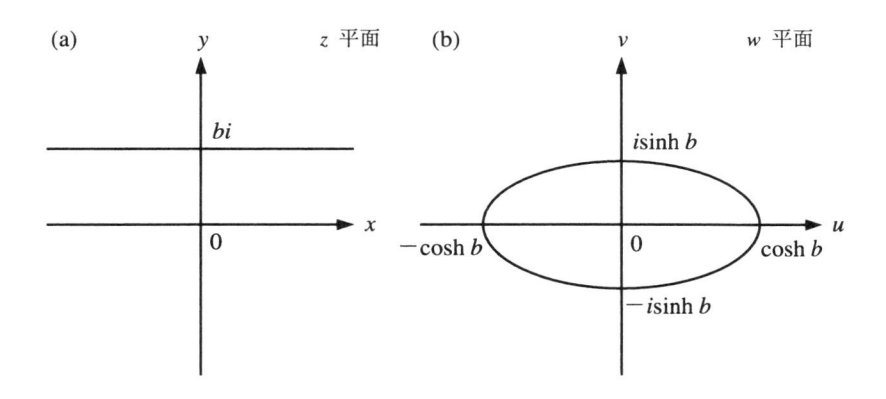

図 5-12　複素関数 $w=f(z)=\sin z$ によるz平面のx軸に平行な直線（$y=b$）のw平面への写像。

$$\left(\frac{u}{\cosh b}\right)^2 + \left(\frac{v}{\sinh b}\right)^2 = 1 \quad \text{あるいは} \quad \frac{u^2}{\cosh^2 b} + \frac{v^2}{\sinh^2 b} = 1$$

となり、w平面では、楕円 (ellipse) となることが分かる(図 5-12(b))。

演習 5-5　z平面において、x軸およびy軸に平行な直線（図 5-13(a)）が、$w = f(z) = \cos z$ によって、w平面にどのように写像されるかを示せ。

解）　$f(z) = \cos z$ による変換は、双曲線関数を使って表現すると

$$w = \cos x \cosh y - i \sin x \sinh y$$

と書ける。ここで、$w = u + vi$ と置くと

$$u = \cos x \cosh y, \quad v = -\sin x \sinh y$$

となる。y軸に平行な直線 $(x = a)$ を考えてみよう。すると

$$u = \cos a \cosh y, \quad v = -\sin a \sinh y$$

となる。よって

$$\cosh y = \frac{u}{\cos a}, \quad \sinh y = -\frac{v}{\sin a}$$

と変形できるが、双曲線関数では

$$\sinh^2 y - \cosh^2 y = -1$$

第5章　等角写像

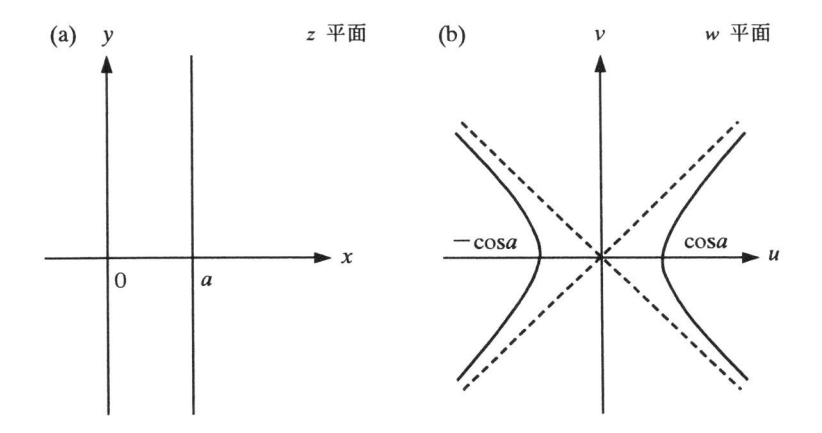

図5-13　複素関数 $w = f(z) = \cos z$ による z 平面の y 軸に平行な直線 ($x = a$) の w 平面への写像。

という関係にあるので

$$\left(-\frac{v}{\sin a}\right)^2 - \left(\frac{u}{\cos a}\right)^2 = -1 \quad \text{あるいは} \quad \frac{v^2}{\sin^2 a} - \frac{u^2}{\cos^2 a} = -1$$

となり、w 平面では、双曲線となることが分かる（図 5-13(b)）。

次に、x 軸に平行な直線は b を任意の定数として $y = b$ と書くことができるので、w 平面では

$$u = \cos x \cosh b, \quad v = -\sin x \sinh b$$

となる。よって

$$\cos x = \frac{u}{\cosh b}, \quad \sin x = -\frac{v}{\sinh b}$$

と変形できる。結局

159

(a) z 平面　　　(b) w 平面

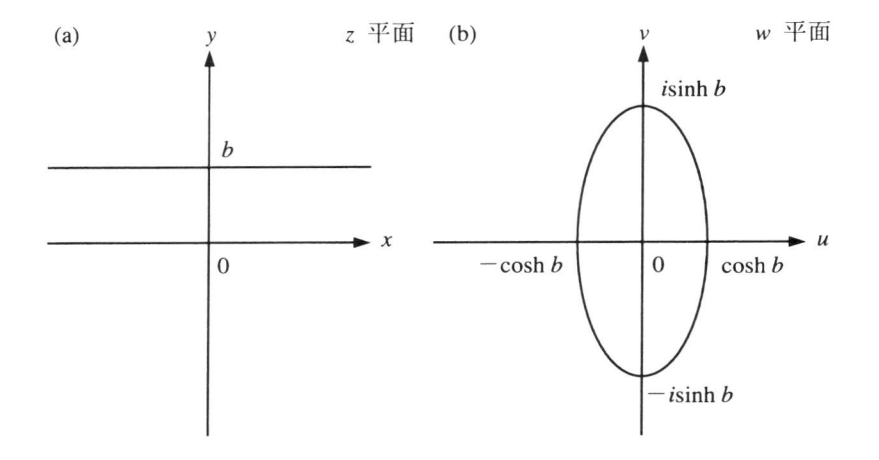

図5-14　複素関数 $w = f(z) = \cos z$ による z 平面の x 軸に平行な直線 ($y = b$) の w 平面への写像。

$$\left(\frac{u}{\cosh b}\right)^2 + \left(-\frac{v}{\sinh b}\right)^2 = 1 \quad \text{あるいは} \quad \frac{u^2}{\cosh^2 b} + \frac{v^2}{\sinh^2 b} = 1$$

となり、w 平面では、図 5-14 に示すような楕円となることが分かる。

このように、等角写像では、図のかたちを変えて z 平面から w 平面に像を写すことができる。その応用では、この関係をうまく利用することが必要となる。そこで、物理応用に利用される写像の例をいくつか紹介する。

まず、いま紹介した $w = f(z) = \sin z$ の別の側面を示そう。サイン関数は

$$w = \sin x \cosh y + i \cos x \sinh y$$

と変形できる。ここで、z 平面において $x = 0$ と $x = \pi/2$ で囲まれた領域を ($y > 0$) を等角写像することを考える。すると、$x = 0$ では

第 5 章　等角写像

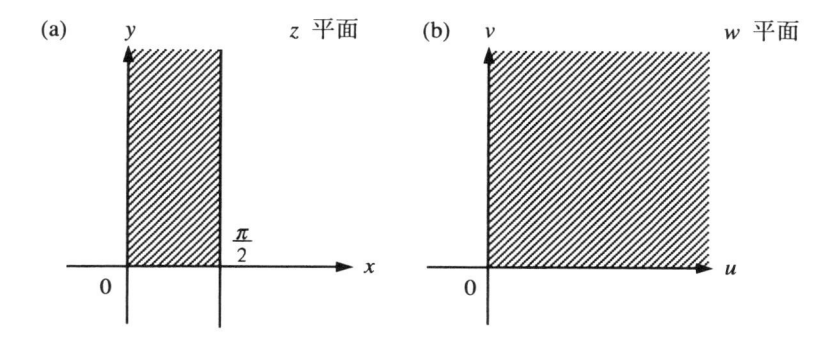

図 5-15　複素関数 $w = f(z) = \sin z$ による z 平面の $x = 0$ と $x = \pi/2$ に囲まれた領域 ($y > 0$) の w 平面への写像。

$$w = \sin 0 \cosh y + i \cos 0 \sinh y = i \sinh y$$

となって、虚数軸に写像される。一方、$x = \pi/2$ の直線は

$$w = \sin \frac{\pi}{2} \cosh y + i \cos \frac{\pi}{2} \sinh y = \cosh y$$

となり、実数軸に写像される。つまり、$f(z) = \sin z$ は、図 5-15 に示すような写像となる。一方、$-\pi/2 \leq x \leq 0$ の範囲は、第 2 象限 (second quadrant) に写像される。ここで、重要な点は、$x = \pi/2$ が臨界点という事実である。

確かに

$$f'(z) = \cos z = \cos \frac{\pi}{2} = 0$$

であるから、この点では等角写像が成立しない。ここで注目すべきは**臨界点**であるからこそ、図形の急激な変化（ここでは角度が $\pi/2$ から π に変化している）に対応できるのである。臨界点は、等角写像においては、一種の特異点であるが、それが図形変換では有効に働くという一例である。

5.4. 空力学に利用される変換

5.4.1. ジューコウスキー変換

この変換は、ロシアの航空学者であるジューコウスキー (Joukowski) が、**空力学**(aerodynamics) へ利用した複素関数の等角写像で有名な変換である。彼は、単純な円から等角写像と臨界点を利用することで、翼のかたちをつくり出せないかを研究し、つぎの関数

$$f(z) = \frac{1}{2}\left(z + \frac{1}{z}\right)$$

を考え出した。

z 平面の半径 r の円がこの変換によって、w 平面のどのような図形に写像されるかを実際に見てみよう。ただし、基本的には同じであるので

$$f(z) = z + \frac{1}{z}$$

という関数を考える。

$$z = re^{i\theta}$$

であるから

$$f(z) = z + \frac{1}{z} = re^{i\theta} + \frac{1}{re^{i\theta}} = re^{i\theta} + \frac{1}{r}e^{-i\theta} = r(\cos\theta + i\sin\theta) + \frac{1}{r}(\cos\theta - i\sin\theta)$$
$$= \left(r + \frac{1}{r}\right)\cos\theta + i\left(r - \frac{1}{r}\right)\sin\theta$$

第 5 章　等角写像

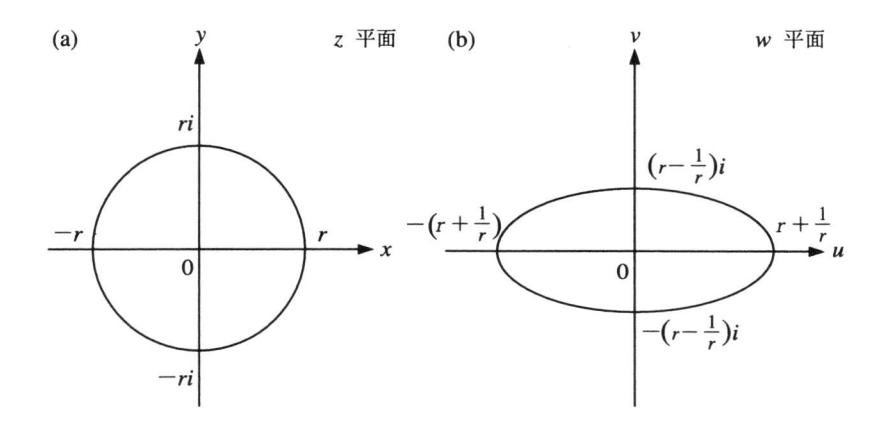

(a) 　　　　　　　　　　　　z 平面　　(b)　　　　　　　　　　　　w 平面

図 5-16　複素関数 $w = f(z) = z + (1/z)$ による z 平面の円（半径 r）の w 平面への写像（ただし $r = 1$ はのぞく。）

よって、$w = u + vi$ とおくと

$$u = \left(r + \frac{1}{r}\right)\cos\theta, \quad v = \left(r - \frac{1}{r}\right)\sin\theta$$

となる。ここで θ を消去すると

$$\frac{u^2}{\left(r + \frac{1}{r}\right)^2} + \frac{v^2}{\left(r - \frac{1}{r}\right)^2} = 1$$

となって、楕円となることが分かる（図 5-16）。ただし、この式は $r = 1$ の場合を含んでいない。それでは、$r = 1$ の場合はどうか。この時

$$u = \left(r + \frac{1}{r}\right)\cos\theta = 2\cos\theta, \quad v = \left(r - \frac{1}{r}\right)\sin\theta = 0$$

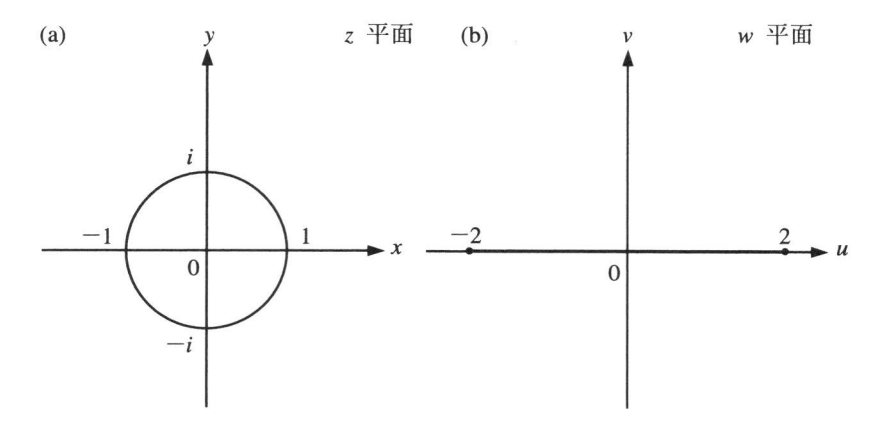

図5-17 複素関数 $w = f(z) = z + (1/z)$ による z 平面の半径 1 の円の w 平面への写像。

となって、なんと図 5-17 に示すように、z 平面の半径 1 の円は、w 平面において実軸 ($-2 \leq u \leq 2$) に写像されるのである。ただし、当然ながら、この写像は等角写像ではない。これは

$$f'(z) = 1 - \frac{1}{z^2}$$

と計算できるので、$z = \pm 1$ が臨界点となっていて、等角写像の対象からははずれることからも明らかである。

ところで、円が実軸（直線）になるという変換は、物理応用を想定した図形変換において、非常に有用であるが、一方では、$z = \pm 1$ が臨界点なので等角写像の対象とはならないから、その応用には使えないのではないかという疑問もあろう。しかし、その心配はない。なぜなら、そのまわりの図形はすべて等角写像の対象となるので、物理応用に重要となる**図形のまわりの物理現象は、そのまま等角写像される**からである。

さて、Joukowski 変換の真髄は、**飛行機の翼** (airfoil) のかたちをつくることにある。そこで、そのステップをたどってみよう。まず、ヒントになる

第5章　等角写像

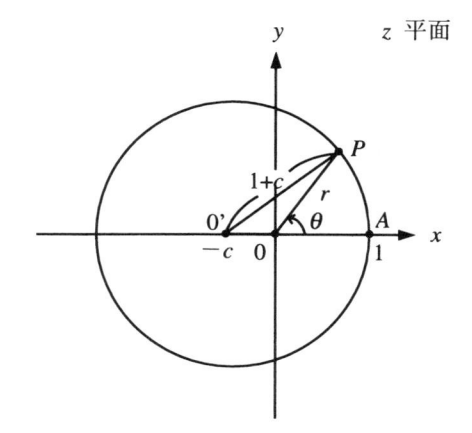

図5-18　z 平面において、$x=1$ と交わり、$x=-1$ を内部に含み、x 軸と対称な円を考える。ただし、この円の中心を $x=-c$ とする。

のは、いまの臨界点である。z 平面において、x 軸と交わる点を $x=1$ とし、$x=-1$ を内部に含む x 軸について対称な円（図5-18）を考える。円の中心点は $x=-c$ とする。まず

$$f'(z) = 1 - \frac{1}{z^2}$$

となるから、$z=1$ では $f'(z)=0$ となるので、この点では等角写像されない。この変換は、翼のかたちをつくりたいのであるから、確かに、円がそのまま等角写像されたのでは楕円にしかならないから意味がない。

次に、$z=1$ の点は、w 平面では

$$w = 1 + \frac{1}{1} = 2$$

となって、実数軸の $u=2$ の点に写像される。同様にして、$z=-1$ の点は $u=-2$ の点に写像される。もちろん w 平面の図形は、上の変換式にしたがって順次計算を進めれば、求めることができる。最近では市販の計算ソフトが充実していて、簡単なプログラムで作画が可能である。しかし、本

書の目的は複素関数の写像を理解することであるから、あくまでも変換式から図形のおおよその傾向をつかむことを考えよう。

まず、z 平面の円は実軸（x 軸）に関して対称であるから、$f(z) = z + (1/z)$ の変換では、w 平面の図形も実軸（u 軸）に関して対称となる。そこで、上半分だけを考える。z 平面において、図 5-18 のように r と θ をとると

$$(c + r\cos\theta)^2 + (r\sin\theta)^2 = (1+c)^2$$

のような関係式が得られる。これを変形すると

$$r^2 + 2cr\cos\theta = 2c + 1$$

となり、θ で微分すると

$$2r\frac{dr}{d\theta} + 2c\frac{dr}{d\theta}\cos\theta - 2cr\sin\theta = 0$$

となるので、結局

$$\frac{dr}{d\theta} = \frac{cr\sin\theta}{r + c\cos\theta}$$

という関係が得られる。ここで、$w = f(z) = z + (1/z)$ に $z = re^{i\theta}$ を代入して、実数部（u）と虚数部（v）を求めると

$$u = \left(r + \frac{1}{r}\right)\cos\theta, \quad v = \left(r - \frac{1}{r}\right)\sin\theta$$

となる。ここで、実数軸を θ に関して微分すると

$$\frac{du}{d\theta} = \left(\frac{dr}{d\theta} - \frac{1}{r^2}\frac{dr}{d\theta}\right)\cos\theta - \left(r + \frac{1}{r}\right)\sin\theta$$

整理すると

$$\frac{du}{d\theta} = \left(1 - \frac{1}{r^2}\right)\frac{dr}{d\theta}\cos\theta - \left(r + \frac{1}{r}\right)\sin\theta$$

という関係が得られる。同様にして、虚数軸の方も微分を求めると

$$\frac{dv}{d\theta} = \left(1 + \frac{1}{r^2}\right)\frac{dr}{d\theta}\sin\theta + \left(r - \frac{1}{r}\right)\cos\theta$$

と計算できる。ここで、まず $\theta \to 0$ の極限を考えみよう。この時、$r \to 1$ に近づく。すると

$$\frac{dv}{du} \to 0$$

となるから、つまり、この点 ($u = 2$) での傾きは 0 であるので、u 軸への接線となる。一方、$\theta \to \pi$ ($r = 2c+1$) の極限、つまり前端 ($u = -[2c+1+\{1/(2c+1)\}]$) では

$$\frac{dv}{du} \to +\infty$$

となるので、接線が v 軸に平行となり、先端が丸みを帯びたかたち（楕円端の形状）をすることが分かる。

このように、写像される図形のかたちを微分により様子を調べたうえで、実際の作図にあたっては、つぎの方法をとる。

第 1 章で紹介したように、複素数の足し算は、**ベクトルの合成則**にしたがう。よって

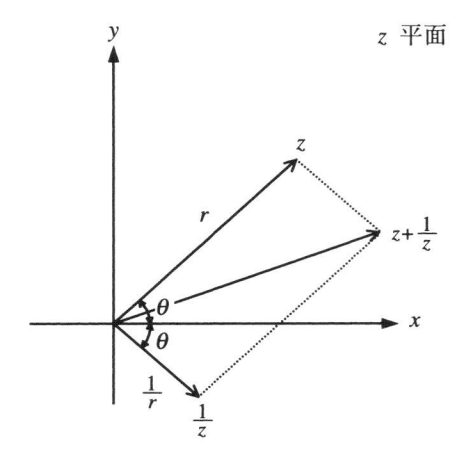

図 5-19 平行四辺形の法則を利用した $w = f(z) = z + (1/z)$ の作図方法。

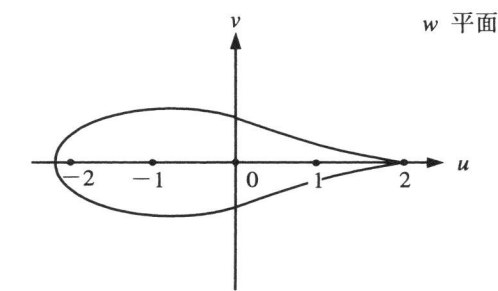

図 5-20 z 平面における図 5-18 の円を、複素関数 $w = f(z) = z + (1/z)$ によって w 平面に写像して得らる図。このような翼形をした図が得られる。

$$f(z) = z + \frac{1}{z} = z + z'$$

とおくと、$w = f(z)$ は、複素数をベクトルと考えたときに、z と z' の合成（平行四辺形の法則）となる。ここで、極形式を使うと

$$z' = \frac{1}{z} = \frac{1}{re^{i\theta}} = \frac{1}{r}e^{-i\theta}$$

であったので、$f(z) = z + z'$ は図 5-19 のように作図することができる。これを利用して写像の図形を描くと、結局、図 5-20 のような上下対称のかた

第 5 章　等角写像

ちをした翼形 (airfoil) となる。

しかし、実際の翼は上下対称ではない。そこで、Joukowski は、z 平面の円において、図 5-21(a) に示すように、中心をさらに b だけ上にずらす工夫を凝らした。こうすると、w 平面の図形も u 軸に関して対称ではなくなる。結局、図 5-21(b) のような翼によく似たかたちに変換することができる。この場合の作図方法も、図 5-19 に示した $f(z) = z + z'$ に基づいたベクトルの足し算の手法をとれば、時間はかかるが、**ジューコウスキー翼** (Joukowski airfoil) を描くことはできる。

ただし、この翼形の方程式を解析的に求めるのは簡単ではない。もちろん、実際の応用の現場では数値計算を利用する。

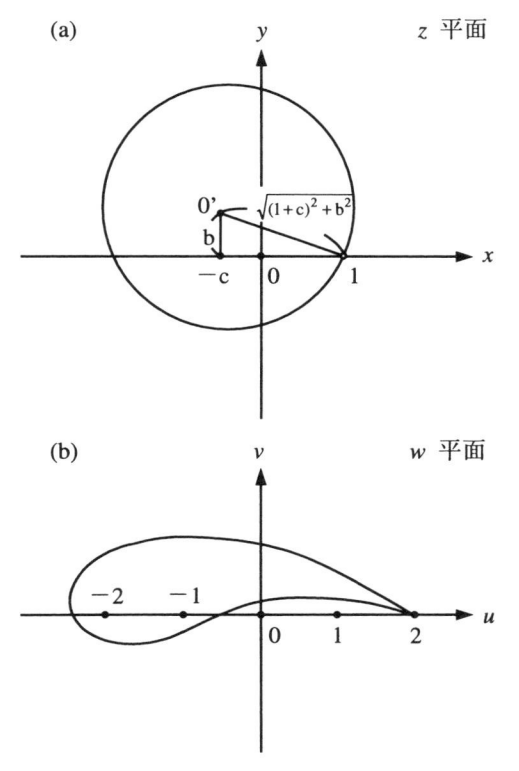

(a) z 平面

(b) w 平面

図 5-21　写像を利用した z 平面の円から w 平面の Joukowski 翼への変換。図 5-18 の円の中心を上方向に b だけずらして、$w = f(z) = z + (1/z)$ を作用させると、図のような翼形が得られる。

5.4.2. カルマン・トレフツ変換

Joukowski 翼は、飛行機の翼のかたちをうまく表現しているが、実は、ひとつだけ欠点がある。それは、翼の後ろ（後縁）の角度（後縁角：trailing edge angle）が 0 となっている点である。実際の翼にはふくらみがあるから、何らかの修正が必要になる。これが、**カルマン・トレフツ（Karman-Trefftz）変換**である。

そこで、まず Joukowski 変換

$$w = \frac{1}{2}\left(z + \frac{1}{z}\right)$$

を変形してみよう。

$$w+1 = \frac{z}{2} + 1 + \frac{1}{2z} = \frac{z^2+2z+1}{2z} = \frac{(z+1)^2}{2z}$$

$$w-1 = \frac{z}{2} - 1 + \frac{1}{2z} = \frac{z^2-2z+1}{2z} = \frac{(z-1)^2}{2z}$$

となるので、両式の商をとると

$$\frac{w-1}{w+1} = \left(\frac{z-1}{z+1}\right)^2$$

という式が得られる。これは、Joukowski 変換の別の表式である。この右辺の指数 2 を

$$\frac{w-1}{w+1} = \left(\frac{z-1}{z+1}\right)^k$$

と変形したものが Karman-Trefftz 変換である。ただし k は正の実数である。

この変換では、z 平面の点 $z=1$ および $z=-1$ は、w 平面の点 $w=1$ お

第 5 章　等角写像

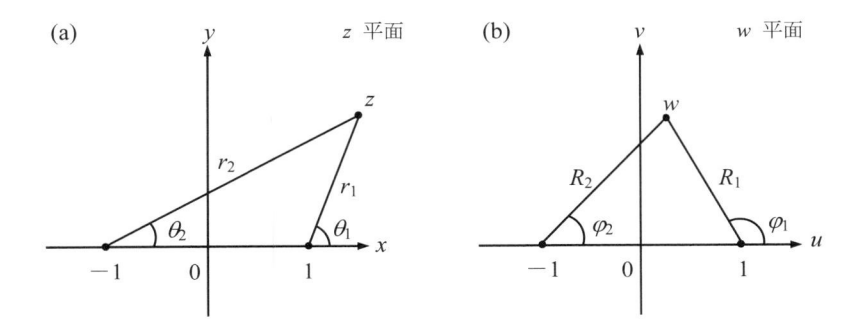

図 5-22 Karman-Trefftz 変換では、z 平面の $z = 1$ および $z = -1$ は、w 平面における $w = 1$ および $w = -1$ に対応する。そこで、図のように距離と角度をとる。

よび $w = -1$ に対応している。ここで、図 5-22 に示すように、z 平面における点の $z = 1$ からの距離を r_1、角度を θ_1 とし、$z = -1$ からの距離と角度を r_2, θ_2 と置く。同様に w 平面における点も $w = 1$ および $w = -1$ からの距離と角度を $R_1, \varphi_1, R_2, \varphi_2$ とする。すると

$$\frac{w-1}{w+1} = \frac{R_1 \exp(i\varphi_1)}{R_2 \exp(i\varphi_2)} = \frac{R_1}{R_2} \exp i(\varphi_1 - \varphi_2)$$

$$\left(\frac{z-1}{z+1}\right)^k = \left(\frac{r_1 \exp(i\theta_1)}{r_2 \exp(i\theta_2)}\right)^k = \left(\frac{r_1}{r_2}\right)^k \exp ik(\theta_1 - \theta_2)$$

と変形できるので

$$\varphi_1 - \varphi_2 = k(\theta_1 - \theta_2)$$

という関係が得られる。これは、図 5-23 のように、頂点の角度を α, β とすると

$$\beta = k\alpha$$

という対応関係にある。

(a)　　　　　　　　z 平面　　　(b)　　　　　　　　w 平面

α　　　　　　　　　　　　　　$\beta = k\alpha$

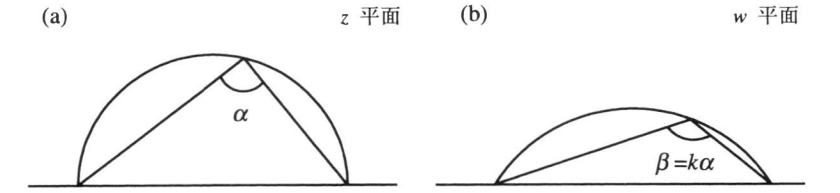

図 5-23　Karman-Trefftz 変換では、図 5-22 のように作図した三角形の z 平面の頂角 α と w 平面の頂角 β の間には、$\beta = k\alpha$ の関係が成立する。

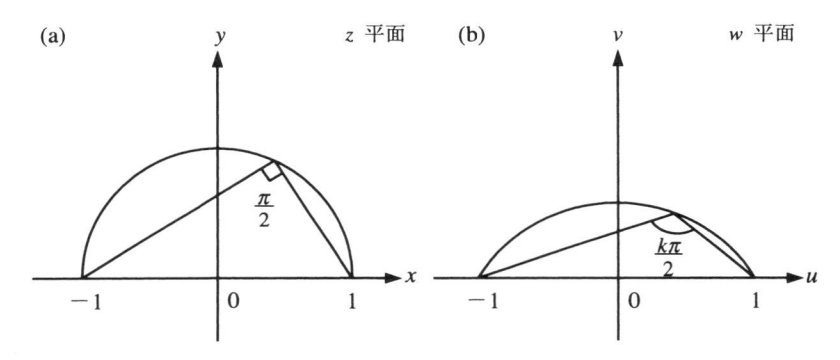

(a)　　　　z 平面　　　　　(b)　　　　w 平面

$\dfrac{\pi}{2}$　　　　　　　　　　　　　$\dfrac{k\pi}{2}$

図 5-24　Karman-Trefftz 変換では、z 平面の半径 1 の円は、w 平面上の点 $w = 1$ において u 軸に対して、ある角度を有する。

ここで、k の範囲として $0 < k < 1$ を考えると、図 5-24 のように、半径 1 の円は Joukowski 変換とは違って、楕円ではなく、$w = 1$ において u 軸に対して、ある角度をもった図に変換される。これ以降、z 平面の図形を Joukowski 変換のときと同じように中心軸をずらすと、結局、w 平面の翼の後縁角が 0 ではない図形になる。

ただし、Karman-Trefftz 変換において $k = 2$ の場合が Joukowski 変換であるから、Joukowski 変換は、Karman-Trefftz 変換の特殊なケースとみなすこともできる。

5.5. 多角形を自在につくる変換

 等角写像の応用にあたっては、適当な複素関数を使って図形の変換を行うが、残念ながら、探している変換に適した関数をすぐに見つけることはできない。だからこそ、Joukowski 変換や Karman-Trefftz 変換のように、便利な写像関数を見つけた数学者の名前を冠して、その功績を称えている。

 シュバルツ・クリストフェル (Schwaltz-Christoffel) **変換**もその代表例である。この変換は、z 平面の実数軸（x 軸）を w 平面の**多角形** (polygon) に変換（あるいはその逆の w 平面を z 平面に変換）する写像である。

 それでは、どのような関数をつくればよいのであろうか。まず、直線が曲がるのであるから、この点は**臨界点**でなければならない。つまり

$$f'(z) = 0 \quad \text{あるいは} \quad \frac{dw}{dz} = 0$$

が条件となる。

 よって、$z = x_1$ という点で直線を曲げることを考えると

$$\frac{dw}{dz} = f'(z) = (z - x_1)^k$$

という条件を課せばよいと検討がつけられる。ここで、k は任意であるが、曲げる角度で決まるべき**数** (power) であることが後ほど分かる。このような条件を満足する複素関数であれば、$z = x_1$ が臨界点となって等角写像にはならないので、直線を曲げることができる。（別な見方をすれば π という角度が写像で保存されないということになる。）

 つぎの問題は、所望の角度に折り曲げるにはどうしたらよいかという点である。いま、図 5-25 のように、x_1 に対応した w 平面の点 (u_1) で、θ だけ曲げたいとすると、この場合の実数軸（u 軸）からの角度は $\pi - \theta$ となる。ここで角度の変化に注目すると

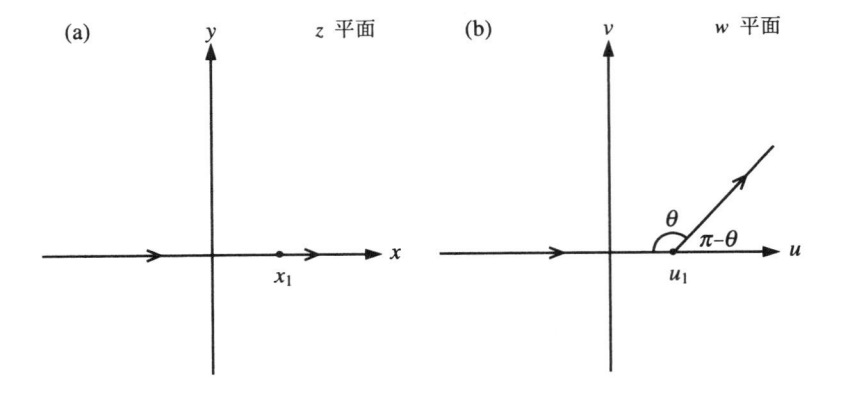

図 5-25　z 平面の実軸上の点 $z = x_1$ に対応した w 平面の点 $w = u_1$ で角度 θ だけ曲げる変換を考える。

$$\arg(dw) = \arg\left(d(z-x_1)^k\right) = \pi - \theta$$

を満足する必要があることが分かる。ここで、z が実軸の左から x_1 に近づいて右に移動するとき、$z-x_1$ のなす角が π から 0 に変化するので

$$\arg(d(z-x_1)) = -\pi$$

である。よって

$$\arg\left(d(z-x_1)^k\right) = -k\pi$$

となるから

$$-k\pi = \pi - \theta \qquad k = \frac{\theta}{\pi} - 1$$

と与えられる。結局、めざす複素関数は

第 5 章　等角写像

$$\frac{dw}{dz} = f'(z) = (z - x_1)^{\frac{\theta}{\pi} - 1}$$

という微分方程式を満足する必要がある。これを積分すると

$$w = f(z) = \int (z - x_1)^{\frac{\theta}{\pi} - 1} dz = \frac{\pi}{\theta}(z - x_1)^{\frac{\theta}{\pi}} + C$$

となって、求める複素関数は

$$w = \frac{\pi}{\theta}(z - x_1)^{\frac{\theta}{\pi}} + C$$

と与えられる。ここで、$z = x_1$ に対応した w 平面の点を u_1 とすると、定数 C は $C = u_1$ となる。

　より一般的には定数 A をつけて

$$\frac{dw}{dz} = A(z - x_1)^k$$

とする。定数 A が実数の場合は、この変換でスケールが伸び縮みするだけであるが、複素数の場合、さらに、その偏角は、折り曲げる前の直線の傾きを与えることになる。つまり、x 軸だけではなく、x 軸からある角度を持った任意の直線に対応できることになる。

　それでは、曲げる点の数を増やすにはどうすればよいであろうか。例えば、点 x_1 および x_2 に対応した点で角度を θ_1 および θ_2 だけ曲げたいとする（図 5-26 参照）。すると、この場合は

$$\frac{dw}{dz} = A(z - x_1)^{\frac{\theta_1}{\pi} - 1}(z - x_2)^{\frac{\theta_2}{\pi} - 1}$$

(a) z 平面

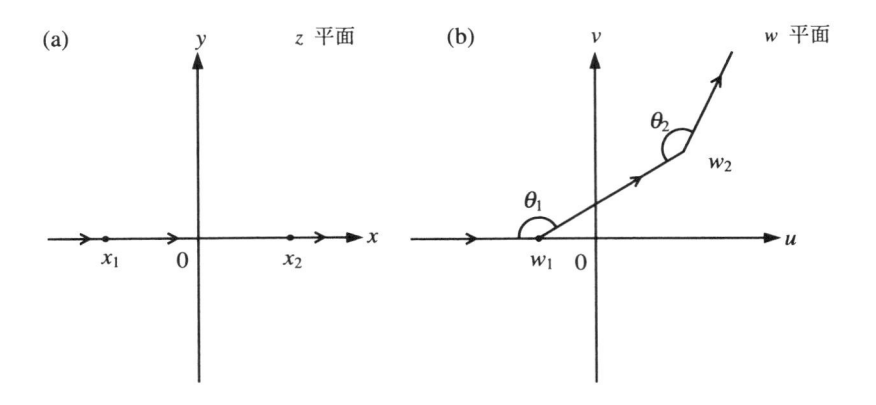

(b) w 平面

図5-26 z平面の実軸上の点 $z=x_1$ および $z=x_2$ に対応した w 平面の点で角度 θ_1 および θ_2 だけ曲げる変換を考える。

のように、$(z-x_2)^{\frac{\theta_2}{\pi}-1}$ の項をつけ加えればよい。そして、この微分方程式を満足する複素関数が目指す写像関数となる。さらに、これを n 個の点に拡張するには

$$\frac{dw}{dz} = A(z-x_1)^{\frac{\theta_1}{\pi}-1}(z-x_2)^{\frac{\theta_2}{\pi}-1}\cdots(z-x_n)^{\frac{\theta_n}{\pi}-1}$$

として、この微分方程式を満足する複素関数を求める。この変換は、この方法を、それぞれ独自に開拓した二人の数学者の名を冠してSchwaltz-Christoffel 変換と呼んでいる。もちろん、図形が複雑になれば、微分方程式も複雑になり、それを積分して得られる複素関数を簡単に求めることは難しくなる。それでも、原理的には、この方法が使える。

演習 5-6 Schwaltz-Christoffel 変換を利用して、z 平面の上半面を、w 平面の第 1 象限に写像する複素関数を求めよ。

解）　この変換は、$\dfrac{dw}{dz} = f'(z) = A(z - x_1)^{\frac{\theta}{\pi} - 1}$ において、$x_1 = 0, \theta = \pi/2$ であるから

$$\frac{dw}{dz} = A(z)^{\frac{\pi}{2\pi} - 1} = Az^{-\frac{1}{2}}$$

よって

$$w = \int Az^{-\frac{1}{2}} dz = \frac{A}{-\dfrac{1}{2} + 1} z^{-\frac{1}{2} + 1} + C = 2A\sqrt{z} + C$$

となる。ここで、$z = 0$ の点で $w = 0$ であるから $C = 0$ となる。よって

$$w = 2A\sqrt{z}$$

また、第1象限への写像と、縮尺をそろえるために、$z = 1$ の時 $w = 1$ という条件を課すと

$$1 = 2A\sqrt{1} \qquad A = 1/2$$

となるので、目指す写像関数は

$$w = \sqrt{z}$$

となる。

演習 5-7　Schwaltz-Christoffel 変換を利用して、z 平面の上半面を、図 5-27 に示した w 平面の三角形に写像する複素関数を積分形で求めよ。

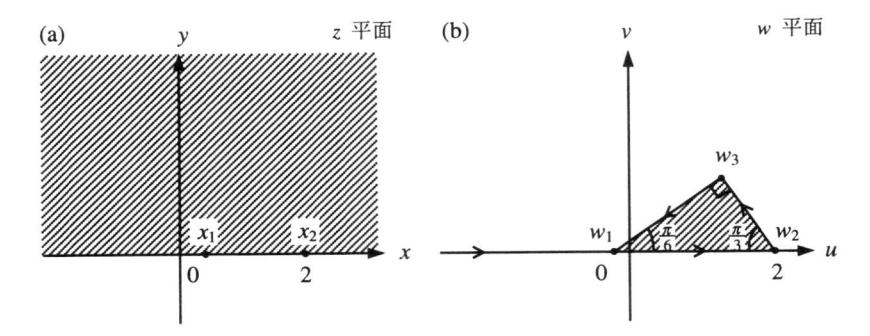

図 5-27　z 平面の上半面を w 平面の三角形に写像させる Schwaltz-Christoffel 変換。

解） 変換の一般形は

$$\frac{dw}{dz} = A(z-x_1)^{\frac{\theta_1}{\pi}-1}(z-x_2)^{\frac{\theta_2}{\pi}-1}$$

であるが、$x_1 = 0$, $x_2 = 2$, $\theta_1 = \pi/6$, $\theta_2 = \pi/3$ であるから

$$\frac{dw}{dz} = Az^{-\frac{5}{6}}(z-2)^{-\frac{2}{3}}$$

となる。よって

$$w = A\int z^{-\frac{5}{6}}(z-2)^{-\frac{2}{3}}dz$$

と与えられる。

以上のように、適当な複素関数を選ぶことで、z 平面の簡単な図形を、w

平面のより複雑な図形に変換することができる。もちろん、その逆関数を使えば、z 平面の複雑な図形を、w 平面のより単純な図形に変換することも可能となる。実際に、等角写像を物理分野に応用する場合は、与えられた条件に適った写像関数を探す必要があるが、本章で紹介したように、長い物理数学の歴史の中で、どのような場合にどの複素関数を使えばよいかという体系がある程度できあがっている。それをうまく利用すればよいのである。

第6章 調和関数と等角写像の応用

　前章でみたように、複素関数には z 平面の図形を w 平面の別の図形に変換するという性質がある。このとき、正則関数であれば、写像において z 平面の図形の角度が保存されるという性質がある。このため、このような写像を等角写像と呼んでいる。ところで、等角写像においては、図形だけではなく、そのまわりの流体の流れや、温度など、**調和関数** (harmonic function) と呼ばれる関数の特徴を有する現象であれば、そのまま変化の様子が保存されるという特徴がある。

　そこで、等角写像の物理数学への応用では、本来解析したい複雑な形状を持った物体のまわりの流体の流れや、熱伝導現象などをより簡単な図形のまわりで解析したうえで、等角写像を利用して、複雑な図形に適用するという手法を使う。前にも話したが、この手法にはじめて出会うと、こんな応用をよくぞ思いついたと感心せずにはいられない。

　ところで、調和関数にしか適用できないのであれば、あまり有用性はないと思われるかもしれないが、物理現象には調和関数となる物理量が非常に多い。まず、ポテンシャルと呼ばれる特徴を持つ物理量は、その定常状態において調和関数を満足することが知られている。このため、応用範囲が広いのである。

　さらに、正則な複素関数には、その実数部と虚数部がいずれも調和関数になるという驚くべき特徴がある。あまりにも好都合すぎて、こんなことでいいのだろうかと不安になるが、それだからこそ、複素関数が物理数学において重要な位置を築いているのである。そこで、まず調和関数について復習したのち、実際に調和関数と等角写像の物理数学への応用例を紹介する。

第6章　調和関数と等角写像の応用

6.1. 調和関数

調和関数というのは、つぎのかたちをした**偏微分方程式** (partial differential equation) を満足する関数 ϕ のことを呼ぶ。

$$\frac{\partial^2 \phi}{\partial x^2} + \frac{\partial^2 \phi}{\partial y^2} = 0$$

このかたちの偏微分方程式を**ラプラス方程式** (Laplace equation) と呼んでいる。ただし、実際の物理問題において 3 次元の問題を取り扱う場合には

$$\frac{\partial^2 \phi}{\partial x^2} + \frac{\partial^2 \phi}{\partial y^2} + \frac{\partial^2 \phi}{\partial z^2} = 0$$

という 3 次元のラプラス方程式を満足する必要がある。この方程式を満足する物理量は数多く存在する。例えば、質量がない場所では重力ポテンシャルがこの方程式を満足するし、電荷や磁極がない場所では、電磁ポテンシャルがこの式を満たす。また、定常状態の温度分布や、定常的な流体の流れなどもこの式を満足する。

実際にラプラス方程式を導入する場合は、3 軸方向すべてにおいて物理量が変化する場合よりも、ある軸方向では一定で、他の 2 軸で 2 次元的に変化する場合が多い。このような場合には 2 次元のラプラス方程式を利用することになる。

しかし、ラプラス方程式といわれても、簡単に実感が湧かないと思うので、具体例として**熱伝導** (thermal conductivity) について考えてみよう。

6.1.1. 熱伝導方程式

簡単化のために、均質な棒の温度を考える。ここで温度 T は場所 x と時間 t の関数となる。この時、熱の流れの量 (q) (あるいは**熱流束**：heat flux と呼ぶ) は、経験的に、ある場所の温度勾配に比例する。つまり k を比例定数として

$$q = k \frac{dT}{dx}$$

と書くことができる。ここで k は**熱伝導度** (thermal conductivity coefficient) と呼ばれる物質の種類によって異なる定数である。

次に、ある点における温度の時間変化は、その点でどの程度の熱が出入りするかに比例すると考えられる（図6-1参照）。よって、比例定数を p とすれば

$$\frac{\partial T(x,t)}{\partial t} = p \frac{dq(x)}{dx}$$

となる。ここで、定数 p は物質の**比熱**（specific heat: 物質の温度を1K上昇

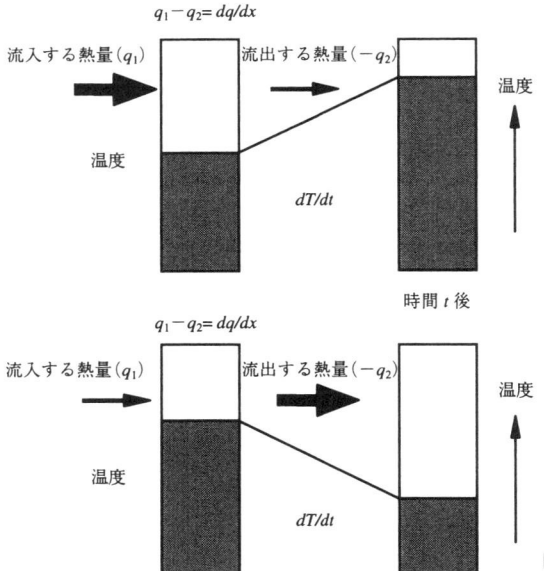

図 6-1 物体の温度の時間変化は、この物体への熱の出入りによって決定される。

させるのに必要な熱量）に関係した値であり、正確には比熱をσ、物質の密度をμとすると

$$p = \frac{1}{\sigma\mu}$$

で与えられる。

よって、熱伝導に関する微分方程式、つまり**熱伝導方程式** (heat equation) は

$$\frac{\partial T(x,t)}{\partial t} = p\frac{dq(x)}{dx} = \frac{k}{\sigma\mu}\frac{\partial^2 T(x,t)}{\partial x^2} = \kappa\frac{\partial^2 T(x,t)}{\partial x^2}$$

$$\frac{\partial T(x,t)}{\partial t} = \kappa\frac{\partial^2 T(x,t)}{\partial x^2}$$

で与えられる。ここで κ は**熱拡散率** (thermal diffusivity) と呼ばれる。しかし、これは1次元の場合の方程式であり、実際の試料は2次元的（あるいは3次元的）な拡がりを持っている。そこで、この式を2次元まで拡張すると

$$\frac{1}{\kappa}\frac{\partial T(x,y,t)}{\partial t} = \frac{\partial^2 T(x,y,t)}{\partial x^2} + \frac{\partial^2 T(x,y,t)}{\partial y^2}$$

となる。ここで、もしこの系が熱の時間変化がない状態（これを**定常状態**: steady state）となったらどうであろうか。この場合、温度の時間変化の項が0となるので、温度 (T) は場所だけの関数となり

$$\frac{\partial^2 T(x,y)}{\partial x^2} + \frac{\partial^2 T(x,y)}{\partial y^2} = 0$$

となる。これが**ラプラス方程式**である。つまり、温度が時間的に変化しない定常状態の場所による温度分布を示すものがラプラス方程式となる。温度の他にもラプラス方程式を満足する物理変数は実に多い。このため、ラプラス方程式は物理数学で頻繁に使われる。

6.1.2. ラプラス方程式と正則関数

実は、正則な複素関数とラプラス方程式には密接な関係がある。それは、正則関数 $f(z)$ を $z = x + yi$ を使って表記し

$$w = f(z) = u(x, y) + v(x, y)i$$

と書いたとき、この関数が正則ならば、$u(x, y)$ および $v(x, y)$ は、ともにラプラス方程式を必ず満足するのである。つまり、**正則関数の実数部、虚数部いずれも調和関数となる。**

簡単な例として、$w = f(z) = z^2$ を考えてみよう。この場合

$$w = f(z) = z^2 = (x + yi)^2 = (x^2 - y^2) + 2xyi$$

となるので

$$u(x, y) = x^2 - y^2, \quad v(x, y) = 2xy$$

である。まず、実数部の関数の 2 階偏導関数を計算すると

$$\frac{\partial u(x, y)}{\partial x} = 2x \quad \frac{\partial^2 u(x, y)}{\partial x^2} = 2 \quad \frac{\partial u(x, y)}{\partial y} = -2y \quad \frac{\partial^2 u(x, y)}{\partial y^2} = -2$$

となり

$$\frac{\partial^2 u(x, y)}{\partial x^2} + \frac{\partial^2 u(x, y)}{\partial y^2} = 2 - 2 = 0$$

から、ラプラス方程式を満たすことが分かる。つぎに、虚数部の関数も同様に計算すると

$$\frac{\partial v(x, y)}{\partial x} = 2y \quad \frac{\partial^2 v(x, y)}{\partial x^2} = 0 \quad \frac{\partial v(x, y)}{\partial y} = 2x \quad \frac{\partial^2 v(x, y)}{\partial y^2} = 0$$

第6章 調和関数と等角写像の応用

となって、こちらもラプラス方程式を満足することが分かる。

これが、一般の正則関数で成立することは、実は正則関数が満足すべき条件の**コーシー・リーマンの関係式**を使えば簡単に証明することができる。この関係式は

$$\frac{\partial u(x,y)}{\partial x} - \frac{\partial v(x,y)}{\partial y} = 0 \qquad \frac{\partial u(x,y)}{\partial y} + \frac{\partial v(x,y)}{\partial x} = 0$$

であった。ここで、最初の式を x に関して偏微分し、つぎの式を y に関して偏微分すると

$$\frac{\partial^2 u(x,y)}{\partial x^2} - \frac{\partial^2 v(x,y)}{\partial x \partial y} = 0 \qquad \frac{\partial^2 u(x,y)}{\partial y^2} + \frac{\partial^2 v(x,y)}{\partial x \partial y} = 0$$

となる。この二つの式を足し合わせると

$$\frac{\partial^2 u(x,y)}{\partial x^2} + \frac{\partial^2 u(x,y)}{\partial y^2} = 0$$

となって、確かに関数 $u(x,y)$ がラプラスの方程式を満足することが分かる。同様にして $v(x,y)$ もラプラス方程式を満たすことが確かめられる。

演習 6-1 正則関数の虚数部である $v(x,y)$ もラプラス方程式を満足することを確かめよ。

解) コーシー・リーマンの関係式

$$\frac{\partial u(x,y)}{\partial x} - \frac{\partial v(x,y)}{\partial y} = 0 \qquad \frac{\partial u(x,y)}{\partial y} + \frac{\partial v(x,y)}{\partial x} = 0$$

において、最初の式を y に関して偏微分し、つぎの式を x に関して偏微分す

ると

$$\frac{\partial^2 u(x,y)}{\partial x \partial y} - \frac{\partial^2 v(x,y)}{\partial y^2} = 0 \qquad \frac{\partial^2 u(x,y)}{\partial x \partial y} + \frac{\partial^2 v(x,y)}{\partial x^2} = 0$$

となり、右の式から左の式を引くと

$$\frac{\partial^2 v(x,y)}{\partial x^2} + \frac{\partial^2 v(x,y)}{\partial y^2} = 0$$

となって、$v(x,y)$ がラプラス方程式を満足することが確かめられる。

演習6-2 正則関数 $w = f(z) = z^3$ の実数部 $u(x,y)$ および虚数部 $v(x,y)$ がラプラス方程式を満足することを確かめよ。

解） $z = x + yi$ とおくと

$$w = f(z) = z^3 = (x + yi)^3 = (x^3 - 3xy^2) + (3x^2 y - y^3)i$$

となるので

$$u(x,y) = x^3 - 3xy^2, \quad v(x,y) = 3x^2 y - y^3$$

である。まず、実数部の関数の2階偏導関数を計算すると

$$\frac{\partial u(x,y)}{\partial x} = 3x^2 - 3y^2 \qquad \frac{\partial^2 u(x,y)}{\partial x^2} = 6x$$

$$\frac{\partial u(x,y)}{\partial y} = -6xy \qquad \frac{\partial^2 u(x,y)}{\partial y^2} = -6x$$

となり、ラプラス方程式

第6章　調和関数と等角写像の応用

$$\frac{\partial^2 u(x,y)}{\partial x^2} + \frac{\partial^2 u(x,y)}{\partial y^2} = 6x - 6x = 0$$

を満たすことが分かる。つぎに、虚数部の関数も同様に計算すると

$$\frac{\partial v(x,y)}{\partial x} = 6xy \qquad \frac{\partial^2 v(x,y)}{\partial x^2} = 6y$$

$$\frac{\partial v(x,y)}{\partial y} = 3x^2 - 3y^2 \qquad \frac{\partial^2 v(x,y)}{\partial y^2} = -6y$$

となって、こちらもラプラス方程式を満足することが分かる。

演習 6-3　正則関数 $w = f(z) = \sin z$ の実数部 $u(x, y)$ および虚数部 $v(x, y)$ がラプラス方程式を満足することを確かめよ。

解)　サイン関数は、$z = x + yi$ とおくと

$$w = f(z) = \sin z = \sin x \cosh y + i \cos x \sinh y$$

となるので

$$u(x,y) = \sin x \cosh y, \quad v(x,y) = \cos x \sinh y$$

である。まず、実数部の関数の 2 階偏導関数を計算する。双曲線関数の微分は

$$\frac{d}{dx}\sinh x = \cosh x \qquad \frac{d}{dx}\cosh x = \sinh x$$

であるから

$$\frac{\partial u(x,y)}{\partial x} = \cos x \cosh y \qquad \frac{\partial^2 u(x,y)}{\partial x^2} = -\sin x \cosh y$$

$$\frac{\partial u(x,y)}{\partial y} = \sin x \sinh y \qquad \frac{\partial^2 u(x,y)}{\partial y^2} = \sin x \cosh y$$

となり、ラプラス方程式

$$\frac{\partial^2 u(x,y)}{\partial x^2} + \frac{\partial^2 u(x,y)}{\partial y^2} = -\sin x \cosh y + \sin x \cosh y = 0$$

を満たすことが分かる。つぎに、虚数部の関数も同様に計算すると

$$\frac{\partial v(x,y)}{\partial x} = -\sin x \sinh y \qquad \frac{\partial^2 v(x,y)}{\partial x^2} = -\cos x \sinh y$$

$$\frac{\partial v(x,y)}{\partial y} = \cos x \cosh y \qquad \frac{\partial^2 v(x,y)}{\partial y^2} = \cos x \sinh y$$

となって、こちらもラプラス方程式を満足することが分かる。

　以上のように、正則関数であれば、それぞれの実数部 $u(x,y)$ と虚数部 $v(x,y)$ はいずれもラプラス方程式を満足するので、これらは調和関数ということになる。また、当然のことながら $u(x,y)$ と $v(x,y)$ は密接な関係にあり、片方が分かれば、もう片方を導くことが可能である(定数項は別として)。これらを互いに共役関数 (conjugate function)、あるいは**共役調和関数** (conjugate harmonic function) と呼ぶ。
　たとえば、ある調和関数 $u(x,y)$ が与えられれば、正則関数

$$w = u(x,y) + v(x,y)i$$

第6章　調和関数と等角写像の応用

をつくることができる。例として

$$u(x, y) = x^2 + x - y^2$$

という関数を考えてみよう。

$$\frac{\partial u(x, y)}{\partial x} = 2x + 1 \qquad \frac{\partial^2 u(x, y)}{\partial x^2} = 2$$

$$\frac{\partial u(x, y)}{\partial y} = -2y \qquad \frac{\partial^2 u(x, y)}{\partial y^2} = -2$$

となり、ラプラス方程式を満足することが確かめられる。

　よって、この関数は調和関数である。この関数の共役調和関数を $v(x, y)$ と置く。するとコーシー・リーマンの関係式

$$\frac{\partial u(x, y)}{\partial x} - \frac{\partial v(x, y)}{\partial y} = 0 \qquad \frac{\partial u(x, y)}{\partial y} + \frac{\partial v(x, y)}{\partial x} = 0$$

から、$v(x, y)$ の満足すべき条件として

$$\frac{\partial v(x, y)}{\partial y} = \frac{\partial u(x, y)}{\partial x} = 2x + 1 \qquad \frac{\partial v(x, y)}{\partial x} = -\frac{\partial u(x, y)}{\partial y} = 2y$$

が得られる。最初の式を y について積分すると

$$v(x, y) = 2xy + y + F(x)$$

となる。ここで、$F(x)$ は任意関数である。この式を x で偏微分すると

$$\frac{\partial v(x, y)}{\partial x} = 2y + \frac{dF(x)}{dx} = 2y$$

となるから、$F(x)$ は定数（C）でなければならない。よって

$$v(x, y) = 2xy + y + C$$

と与えられる。この関数もラプラス方程式を満足する。

演習 6-4 関数 $u(x, y) = e^x \cos y$ が調和関数であることを確かめよ。また、この関数と共役関係にある調和関数を求めよ。

解） この関数の2階偏導関数を求めると

$$\frac{\partial u(x, y)}{\partial x} = e^x \cos y \qquad \frac{\partial^2 u(x, y)}{\partial x^2} = e^x \cos y$$

$$\frac{\partial u(x, y)}{\partial y} = -e^x \sin y \qquad \frac{\partial^2 u(x, y)}{\partial y^2} = -e^x \cos y$$

となり、ラプラス方程式

$$\frac{\partial^2 u(x, y)}{\partial x^2} + \frac{\partial^2 u(x, y)}{\partial y^2} = e^x \cos y - e^x \cos y = 0$$

を満足することが確かめられる。よって、この関数は調和関数である。

つぎに、この関数の共役調和関数を $v(x, y)$ と置く。するとコーシー・リーマンの関係式

$$\frac{\partial u(x, y)}{\partial x} - \frac{\partial v(x, y)}{\partial y} = 0 \qquad \frac{\partial u(x, y)}{\partial y} + \frac{\partial v(x, y)}{\partial x} = 0$$

から、$v(x, y)$ の満足すべき条件として

$$\frac{\partial v(x,y)}{\partial y} = \frac{\partial u(x,y)}{\partial x} = e^x \cos y \qquad \frac{\partial v(x,y)}{\partial x} = -\frac{\partial u(x,y)}{\partial y} = e^x \sin y$$

が得られる。最初の式を y について積分すると

$$v(x,y) = \int e^x \cos y \, dy = e^x \sin y + F(x)$$

となる。ここで、$F(x)$ は任意関数である。この式を x で偏微分すると

$$\frac{\partial v(x,y)}{\partial x} = e^x \sin y + \frac{dF(x)}{dx} = e^x \sin y$$

となるから、$F(x)$ は定数 (C) でなければならない。よって

$$v(x,y) = e^x \sin y + C$$

と与えられる。この関数もラプラス方程式を満足する。

ちなみに、これら共役調和関数から正則関数をつくると

$$u(x,y) + v(x,y)i = e^x \cos y + ie^x \sin y + C = e^x(\cos y + i \sin y) + C = e^x e^{iy} + C$$
$$= e^{x+yi} + C$$

となり、$x + yi = z$ とおくと

$$f(z) = e^z + C$$

となって複素数の指数関数となる。

以上のように、正則な複素関数であれば、その実数部と虚数部はともにラプラス方程式を満足し、互いに共役な調和関数となる。つまり、任意の正則関数は、何も考えることなく、本来、厳しいと思われる調和関数に課される条件を、一度に2個の関数が満足するのである。はじめて、この事実を知ると、本当にこんな簡単でいいのだろうかと不安になるが、それだからこそ、複素関数は非常に便利な関数であると言えるのである。

　それでは、実際に等角写像を利用して、いくつかの物理問題を解いてみよう。

6.2. 等角写像の応用

6.2.1. 温度分布への応用

　図6-2のような幅が2cmで高さが半無限の長方形のかたちをした物体を考える。条件としては、左の側面が常に100℃に加熱されており、右の側面が常に0℃に冷却されているものとする。また、底面は熱的に絶縁されていると仮定する。実際の物理問題では、こんな単純な例はないが、等角写像の応用を実感してもらうために、簡単な例を紹介する。

　この場合、微分方程式を解くまでもなく、温度分布は左側面から右側面に向かって、100℃から0℃に一様に下がっていくことになる。よって、温度は

$$T(x, y) = 100 - 50x \quad (0 \leq x \leq 2)$$

という1次関数 (linear function) に対応した分布を示す。このとき、温度は y 座標に依存しない。（底面が熱絶縁されていなければ、この条件は満たされない。）つまり、**等温線** (isothermal)（$T(x, y) = $ constant となる直線あるいは曲線）を描くと、図6-3に示すように、y軸に平行な直線となる。例えば、$T = 50$℃に対応した等温線は $x = 1$ となる。（$T(1, y) = 100 - 50 \cdot 1 = 50$ となっている。）

　この例は、簡単な場合であるので、すぐに温度分布を求めることができたが、本来は、定常状態の $T(x, y)$ は、ラプラス方程式

第6章 調和関数と等角写像の応用

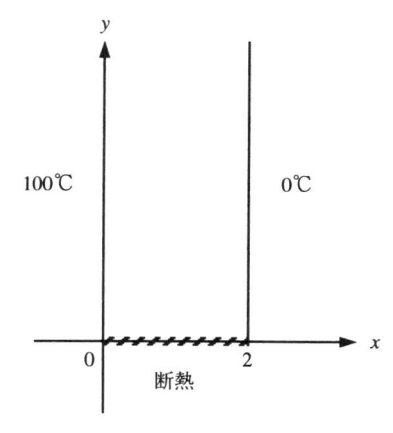

図 6-2 幅が 2cm で半無限の長さの長方形のかたちをした物体の温度分布を考える。左側面が常に 100℃ に加熱され、右側面が 0℃ に保たれている。また、底面は熱的に絶縁されている。

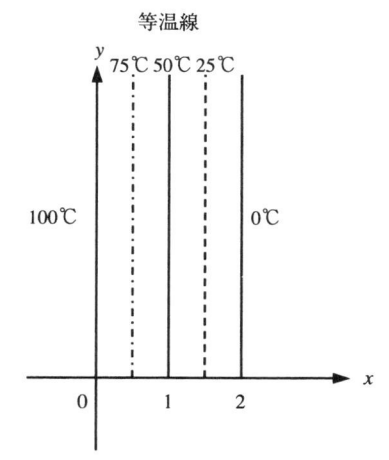

図 6-3 図 6-2 の物体の温度分布。温度一定の線を等温線として示している。

$$\frac{\partial^2 T(x,y)}{\partial x^2} + \frac{\partial^2 T(x,y)}{\partial y^2} = 0$$

を

$$\begin{cases} T(0,y) = 100, \quad T(2,y) = 0 \\ \partial T(x,y)/\partial y = 0 \quad (y=0) \end{cases}$$

の境界条件のもとで解くことが必要になる。この解として

$$T(x, y) = ax + by + c \quad (0 \leq x \leq 2)$$

を仮定する。この関数はラプラス方程式を満足することは簡単に確かめられる。次に、境界条件より

$$T(0, y) = by + c = 100 \qquad T(2, y) = 2a + by + c = 0$$

$$\frac{\partial T(x, y)}{\partial y} = b = 0$$

という条件が得られるので、結局、求める温度分布の関数は

$$T(x, y) = -50x + 0y + 100 = -50x + 100 \quad (0 \leq x \leq 2)$$

となって、確かに同じ解が得られる。

　さて、何度も紹介しているように、等角写像の応用の勘所は、簡単な図形で解析した結果を、より複雑な図形に適用する際に、調和関数もそのまま等角写像できることにある。

　そこで、図6-2の長方形を、複素関数 $f(z) = z^2$ を使って w 平面に等角写像することを考えてみよう。すると、前章で見たように、図6-4のような一辺が放物線型をしたかたちの物体になる。このとき、等温線も等角写像される。例えば、$T = 50℃$ の等温線は $x = 1$ であった。ここで

$$w = f(z) = z^2$$

であり、$z = x + yi$ とし、$w = u(x, y) + v(x, y)i$ と置くと

$$u(x, y) = x^2 - y^2, \quad v(x, y) = 2xy$$

であった。そこで、$x = 1$ を代入すると

第6章　調和関数と等角写像の応用

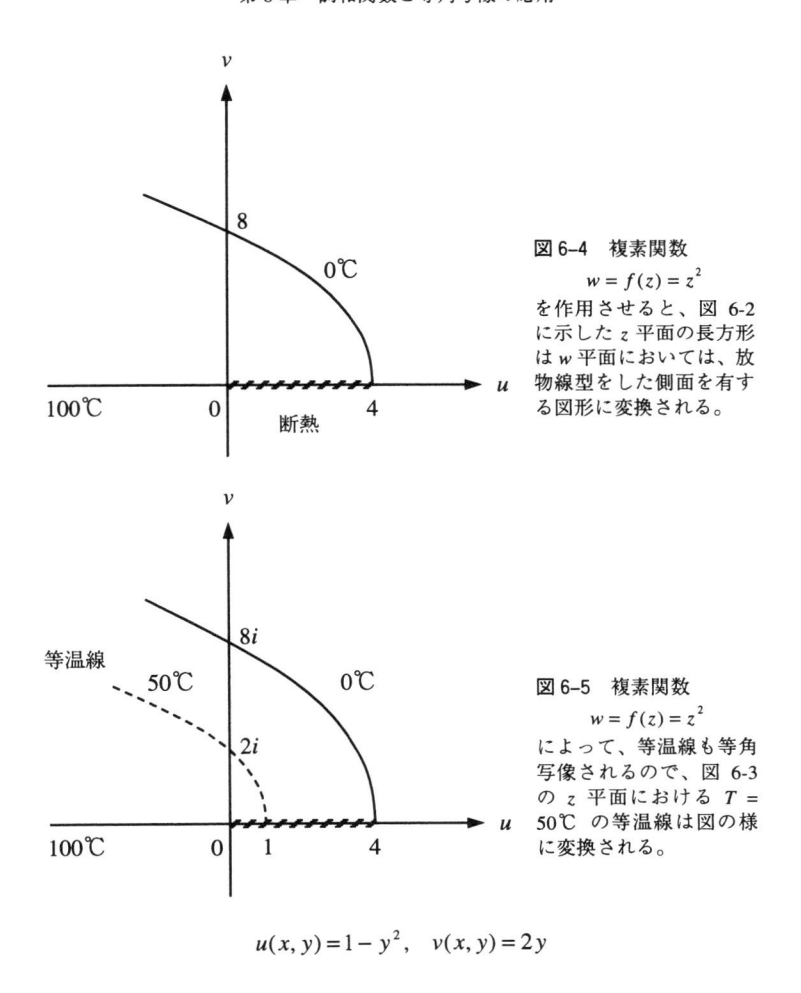

図 6-4 複素関数
$$w = f(z) = z^2$$
を作用させると、図 6-2 に示した z 平面の長方形は w 平面においては、放物線型をした側面を有する図形に変換される。

図 6-5 複素関数
$$w = f(z) = z^2$$
によって、等温線も等角写像されるので、図 6-3 の z 平面における $T = 50°C$ の等温線は図の様に変換される。

$$u(x, y) = 1 - y^2, \quad v(x, y) = 2y$$

となり、y を消去すると、結局 w 平面では

$$u = 1 - \left(\frac{v}{2}\right)^2$$

という放物線となることが分かる。結局、この複雑な形状をした物体の $T = 50°C$ の等温線は図 6-5 のようになる。以上のように、等角写像を使えば、長

方形という簡単なかたちをした物体の温度分布を計算したうえで、適当な複素関数を使って、より複雑なかたちの物体に変換する。この時、温度分布もそのまま等角写像されるので、この物体の温度分布を求めることができるのである。

しかし、考えてみればすぐに分かるが、そんなに都合よく図形の変換が行えるわけではない。よって、変換に適当な複素関数を求めることも重要な仕事となる。前章で紹介した、円から翼のかたちに変換できる Joukowski 変換などは、その好例である。逆の視点でみれば、変換式を見つけることの方が等角写像の応用にとって重要な仕事となるので、変換式に発見者の名を冠することになる。

6.2.2. 逆関数の利用

図 6-2 のケースは簡単化のために、底面が熱的に絶縁されている例を示したが、実際の問題では、底面は加熱されている。そこで、図 6-6 に示したように、底面も常に 0℃に保たれている場合を想定してみよう。こうなると、温度分布が y 軸に平行になるという単純なものは考えられなくなる。

前章で紹介したように、図 6-6 のかたちをした図形は $f(z) = \sin z$ の複素関数によって、図 6-7 に示したような w 平面の第 1 象限に写像される。ただし、この場合は $x = \pi/2$ であったから、今回のケース ($x = 2$) に対応させるためには、$z \to (\pi/4)z$ と変換して

$$f(z) = \sin \frac{\pi}{4} z$$

と修正する必要がある。こうすれば $z = 2$ が、$f(z) = \sin z$ における $z = \pi/2$ に対応する。いったん、図 6-7 のようなかたちになれば、この温度分布は非常に簡単である。u 軸が常に 0℃に保たれ、v 軸が 100℃に保たれているので、等温線は、原点を通る直線となる。例えば、$T = 50$℃の等温線は

$$u = v$$

という直線で表される(図 6-8 参照)。問題は、この直線をどのようにすれ

第 6 章　調和関数と等角写像の応用

図 6-6　図 6-2 の長方形において、底面が常に 0℃ に保たれている場合。

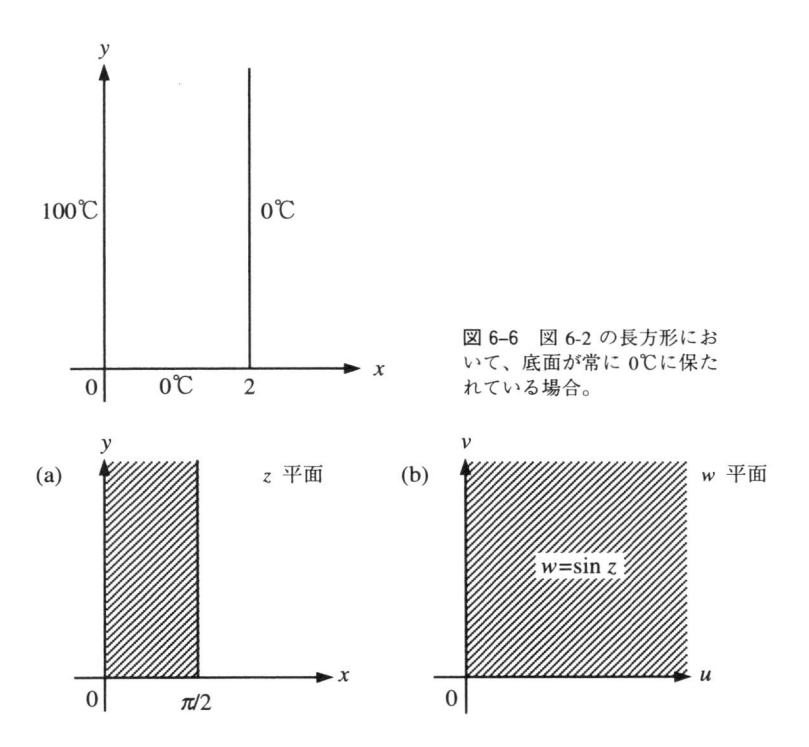

図 6-7　図 6-6 の z 平面の図形は複素関数 $w = f(z) = \sin z$ によって w 平面の第 1 象限に写像される。

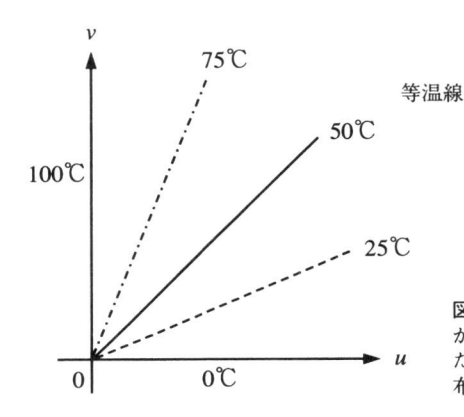

図 6-8　図 6-7 において u 軸が 0℃ に、v 軸が 100℃ に保たれている場合の温度分布。等温線を示している。

ば、z 平面に逆変換できるかにある。実は、等角写像は表裏一体であり、z 平面から w 平面へ写像できれば、w 平面は z 平面へ写像することができる。今の例では

$$w = f(z) = \sin\frac{\pi}{4}z$$

が z 平面から w 平面への写像であったが、この逆は $f(z)$ の逆関数となる。つまり

$$\frac{\pi}{4}z = f^{-1}(w) = \sin^{-1}(w) \qquad z = \frac{4}{\pi}\sin^{-1}(w)$$

が、めざす関数となる。ここで

$$w = \sin\frac{\pi}{4}z = \sin\frac{\pi}{4}x\cosh\frac{\pi}{4}y + i\cos\frac{\pi}{4}x\sinh\frac{\pi}{4}y$$

となるが、いま w 平面において $u = v$ であるから、z 平面において満足すべき条件は

$$\sin\frac{\pi}{4}x\cosh\frac{\pi}{4}y = \cos\frac{\pi}{4}x\sinh\frac{\pi}{4}y$$

で与えられる。これを変形すると

$$\frac{\sin\frac{\pi}{4}x}{\cos\frac{\pi}{4}x} = \frac{\sinh\frac{\pi}{4}y}{\cosh\frac{\pi}{4}y} \qquad \tanh\frac{\pi}{4}y = \tan\frac{\pi}{4}x$$

となり、結局

第6章 調和関数と等角写像の応用

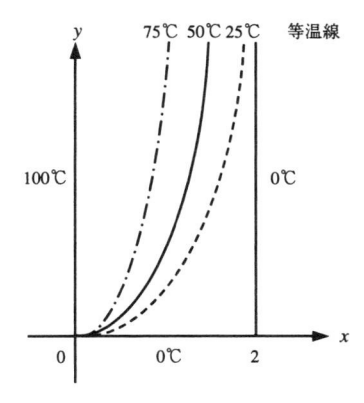

図6-9 等角写像を利用して求めた図6-6の長方形における $T = 50℃$ の等温線。

$$y = \frac{4}{\pi}\tanh^{-1}\left(\tan\frac{\pi}{4}x\right)$$

が求める**等温線**となる。これを図示すれば、図6-9のように、原点から発して、次第に $x = 2$ に漸近する曲線となる。他の等温線も、係数が異なるだけで、同様の曲線を描くことになる。

このように、z 平面の図形を、より解析のしやすい w 平面の図形に写像する場合には、求めたいのは、z 平面での結果であるので、本例のように逆関数を利用して、ふたたび z 平面に写像する必要がある。

ところで、逆関数は第3章で紹介したように、多価関数となる場合が多い。実際、サイン関数の逆関数は多価関数である。実数関数の場合には、適当な定義域を決めてこの問題を回避する場合があるが、複素関数では Riemann 面と呼ばれる複数の平面の重なりを仮定して対処する場合がある。これは、複素関数ならではの対処法であるが、その詳細は第7章で紹介する。

演習 6-5 図6-10のように、その底面において、$-1 \leq x \leq 1$ の範囲が熱的に絶縁されており、$x > 1$ の範囲で 100℃、$x < -1$ の範囲が 0℃ に保たれている半無限の物体の温度分布を求めよ。

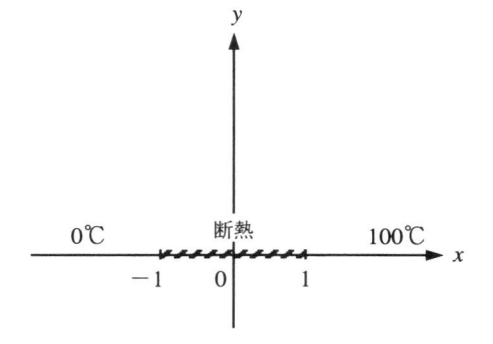

図 6-10 その底面において $-1 \leq x \leq 1$ の範囲が熱的に絶縁され、$x > 1$の範囲が100℃、$-1 < x$の範囲が0℃に保たれている半無限の平面。

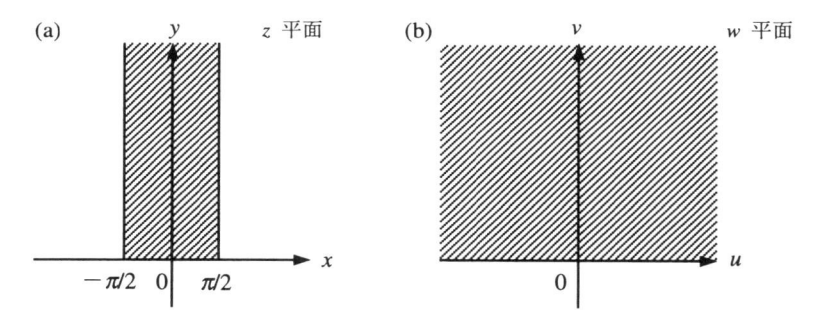

図 6-11 複素関数 $w = f(z) = \sin z$ により z 平面の長方形は、w 平面の上半面に写像される。

解) $w = \sin z$ という写像関数を用いれば、図6-11に示したようにz平面の半無限の長方形 ($-\pi/2 \leq x \leq \pi/2$) は、w平面の上半面に写像され、この時長方形の底面は、w平面では実数軸の $-1 \leq x \leq 1$ に対応する。

z 平面における温度分布は単純で、y 方向には一定で

$$T(x, y) = 100\left(\frac{1}{\pi}x + \frac{1}{2}\right)$$

と与えられる。この時、**等温線**、つまり $T(x, y) = \text{constant}$ を満たす線は、y 軸に平行になる。例えば

第6章 調和関数と等角写像の応用

$$x = \frac{\pi}{4} \text{ は} \quad T(\frac{\pi}{4}, y) = 100\left(\frac{1}{4} + \frac{1}{2}\right) = 75 \quad \text{より 75℃の等温線}$$

$$x = 0 \text{ は} \quad T(0, y) = 100\left(0 + \frac{1}{2}\right) = 50 \quad \text{より 50℃の等温線}$$

となる。(6-12(a)参照) この温度分布を w 平面に写像すれば、求める温度分布が得られる。ここで

$$w = \sin z = \sin x \cosh y + i \cos x \sinh y$$

よって

$$u(x, y) = \sin x \cosh y \qquad v(x, y) = \cos x \sinh y$$

となる。等温線を一般式で、$x = a$ （a は定数）とおくと

$$u = \sin a \cosh y \qquad v = \cos a \sinh y$$

となり、双曲線関数の関係 ($\sinh^2 y - \cosh^2 y = -1$) を使って y を消去すると

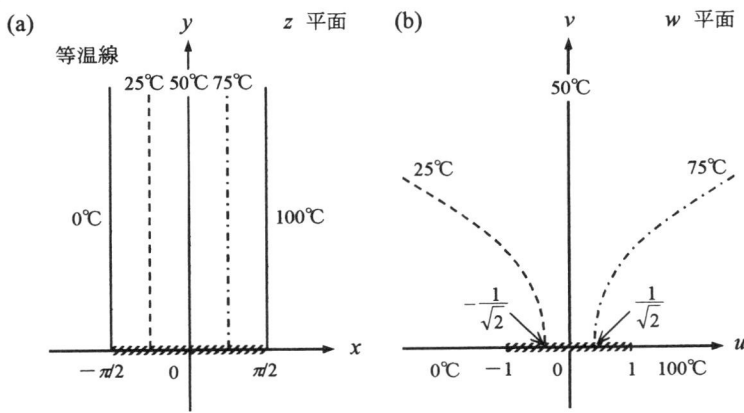

図 6-12 等角写像の逆変換を利用して求めた図 6-10 の半無限平面の温度分布。等温線を示している。

$$\frac{v^2}{\cos^2 a} - \frac{u^2}{\sin^2 a} = -1$$

のように、w 平面では**双曲線** (hyperbola) となる。実際には、上半面だけになるので、結局図 6-12(b)のような温度分布が得られる。

6.3. 複素速度ポテンシャル

　温度分布の解析のほかに、物体のまわりの流体の流れを解析するのにも等角写像は利用される。これは、**流体力学** (fluid dynamics) という学問分野を形成している。この時、われわれになじみのあるのが、流体の速度である。例えば、野球のボールのまわりでは、場所によって空気の速さが違うのでボールが曲がるということは、何となく感覚で捉えることができる。ところが、流体の速度（空気の速度）は、調和関数とはならないのである。では何がその対象かというと、複素平面（z 平面）での x 方向および y 方向の空気の速度を、それぞれ v_x, v_y とすると、ある関数 $\phi(x, y)$ が

$$\frac{\partial \phi(x, y)}{\partial x} = v_x, \quad \frac{\partial \phi(x, y)}{\partial y} = v_y$$

の関係を満足するとき、この関数 $\phi(x, y)$ が**調和関数**となる。ここで

$$v = v_x + iv_y$$

を、**複素数速度** (complex velocity) と呼ぶ。これは、速度のベクトル表示

$$v = \begin{pmatrix} v_x \\ v_y \end{pmatrix}$$

を虚数を使って表現したものであり、i がついているからと言って、速度が何か別なものに変わった訳ではない。第 1 章で紹介したように、複素数に

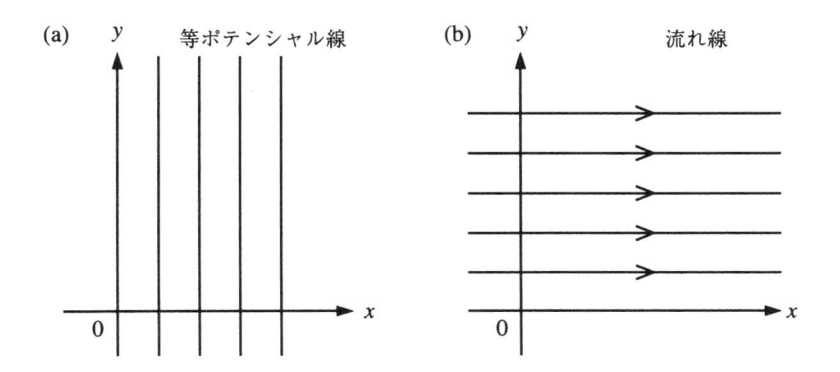

第6章 調和関数と等角写像の応用

図6-13 x軸に平行な流れに対応した (a) 等ポテンシャル線と (b) 流れ線。

はベクトルと等価の働きがあり、速度を複素数表示すると、複素平面を使って、実際の 2 次元平面で生じている現象を解析できるようになるのである（図 6-13 参照）。

ところで、温度の場合には、それ自体が調和関数であったが、速度はどうして、そのままではだめなのであろうか。これは、少し考えれば当たり前で、速度というのは何かが動く速さである。例えば、飛行機の翼のまわりでは空気の流れが生じているが、この時、流れの原因になるのは空気の濃度差である。これが、空気の流れをつくりだすポテンシャルとなる。ここでは、関数 $\phi(x, y)$ がそれに相当し、**速度ポテンシャル** (velocity potential) と呼んでいる。温度とちがって、なじみのない用語であるが、ポテンシャルとはっきり表現されているので、慣れれば分かりやすい。

一方、**温度** (temperature) は、その差が熱の流れをつくりだすので、ポテンシャルとして直接働くことができるのである。ただし、ポテンシャルとしての働きがあるということは、「温度」と呼んだのでは分かりにくい。整合性をとるならば、専門用語ではないが、温度を「熱流速ポテンシャル」と呼んでも良いかもしれない。

ここで、さらに複素関数が威力を発揮する。調和関数 $\phi(x, y)$ が与えられれば

$$F(z) = \phi(x, y) + i\varphi(x, y)$$

という正則関数をつくることができることを前節で紹介した。このとき、$\varphi(x, y)$ は $\phi(x, y)$ の**共役調和関数**である。この関数 $\varphi(x, y)$ を**流れ関数** (stream function) と呼ぶ。なぜなら、この関数は空気の流れを表すからである。つまり、正則関数の実数部は速度ポテンシャルを、また、虚数部は、その流れを表現する関数となっている。この正則関数 $F(z)$ を**複素速度ポテンシャル** (complex velocity potential) と呼んでいる。

それでは、$\varphi(x, y)$ が、なぜ流れ関数なのであろうか。これを簡単な例で確かめてみよう。いま、速度ポテンシャル $\phi(x, y)$ が y に依存せず、左から右に単調に減少していることを考える。すると、a, b を定数として

$$\phi(x, y) = -ax + b$$

と書くことができる。この時、$\phi(x, y) = \text{constant}$ の線を**等ポテンシャル線** (equipotential line) と呼ぶが、この線は図 6-13(a) に示したように、y 軸に平行になっている。（例えば $x = 1$ 上では $\phi(1, y) = -a + b = \text{constant}$ となる。）

まず、このポテンシャル関数が調和関数であることを確かめよう。偏導関数を計算すると

$$\frac{\partial \phi(x, y)}{\partial x} = -a \qquad \frac{\partial^2 \phi(x, y)}{\partial x^2} = 0$$

$$\frac{\partial \phi(x, y)}{\partial y} = 0 \qquad \frac{\partial^2 \phi(x, y)}{\partial y^2} = 0$$

となり、ラプラス方程式を満足するので、調和関数である。この関数の共役調和関数を $\varphi(x, y)$ と置く。するとコーシー・リーマンの関係式

$$\frac{\partial \phi(x, y)}{\partial x} - \frac{\partial \varphi(x, y)}{\partial y} = 0 \qquad \frac{\partial \phi(x, y)}{\partial y} + \frac{\partial \varphi(x, y)}{\partial x} = 0$$

から、$\varphi(x, y)$ の満足すべき条件として

$$\frac{\partial \varphi(x, y)}{\partial y} = \frac{\partial \phi(x, y)}{\partial x} = -a \qquad \frac{\partial \varphi(x, y)}{\partial x} = -\frac{\partial \phi(x, y)}{\partial y} = 0$$

が得られる。最初の式を y について積分すると

$$\varphi(x, y) = -ay + F(x)$$

となる。ここで、$F(x)$ は任意関数である。この式を x で偏微分すると

$$\frac{\partial \varphi(x, y)}{\partial x} = 0 + \frac{dF(x)}{dx} = 0$$

となるから、$F(x)$ は定数（C）でなければならない。よって

$$\varphi(x, y) = -ay + C$$

と与えられる。これは、この関数が y 方向に単純に変化していることを示している。ここで、$\varphi(x, y) =$ constant の線は、図 6-13(b)のように常に x 軸に平行となる。この線は、まさに空気の流れに対応している。これが、$\varphi(x, y)$ を流れ関数と呼ぶ理由である。さらに、図から明らかなように、等ポテンシャル線と流れ線は、必ず直交する。定性的には、ポテンシャルの勾配に沿って、流れが生ずると考えれば、この直交関係は理解できる。

この事実は、コーシー・リーマンの関係式

$$\frac{\partial \varphi(x, y)}{\partial y} = \frac{\partial \phi(x, y)}{\partial x} \qquad \frac{\partial \varphi(x, y)}{\partial x} = -\frac{\partial \phi(x, y)}{\partial y}$$

からも理解できる。なぜなら、互いに共役な調和関数は、それぞれの x および y の偏微分（の大きさ）が等しいので、片方の x 軸の変化がもう片方の

y 軸の変化に反映されるからである。また、この関係式から

$$\frac{\partial \varphi(x,y)}{\partial y} = \frac{\partial \phi(x,y)}{\partial x} = v_x \qquad \frac{\partial \varphi(x,y)}{\partial x} = -\frac{\partial \phi(x,y)}{\partial y} = -v_y$$

となるので、流れ関数 $\varphi(x, y)$ からも、速度を求めることができることが分かる。

それでは、実際に**複素速度ポテンシャル**

$$F(z) = F(x, y) = \phi(x, y) + i\varphi(x, y)$$

の例を見てみよう。このポテンシャルが与えられれば、速度成分が求められ、流れの様子を調べることができる。**最も代表的な複素速度ポテンシャル**は、V を複素数の定数とすると

$$F(z) = Vz$$

という単純な式で表される。

ここで、$V = \alpha + \beta i$ と置いて、成分表示をすると

$$\phi(x, y) + \varphi i(x, y) = (\alpha + \beta i)(x + yi)$$

となる。実数部と虚数部に整理すると

$$\phi(x, y) + \varphi(x, y)i = \alpha x - \beta y + i(\beta x + \alpha y)$$

よって複素速度ポテンシャルの成分は

$$\begin{cases} \phi(x, y) = \alpha x - \beta y \\ \varphi(x, y) = \beta x + \alpha y \end{cases}$$

と与えられる。ここで x 方向の速度成分と、y 方向の速度成分はそれぞれ

第6章 調和関数と等角写像の応用

$$v_x = \frac{\partial \phi(x,y)}{\partial x} = \alpha \qquad v_y = \frac{\partial \phi(x,y)}{\partial y} = -\beta$$

と与えられることになる。

以上から、x 方向と y 方向に一定の速度で流れている流体の複素速度ポテンシャルは、その速度を v_x および v_y（実数）とすると

$$F(z) = (v_x - iv_y)z$$

という式で与えられる。特に、x 方向に一定の速度で流れている流体の複素速度ポテンシャルは

$$F(z) = v_x z$$

という非常に簡単な式で与えられる。

等角写像を利用して、流体の流れを解析するとき、多くの場合、定常的に一定速度で x 方向に流れている状態が基本となるから、この複素速度ポテンシャルを使うことになる。

ここで、温度について少し断っておく必要がある。前節で、温度は速度ポテンシャルと同じ働きをするということを紹介した。専門用語ではないが熱流速ポテンシャルと呼んでもよいとも指摘した。とすれば、温度に対応した複素速度ポテンシャルが存在するはずである。

実際、温度の場合にも**複素速度ポテンシャルと流れ関数**が定義できる。ここで、温度分布の関数を $T(x,y)$ とすると

$$W(z) = T(x,y) + iH(x,y)$$

が、温度に対応した複素速度ポテンシャルとなる。この時、$H(x,y)$ は流れ関数に相当し、**熱流関数** (heat flow function) と呼んでいる。ここで、前節でわれわれが求めた**等温線** (isothermal) は $T(x,y) = $ constant の線であるが、これはまさに**等ポテンシャル線**のことである。また $H(x,y) = $ constant の線

は、等温線に直交し、熱の流れを表すことになる。ただし、温度の場合は温度分布が求められれば十分用が足りることから、熱の流れまでは表記しない場合が多い。

実は、冒頭でも紹介したように、物理現象の中にはポテンシャルと呼ばれる物理量が数多く存在し、複素速度ポテンシャルに相当する正則関数を適用できる。ただし、速度でない場合も存在するので、より一般的には**複素ポテンシャル** (complex potential) と呼ぶのがふさわしい。

ここで、複素ポテンシャルで表現できる物理量を表にまとめた。

物理現象 Physical Phenomenon	ポテンシャル関数 $\phi(x, y)$ = constant	流れ関数 $\varphi(x, y)$ = constant
熱伝導 Thermal conductivity	等温線 Isothermals	熱流線 Heat flow lines
流体力学 Fluid flow	等ポテンシャル線 Equipotentials	流れ線 Stream lines
重力場 Gravitation field	重力ポテンシャル Gravitational potential	力線 Lines of force
磁場 Magnetism	ポテンシャル Potential	力線 Lines of force
静電気 Electrostatics	等ポテンシャル線 Equipotential curves	電気力線 Flux lines
拡散 Diffusion	濃度 Concentration	流れ線 Lines of flow
弾性力学 Elasticity	ひずみ関数 Strain function	応力関数 Stress function

この表からも分かるように、実に多くの物理現象が複素ポテンシャルで表現できるのである。

演習 6-6 演習 6-5 で紹介した温度分布 $T(x, y) = 100\left(\dfrac{1}{\pi}x + \dfrac{1}{2}\right)$ と共役の関係にある流れ関数を求めよ。また、複素ポテンシャルを計算せよ。

解) 流れ関数を $H(x, y)$ と置く。するとコーシー・リーマンの関係式

第 6 章 調和関数と等角写像の応用

$$\frac{\partial T(x,y)}{\partial x} - \frac{\partial H(x,y)}{\partial y} = 0 \qquad \frac{\partial T(x,y)}{\partial y} + \frac{\partial H(x,y)}{\partial x} = 0$$

から、$H(x,y)$ の満足すべき条件として

$$\frac{\partial H(x,y)}{\partial y} = \frac{\partial T(x,y)}{\partial x} = \frac{100}{\pi} \qquad \frac{\partial H(x,y)}{\partial x} = -\frac{\partial T(x,y)}{\partial y} = 0$$

が得られる。最初の式を y について積分すると

$$H(x,y) = \frac{100}{\pi} y + F(x)$$

となる。ここで、$F(x)$ は任意関数である。この式を x で偏微分すると

$$\frac{\partial H(x,y)}{\partial x} = 0 + \frac{dF(x)}{dx} = 0$$

となるから、$F(x)$ は定数 (C) でなければならない。よって

$$H(x,y) = \frac{100}{\pi} y + C$$

と与えられる。この関数もラプラス方程式を満足するので調和関数である。ちなみに、この場合の複素ポテンシャルは

$$W(z) = W(x,y) = T(x,y) + iH(x,y) = 100\left(\frac{1}{\pi}x + \frac{1}{2}\right) + i100\left(\frac{1}{\pi}y + c\right)$$

となる。あるいは、z で表現すると

$$W(z) = \frac{100}{\pi} z + \text{constant}$$

となる。これは、流体力学という観点から見ると、x 方向に一定の速さ $100/\pi$ で流れている流体の複素速度ポテンシャルである。もちろん、温度であるので、これは熱の流れの速度に対応する。

6.4. 等角写像と複素ポテンシャル

　前節で、複素ポテンシャルで表現できる物理現象が数多く存在することを紹介した。このような物理現象として重要なポイントは、**等ポテンシャル線と流れ線が直交する**という事実である。ここで、**等角写像** (conformal mapping) の名の由来を思い出してほしい。それは、変換に際して、角度が保存されるという事実である。つまり、等ポテンシャル線と流れの直交関係が維持されたまま、図形の変換ができるのである。これが等角写像を物理数学へ応用する場合の勘所であろう。

　それでは、実際に等角写像を利用して、ある図形のまわりの流体の動きを解析してみよう。まず、流れが定常的に起こっている状態は、前項のように、等ポテンシャル線と流れが、それぞれ x 軸と y 軸に平行となっている状態である（図 6-14 参照）。この時、x 軸方向の速度を v_x とすると、その複素速度ポテンシャルは

$$F(z) = v_x z$$

で与えられる。

　ここで、図 6-15 のようにコーナーのある場所で、定常的な空気の流れがどのように変化するかを見てみよう。上半面を第 1 象限に変換する写像関数は

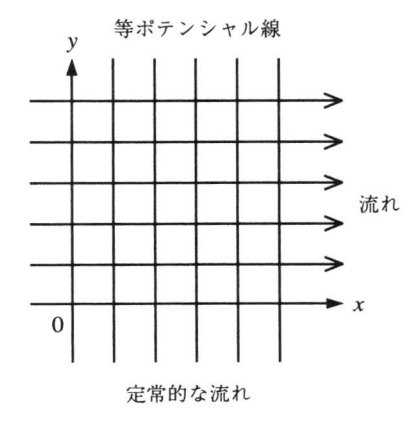

第6章 調和関数と等角写像の応用

図 6-14 x 軸に平行に流れている流体の等ポテンシャル線と流れ線。

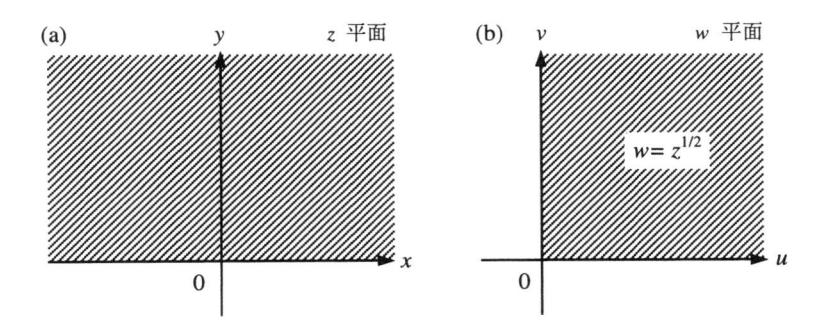

図 6-15 複素関数 $w = f(z) = z^{1/2}$ による写像を利用すると、z 平面の上半面は、w 平面の第1象限に変換される。この写像関数を利用すると、図 6-14 の流体の流れをコーナーのある場合の図形に変換できる。

$$w = f(z) = z^{\frac{1}{2}}$$

であった。この関数を利用すれば、図 6-14 に示した定常的な空気の流れを、図 6-15 に示した w 平面のようなコーナーのある状態に変換できる。この時、w 平面における空気の流れの複素速度ポテンシャルは、$z = w^2$ と置いて

$$F(w) = v_x w^2$$

となる。ここで

$$F(w) = F(u,v) = \phi(u,v) + i\varphi(u,v)$$

と置くと

$$\phi(u,v) + i\varphi(u,v) = v_x(u+iv)^2 = v_x(u^2 - v^2) + 2v_x uvi$$

よって w 平面でのポテンシャル関数と流れ関数は

$$\phi(u,v) = v_x(u^2 - v^2) \qquad \varphi(u,v) = 2v_x uv$$

と与えられる。これらが定数となるのが等ポテンシャル線と流れ線であるから、a, b を定数として

$$u^2 - v^2 = \frac{a}{v_x} \qquad uv = \frac{b}{2v_x}$$

となって、結局、**直角双曲線** (rectangular hyperbola) となる。図示すると図 6-16 のように、それぞれの双曲線が u 軸と v 軸から 45° 傾いている。

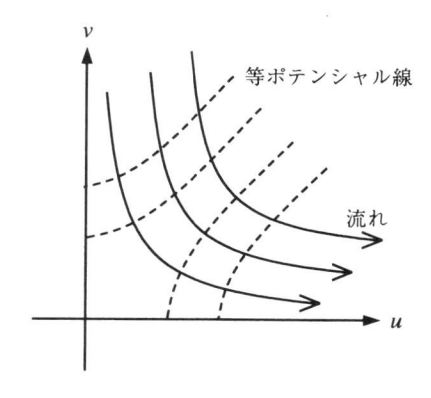

図 6-16 写像関数 $w = f(z) = z^{1/2}$ によって、図 6-14 の流体の流れは、この図のように変換される。

第6章　調和関数と等角写像の応用

> **演習 6-7**　90°のコーナーのある壁に沿って空気が流れるときの複素数速度を求めよ。

解）　この時の複素速度ポテンシャルは

$$F(w) = \phi(u,v) + i\varphi(u,v) = v_x(u^2 - v^2) + 2v_x uvi$$

で与えられる。よって複素数速度は

$$\frac{\partial \phi(u,v)}{\partial u} + i\frac{\partial \phi(u,v)}{\partial v} = 2v_x u - 2v_x vi$$

となり、実数空間のベクトルで表記すると

$$\vec{V} = \begin{pmatrix} 2v_x u \\ -2v_x v \end{pmatrix}$$

となる。

もちろん、複素数速度は流れ関数からも求めることができる。この時

$$\frac{\partial \varphi(u,v)}{\partial v} - i\frac{\partial \varphi(u,v)}{\partial u} = 2v_x u - 2v_x vi$$

となって、同じ値が得られる。

次に、定常な流れの中に円形の物体を置いた時に、空気の流れはどのように変化するかを見てみよう。まず、必要になるのは、直線 x 軸を円に変換する写像関数を見つけることである。適当な関数があるであろうか。（等角写像を利用する際には、このように適当な関数を探す作業が重要である。）

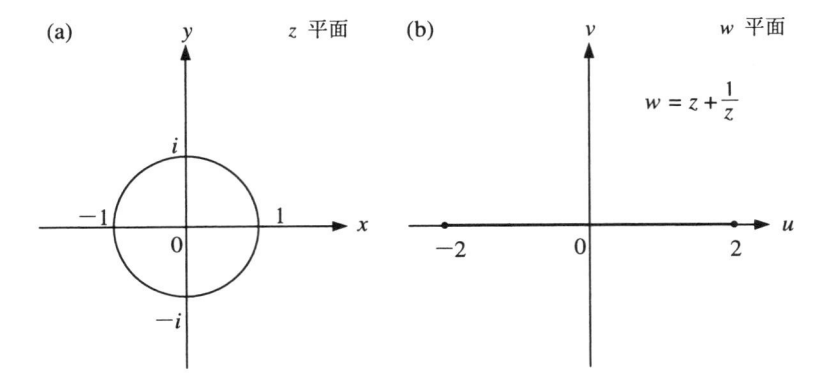

図6-17 複素関数 $w = f(z) = z + (1/z)$ によると z 平面の半径 1 の円は、w 平面の実軸に変換される。

　ここで、前章で取り扱った

$$w = f(z) = z + \frac{1}{z}$$

という複素関数を思い出して欲しい。この関数によると、z 平面上における半径 1 の円は、w 平面上の実軸に変換された（図 6-17 参照）。これを、うまく利用できないであろうか。いま、必要なのは、z 平面上の x 軸を、w 平面上の円に写像する作業であるから、ちょうどこの逆となる。つまり

$$z = f(w) = w + \frac{1}{w}$$

という複素関数を使えば、逆の写像が可能となるはずである。こうすると、w 平面における複素速度ポテンシャルは

$$F(w) = v_x \left(w + \frac{1}{w} \right)$$

第6章　調和関数と等角写像の応用

で与えられる。

ここで極形式をつかって

$$w = r(\cos\theta + i\sin\theta)$$

と表記すると

$$\frac{1}{w} = \frac{1}{r}(\cos\theta - i\sin\theta)$$

であるから

$$F(w) = v_x r(\cos\theta + i\sin\theta) + \frac{v_x}{r}(\cos\theta - i\sin\theta) = v_x\left(r + \frac{1}{r}\right)\cos\theta + iv_x\left(r - \frac{1}{r}\right)\sin\theta$$

となる。ここで、複素速度ポテンシャルも極形式で表記して

$$F(w) = \phi(r,\theta) + i\varphi(r,\theta)$$

とすると、速度ポテンシャル関数と流れ関数は

$$\phi(r,\theta) = v_x\left(r + \frac{1}{r}\right)\cos\theta \qquad \varphi(r,\theta) = v_x\left(r - \frac{1}{r}\right)\sin\theta$$

となる。これら関数を使って、円のまわりの空気の流れを解析することができる。

　ここでは、より解析的な手法として、少し技巧を使った方法を利用してみよう。まず、写像関数を変形して、w を z で表してみる。すると

$$w^2 - zw + 1 = 0$$

となるから、w は

$$w = \frac{z \pm \sqrt{z^2 - 4}}{2}$$

と与えられる。これが、z 平面上の x 軸を w 平面上の円に変換する複素関数である。ここで、根号の前の符号が＋の場合、z 平面は円の外側に写像され、－の場合は、円の内側に写像される。今、考えているのは、円の外側の空気の流れであるので

$$w = \frac{z + \sqrt{z^2 - 4}}{2}$$

という複素関数を対象とする。

　ところで、第5章でも紹介したように、本来の Joukowski 変換は

$$f(z) = \frac{1}{2}\left(z + \frac{1}{z}\right)$$

のように係数 1/2 がついている。この理由は簡単で、いまの等角写像の例で分かるように、この係数がないと、z 平面の実軸 $-2 \leq x \leq 2$ が半径1の円に写像されてしまうからである。そこで、この係数をついた状態でやり直すと

$$z = f(w) = \frac{1}{2}\left(w + \frac{1}{w}\right)$$

となって、結局

$$w = z + \sqrt{z^2 - 1}$$

と与えられる。この場合、z 平面の実軸 $-1 \leq x \leq 1$ が、w 平面の半径1の円に対応するので、いま取り組んでいる問題は簡単化される。

　別の視点から、この変換式を捉えると、何も変えない写像 $w = z$ に $\sqrt{z^2 - 1}$ が補正項としてついているとみなすことができる。つまり、もとの

第6章 調和関数と等角写像の応用

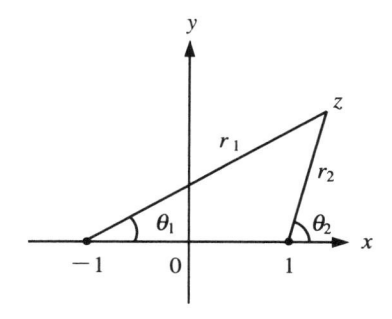

図6-18 z 平面において、点 $z=1$ および $z=-1$ からの距離および角度を図のように選ぶ。

図形からの変化分がこの項に集約されることになる。実際の応用では、写像関数が分かれば、写像そのものはコンピュータで計算するのが一般的であるが、ここでは、写像の応用を理解する一助として、実際に空気の流れがどのように変化するかを解析的に求めてみよう。まず、この補正項がどのようなものかを少し考えてみる。

$$\sqrt{z^2-1} = \sqrt{(z+1)(z-1)}$$

ここで、図6-18のように r_1, r_2, θ_1, θ_2 をとると

$$z = -1 + r_1 e^{i\theta_1} \qquad z = 1 + r_2 e^{i\theta_2}$$

と置けるので

$$\sqrt{(z+1)(z-1)} = \sqrt{r_1 \exp(i\theta_1) r_2 \exp(i\theta_2)} = \sqrt{r_1 r_2} \exp\left(i\frac{\theta_1 + \theta_2}{2}\right)$$

よって

$$\sqrt{(z+1)(z-1)} = \sqrt{r_1 r_2} \cos\left(\frac{\theta_1+\theta_2}{2}\right) + i\sqrt{r_1 r_2} \sin\left(\frac{\theta_1+\theta_2}{2}\right)$$

と変形でき、実数部と虚数部へ与える変化量が計算できる。例えば

$$w = u + vi$$

と置くと w 平面の実数部と虚数部は

$$u = x + \sqrt{r_1 r_2}\cos\left(\frac{\theta_1 + \theta_2}{2}\right) \qquad v = y + \sqrt{r_1 r_2}\sin\left(\frac{\theta_1 + \theta_2}{2}\right)$$

と書くことができる。これで、ようやく写像の作業に入る準備ができた。後は、z 平面の点を、この変換式にしたがって、w 平面に移していけばよい。ここでは、ある流れ線の写像を具体的にみてみよう。

　平らな面の上を空気が流れている定常状態では、空気の流れ (stream) は、x 軸に平行になる。そこで、例として、$y=1$ の流れ線を考えてみよう。z 平面において、この線 ($z = x+i$) 上の $z = i$ という点を考える。すると $x = 0$ で

$$\cos\left(\frac{\theta_1 + \theta_2}{2}\right) = \cos\frac{\pi}{2} = 0 \qquad \sin\left(\frac{\theta_1 + \theta_2}{2}\right) = \sin\frac{\pi}{2} = 1$$

であるから

$$u = 0 \quad v = 1 + \sqrt{r_1 r_2}$$

という点に写像される。ここで $\sqrt{r_1 r_2} = \sqrt{2}$ であるので、$w = i$ の点より、v 軸の上の方に $\sqrt{2}$ だけ移動した点になる。

　次に、同じ流れ線上の $z = 1+i$ という点を考えると、$r_1 = \sqrt{5}$, $r_2 = 1$, $\theta_2 = \pi/2$ であり、

$$\sin\theta_1 = \frac{1}{\sqrt{5}} \qquad \cos\theta_1 = \frac{2}{\sqrt{5}} \qquad \sin\frac{\theta_1}{2} \cong 0.2298 \qquad \cos\frac{\theta_1}{2} \cong 0.9733$$

第6章 調和関数と等角写像の応用

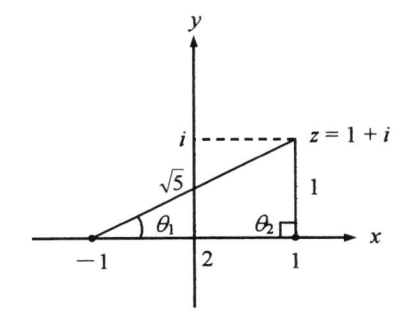

図 6-19 点 $z=1+i$ の距離および角度。

ということが分かる。よって

$$u = x + \sqrt{r_1 r_2}\cos\left(\frac{\theta_1 + \theta_2}{2}\right) = 1 + \sqrt{2.236}\cos\left(\frac{\theta_1}{2} + \frac{\pi}{4}\right)$$

$$\cos\left(\frac{\theta_1}{2} + \frac{\pi}{4}\right) = \cos\frac{\theta_1}{2}\cos\frac{\pi}{4} - \sin\frac{\theta_1}{2}\sin\frac{\pi}{4} = 0.9733\frac{1}{\sqrt{2}} - 0.2298\frac{1}{\sqrt{2}} \cong 0.5257$$

結局 $u \cong 1.786$ となる。一方

$$v = y + \sqrt{r_1 r_2}\sin\left(\frac{\theta_1 + \theta_2}{2}\right) = 1 + \sqrt{2.236}\sin\left(\frac{\theta_1}{2} + \frac{\pi}{4}\right)$$

$$\sin\left(\frac{\theta_1}{2} + \frac{\pi}{4}\right) = \sin\frac{\theta_1}{2}\cos\frac{\pi}{4} + \cos\frac{\theta_1}{2}\sin\frac{\pi}{4} = 0.2298\frac{1}{\sqrt{2}} + 0.9733\frac{1}{\sqrt{2}} \cong 0.8507$$

であるので、$v \cong 2.272$ となり、w 平面では $w = 1.786 + 2.272i$ という点に移動することになる。以上のように、写像を解析的に求めるのは手間を要する。上の変換式を使って、コンピュータの数値計算により図を求めると、円のまわりの流れ線は、図 6-20 のようになる。同様にして、z 平面における $x=$ constant の等ポテンシャル線を上記の写像関数を使って、w 平面に変換すれば円のまわりの等ポテンシャル線を描くことができる。

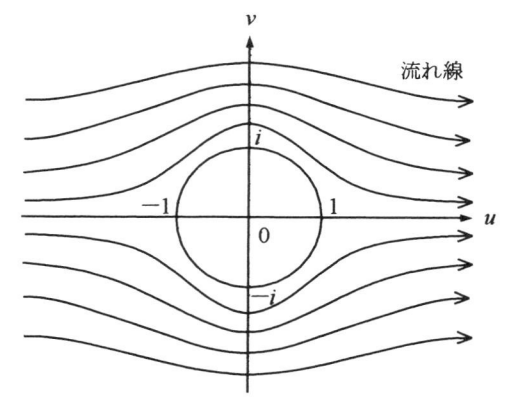

図 6-20 円のまわりの流れ線。（ただし、3次元的には、これは円筒を横に倒した状態での流れ線と考えることもできる。）

演習 6-6 円のまわりの空気の流れの等ポテンシャル線を求めよ。

解） 等ポテンシャル線として $x=0$（y 軸）を考える。すると

$$u = 0 + \sqrt{r_1 r_2}\cos\left(\frac{\pi}{2}\right) = 0 \qquad v = y + \sqrt{r_1 r_2}\sin\left(\frac{\pi}{2}\right) = y + \sqrt{r_1 r_2}$$

となって、v 軸に変換される。ただし、原点は、$r_1 = r_2 = 1$ であるから

$$v = 0 + \sqrt{1} = 1$$

となって、$z = i$ に変換される。

つぎに $x=1$ の等ポテンシャル線を考える。まず、x 軸上の点は $r_2 = 0$ であるから

$$u = 1 \qquad v = 0$$

となる。つぎに、$z = 1+i$ は、流れ線の例でみたように、$w = 1.786 + 2.272i$ に移動する。さらに $z = 1+2i$ では $r_1 = 2\sqrt{2}$, $r_2 = 2$, $\theta_1 = \pi/4$, $\theta_2 = \pi/2$

第6章 調和関数と等角写像の応用

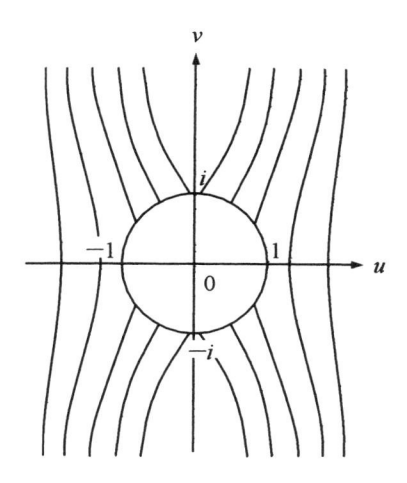

図6-21 円のまわりの等ポテンシャル線。

であるから

$$u = 1 + \sqrt{2\sqrt{2} \times 2} \cos\left(\frac{3\pi}{8}\right) \cong 3.379 \qquad v = 2 + \sqrt{2\sqrt{2} \times 2} \sin\left(\frac{3\pi}{8}\right) \cong 2.049$$

という点に変換される。同様にして、等ポテンシャル線を描いていくと、結局、図6-21のような図が得られる。

6.5. シュバルツ・クリストッフェル変換の応用

等角写像で紹介したように、**シュバルツ・クリストッフェル** (Schwartz-Christoffel) **変換**を利用すれば、任意の曲げ角度で多角形に変形できる。この写像関数を利用した流体解析の例を紹介する。いま、図6-22(a)のように、平板上を定常的に空気が流れているところに、厚さのない高さ a の杭を立てた場合に、空気の流れがどのように変わるかを調べてみよう。

これを Schwartz-Christoffel 変換を利用して解法してみよう。z 平面の x 軸

(a) z 平面　　(b) w 平面

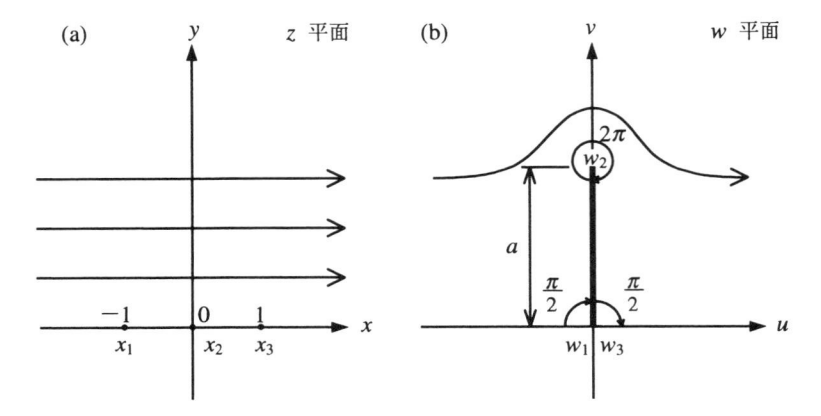

図 6-22　平板上を定常的に流れている空気に、平板に高さ a の杭を立てた時の空気の流れの変化を求める。

上の点 $x_1 = -1$, $x_2 = 0$, $x_3 = 1$ が、それぞれ w 平面の w_1, w_2, w_3 に変換されるものとする。w 平面のこれらの点は、杭の左側、上部、右側に対応している。この時、Schwartz-Christoffel 変換は

$$\frac{dw}{dz} = A(z+1)^{\frac{\theta_1}{\pi}-1} z^{\frac{\theta_2}{\pi}-1} (z-1)^{\frac{\theta_3}{\pi}-1}$$

となるが、図 6-22(b)のように $\theta_1 = \pi/2$, $\theta_2 = 2\pi$, $\theta_3 = \pi/2$ であるから

$$\frac{dw}{dz} = A(z+1)^{-\frac{1}{2}} z (z-1)^{-\frac{1}{2}}$$

変形すると

$$\frac{dw}{dz} = A\frac{z}{\sqrt{z+1}\sqrt{z-1}} = \frac{Az}{\sqrt{z^2-1}}$$

と与えられる。よって

第6章 調和関数と等角写像の応用

$$w = \int \frac{Az}{\sqrt{z^2-1}}\,dz = A\sqrt{z^2-1} + C$$

となる。ただし、C は積分定数である。ここで、$z = \pm 1$ のとき $w = 0$ であるから、$C = 0$ となる。よって

$$w = A\sqrt{z^2-1}$$

また、$z = 0$ で $w = ai$ であるので

$$ai = A\sqrt{-1} \qquad \therefore A = a$$

となって、結局、求める写像関数は

$$w = a\sqrt{z^2-1}$$

となる。この関数を使って、あとは z 平面上の点や線を、適宜 w 平面に変換していけばよい。ここで、杭の高さが $a = 2$ の場合を考える。すると

$$w = 2\sqrt{z^2-1}$$

が写像関数となる。ここで、実数軸に平行な流れの線がどのように杭にじゃまされるかを見てみよう。平行な線として、$y = i$ を考える。このとき $z = i$ という点は

$$w = 2\sqrt{i^2-1} = 2\sqrt{-2} = 2\sqrt{2}i$$

となって、杭の上側に押し出されることになる。

一方、この流れを複素速度ポテンシャルで考えると、x 方向に速度 v_x で流れる気体では

$$F(z) = v_x z$$

であった。(ただし、v_x は実数である。) いま、写像関数は

$$w = f(z) = 2\sqrt{z^2 - 1}$$

変形すると

$$z = \sqrt{\left(\frac{w}{2}\right)^2 + 1}$$

となるから、w 平面上の複素速度ポテンシャルは

$$F(w) = v_x \sqrt{\left(\frac{w}{2}\right)^2 + 1}$$

で与えられる。ちなみに、z が十分大きいときは

$$w = f(z) = 2\sqrt{z^2 - 1} = 2z\sqrt{1 - \left(\frac{1}{z}\right)^2} \cong 2z$$

となり、定常的な流れとなることが分かる。

6.6. 電磁気学への応用

電磁気学だけに使われるものではないが、**点電荷** (point charge) などを表現するのに便利な複素ポテンシャルを紹介する。

$$F(z) = m \log z$$

という複素ポテンシャルを考えてみよう。ただし、m は実数の定数である。

第6章　調和関数と等角写像の応用

ここで、極形式で考えて

$$F(z) = \phi(r,\theta) + i\varphi(r,\theta)$$

と置く（極形式の複素ポテンシャルについては補遺4参照）。 $z = r\exp(i\theta)$ を代入すると

$$\log z = \log r + i\theta$$

であるから

$$F(z) = m\log z = m(\log r + i\theta)$$

よって、速度ポテンシャル関数と流れ関数は

$$\phi(r,\theta) = m\log r \qquad \varphi(r,\theta) = m\theta$$

となる。したがって、等ポテンシャル線および流れ線は、a, b を定数とすると

$$\phi(r,\theta) = m\log r = a \qquad \varphi(r,\theta) = m\theta = b$$

となって、等ポテンシャル線が円となり、流れ線は中心から一定の角度を保ちながら外（あるいは外から中心）に向かうことになる。

さらに、速度成分を極形式で示すと

$$v_r = \frac{\partial \phi(r,\theta)}{\partial r} = m\frac{1}{r} \qquad v_\theta = \frac{1}{r}\frac{\partial \phi(r,\theta)}{\partial \theta} = 0$$

となる。これら速度からも、この運動は、r 方向のみに流れが生じている状態であることが確認できる。また、$r = 0$ が特異点となっていることも分かる。

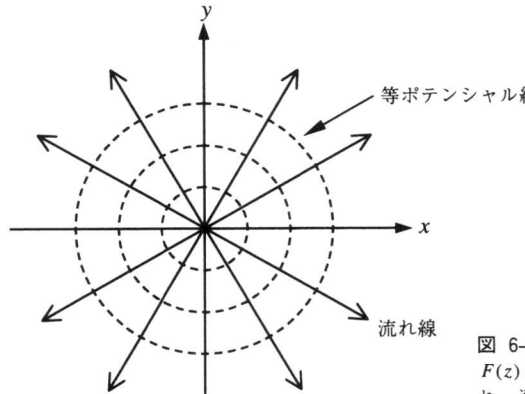

図 6-23 複素ポテンシャル $F(z) = m\log z$ が表現する流れ。湧き出しに対応する。

　図で表すと、図 6-23 に示したような、等ポテンシャル線が原点を中心とした円となり、流れ線は、等ポテンシャル線に垂直になる。この時、m が正ならば中心から外への流れとなり、ちょうど**湧き出し** (source) に相当する。一方、m が負ならば、外部から中心へ向かっての流れとなるので、ちょうど**吸い込み** (sink) に相当する。ここで、定数 m は、どれだけの量の湧き出しあるいは吸い込みがあるかを示す指標となる。

　この複素ポテンシャルは、もちろん流体に応用できるが、静電気におけるプラスとマイナスの**点電荷** (point charge) に対応させることができる。例えば、距離 $2a$ だけ離れて、プラスとマイナスの点電荷がある場合を考えてみよう。電荷の大きさを $\pm q$ とすると、対応する複素ポテンシャルは

$$F(z) = q\log(z-a) + (-q)\log(z+a)$$

で与えられる。これは、複素平面の実数軸の $x=a$ に $+q$ の電荷が、また $x = -a$ に $-q$ の電荷が存在している状態に対応している。ここで、この式を変形すると

$$F(z) = q\log\left(\frac{z-a}{z+a}\right)$$

となる。ここで、$z - a = r_1 \exp(i\theta_1)$ および $z + a = r_2 \exp(i\theta_2)$ と置き直すと

$$F(z) = q \log\left(\frac{r_1 \exp(i\theta_1)}{r_2 \exp(i\theta_2)}\right) = q \log\left(\frac{r_1}{r_2}\right) + iq(\theta_1 - \theta_2)$$

と変形できる。よって、ポテンシャル関数および流れ関数が

$$\phi = q \log\left(\frac{r_1}{r_2}\right) \qquad \varphi = q(\theta_1 - \theta_2)$$

と与えられる。α および β を定数として、等ポテンシャル線および流れ線（この場合電気力線）は

$$\phi = q \log\left(\frac{r_1}{r_2}\right) = \alpha \qquad \varphi = q(\theta_1 - \theta_2) = \beta$$

となる。ここで

$$r_1 = \sqrt{(x-a)^2 + y^2}、\quad r_2 = \sqrt{(x+a)^2 + y^2}、\quad \tan\theta_1 = \frac{y}{x-a}、\quad \tan\theta_2 = \frac{y}{x+a}$$

の関係にあるから、まず等ポテンシャル線は

$$\log\left(\frac{r_1}{r_2}\right) = \frac{1}{2} \log\left(\frac{(x-a)^2 + y^2}{(x+a)^2 + y^2}\right) = \frac{\alpha}{q}$$

で与えられる。この式を書き直すと

$$\frac{(x-a)^2 + y^2}{(x+a)^2 + y^2} = \exp\left(\frac{2\alpha}{q}\right)$$

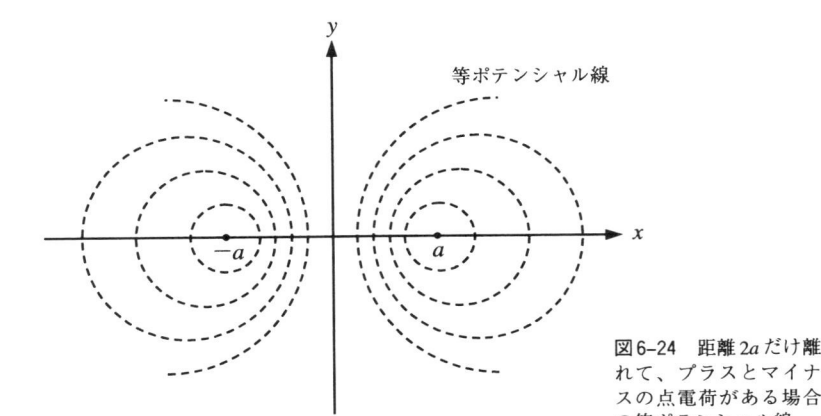

図6-24 距離 $2a$ だけ離れて、プラスとマイナスの点電荷がある場合の等ポテンシャル線。

となるが、右辺は定数であるので、A と置くと

$$(x-a)^2 + y^2 = A\{(x+a)^2 + y^2\}$$

と変形できる。したがって

$$\left(x - \frac{1+A}{1-A}a\right)^2 + y^2 = \left(\frac{2a}{1-A}\right)^2 A$$

となり等ポテンシャル線は、図 6-24 に示すように、x 軸上の $x = \dfrac{1+A}{1-A}$ に中心があり、半径が $\left|\dfrac{2a}{1-A}\right|\sqrt{A}$ の円群となる。ここで

$$A = \exp\left(\frac{2\alpha}{q}\right)$$

であったが、q は電荷で一定である。ここで、a が増えると、中心が次第に原点から遠くなるとともに、半径も大きくなる。

第6章　調和関数と等角写像の応用

一方、電気力線の方は

$$\theta_1 - \theta_2 = \frac{\beta}{q}$$

となるが、両辺の正接をとると

$$\tan(\theta_1 - \theta_2) = \tan\left(\frac{\beta}{q}\right)$$

ここで左辺は加法定理より

$$\tan(\theta_1 - \theta_2) = \frac{\tan\theta_1 - \tan\theta_2}{1 + \tan\theta_1 \tan\theta_2}$$

と変形できる。 $\tan\theta_1 = \dfrac{y}{x-a}$、$\tan\theta_2 = \dfrac{y}{x+a}$ を代入すると

$$\frac{\tan\theta_1 - \tan\theta_2}{1 + \tan\theta_1 \tan\theta_2} = \frac{\dfrac{y}{x-a} - \dfrac{y}{x+a}}{1 + \dfrac{y^2}{(x-a)(x+a)}} = \frac{2ay}{x^2 - a^2 + y^2}$$

また、右辺は定数であるから $\tan(\beta/q) = B$ と置くと

$$\frac{2ay}{x^2 - a^2 + y^2} = B$$

となり、変形すると

$$x^2 + \left(y - \frac{a}{B}\right)^2 = a^2\left(1 + \frac{1}{B^2}\right)$$

229

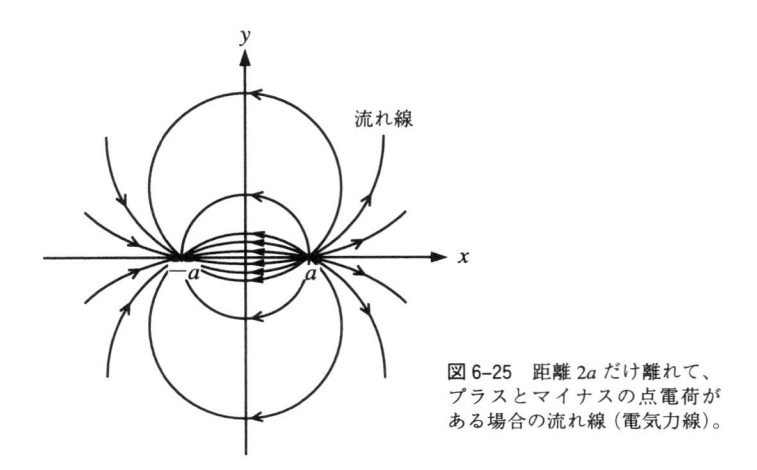

図 6-25 距離 $2a$ だけ離れて、プラスとマイナスの点電荷がある場合の流れ線（電気力線）。

となって、中心が y 軸の $y = -a/B$ に中心がある円群となる。また、この円群は x 軸上の $x = \pm a$ を通ることも分かる。よって電気力線は図 6-25 に示したようになる。

以上のように、適当な複素ポテンシャルを利用すれば、点電荷を表現することができるので、電磁気学への応用が可能となる。

演習 6-8 複素ポテンシャル

$$F(z) = im \log z \quad (m \text{ は実数の定数})$$

で表現される流れを図で示せ。

解） 複素ポテンシャルを、極形式で考えて

$$F(z) = \phi(r,\theta) + i\varphi(r,\theta)$$

と置く。ここで、$z = r\exp(i\theta)$ を代入すると

第6章　調和関数と等角写像の応用

$$\log z = \log r + i\theta$$

であるから

$$F(z) = im\log z = im(\log r + i\theta) = -m\theta + im\log r$$

よって、速度ポテンシャル関数と流れ関数は

$$\phi(r,\theta) = -m\theta \qquad \varphi(r,\theta) = m\log r$$

となる。したがって、等ポテンシャル線および流れ線は、a, b を定数とすると

$$\phi(r,\theta) = -m\theta = a \qquad \varphi(r,\theta) = m\log r = b$$

となって、等ポテンシャル線が原点を中心とした直線群、また流れは円となる。つまり、この複素ポテンシャルは、図 6-26 に示したような、渦流に対応することが分かる。

さらに、速度成分を極形式で示すと

$$v_r = \frac{\partial \phi(r,\theta)}{\partial r} = 0 \qquad v_\theta = \frac{1}{r}\frac{\partial \phi(r,\theta)}{\partial \theta} = -\frac{m}{r}$$

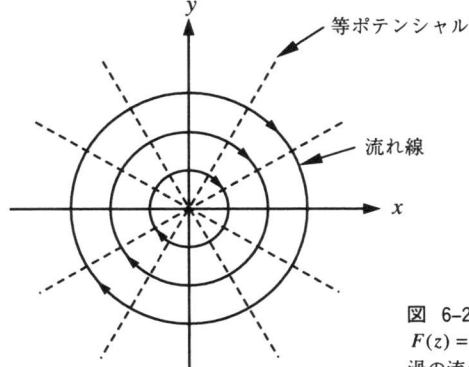

図 6-26　複素ポテンシャル $F(z) = im\log z$ が表現する流れ。渦の流れに相当する。

となる。これら速度からも、この運動は回転方向にのみ生じている状態であることが確認できる。

　等角写像の応用では、調和関数も等角写像されるという特徴を利用して、複雑な図形のまわりで生じるいろいろな物理現象を、より簡単な図形で解析し、適当な写像関数を使って変換することで、解析するという手法を利用している。

　ここで、驚くのは、正則な複素関数が持っている性質である。それは、その実数部も虚数部も調和関数であるうえ、それらは互いに共役な関係にあるという事実である。この時、片方がポテンシャル、片方が流れに対応するので、物理現象へ応用する際には非常に便利である。

　どうして、このようなことが可能になるかとただ感心するばかりであるが、この手法に欠点がないわけではない。それは、複素平面を利用するかぎり、2次元にしか対応できないという問題である。実際の物理現象は3次元の世界で起こっているが、残念ながら等角写像という手法は2次元にしか使えないのである。本文でも、紹介したように、3方向ですべての物理量が変化すると、非常に複雑になるから、ある軸方向は固定して2次元問題に還元する方が取り扱いやすい。それゆえ、2次元でも十分なのだと抗弁はできるが、やはり3次元に適用できないという事実は、ひとつの欠点となろう。

　さらに、最近の複素関数の講義や教科書では、等角写像の応用そのものを取り扱わないこともある。その理由は、コンピュータの急速な性能向上によって、等角写像で取り扱うべき問題が「**有限要素法** (finite element method) 」と呼ばれる手法で、解法できるようになっているからである。本章で紹介した事例は、実際の学問の場では、有限要素法で計算されている。ただし、等角写像や調和関数という数学的な手法があるということを知っていると、何かの壁に直面した時に思わぬブレイクスルーを与える可能性がある。これは、等角写像に限らず、すべての数学手法にあてはまる。

第7章　解析接続

　第 3 章で紹介したが、複素関数が正則であれば、実数関数で成立する関係は複素関数でも必ず成立するという便利な特徴がある。これは、正式な用語を使って説明すると、本章で紹介する**解析接続** (analytic continuation) と**一致の定理** (identity theorem) に基づいたものであり、実数関数で得られた関数間の関係が微分や積分も含めて、そのまま複素関数にあてはめることができるという好都合な定理である。つまり、実数関数で得られている膨大な数の公式が、そのまま複素関数にも適用できることになるので、その効用は計り知れない。

　これは、別の視点でみると、z 平面（複素平面）の実数軸上で成立している関係が z 平面の他の領域でも成立することに対応する。これは、ある関数を実数軸から複素平面へと拡張したことに他ならない。

　第 3 章で紹介したように、突然、複素数を変数に持つ三角関数や指数関数を考えろと言われても対処のしようがないということを説明した。ところが、これら関数を無限べき級数のかたちに展開すると、代数関数となるので、この級数の実数 x のかわりに複素数 z を当てはめることで、これら初等関数の複素関数を考えることができる。実は、この操作が（**実数軸から複素平面への**) **解析接続**なのである。

　ただし、解析接続が可能な関数には制約があり、**解析関数** (analytic function) でなければならない。つまり**正則関数** (regular function) のことである。

　解析関数、つまり正則関数は、整級数に展開できる関数であるから、実数を複素数に拡張することが容易にできる。このように、解析接続を考えるときには、級数展開が重要な役割を果たすのである。

7.1. テーラー展開と定義域

　複素平面の解析接続について考える前に、下準備として実数関数の**テーラー展開** (Taylor expansion) について復習してみよう。いま

$$f(x) = \frac{1}{1-x}$$

という実数関数を考える。この関数のグラフは図 7-1 のようになっている。点 $x=1$ で無限大となるので、この点が**特異点** (singular point) となるが、他の領域ではその値を求めることができる。
　さて、この関数は、第 2 章で見たように

$$f(x) = 1 + x + x^2 + x^3 + \ldots + x^n + \ldots$$

という無限べき級数 (infinite power series) に展開することができる。ただし、この式が使える領域は、$-1 < x < 1$ の範囲（あるいは $|x| < 1$）に限られる（図 7-2 参照）。つまり、この級数の**収束半径** (radius of convergence) は 1 である。もとの関数は、広い範囲で値が得られるのにも拘らず、このテーラー展開の式は、こんな狭い範囲でしか使えない。これでは、あまり意味がない方ような気がするが、何とかできないのであろうか。これには、ちゃんと対

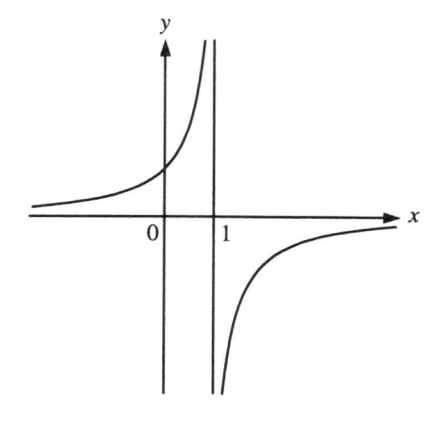

図 7-1　実数関数 $f(x) = 1/(1-x)$ のグラフ。

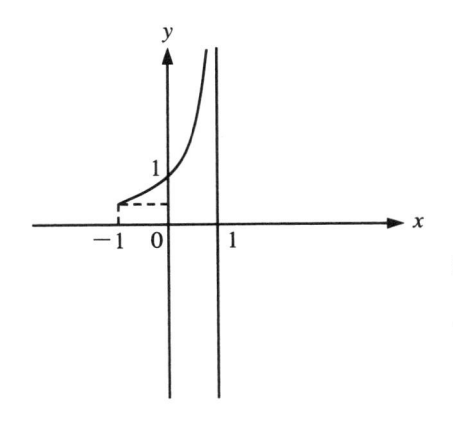

図 7–2 実数関数
$f(x) = 1 + x + x^2 + x^3 + \ldots$
の無限べき級数に対応したグラフ。この関数の定義域は $-1 < x < 1$ である。

処法がある。それは、テーラー展開を別の x の領域で展開する手法である。テーラー展開の定義を復習すると

$$f(x) = f(0) + f'(0)x + \frac{1}{2}f''(0)x^2 + \frac{1}{3!}f'''(0)x^3 + \ldots + \frac{1}{n!}f^{(n)}(0)x^n + \ldots$$

が基本であったが、これはテーラー展開の一形式に過ぎない。
　一般のテーラー展開は

$$f(x) = f(a) + f'(a)(x-a) + \frac{1}{2}f''(a)(x-a)^2 \\ + \frac{1}{3!}f'''(a)(x-a)^3 + \ldots + \frac{1}{n!}f^{(n)}(a)(x-a)^n + \ldots$$

と与えられる。このような展開を**点 $x = a$ のまわりの展開** (the expansion about a point $x = a$) という。第 2 章でも紹介しているが、最初の式は、テーラー展開の一般式において $a = 0$ とした特殊な場合で、**マクローリン展開** (Maclaurin expansion) とも呼ばれる。よって、マクローリン展開は、$x = 0$ のまわりのテーラー展開ということになる。
　ここで、$f(x) = 1/(1-x)$ を $x = 2$ のまわりでテーラー展開したらどうな

るであろうか。このとき

$$f(x) = f(2) + f'(2)(x-2) + \frac{1}{2}f''(2)(x-2)^2 + \ldots + \frac{1}{n!}f^{(n)}(2)(x-2)^n + \ldots$$

と展開できる。それぞれの係数は

$$f'(x) = \frac{1}{(1-x)^2} \qquad f''(x) = -\frac{-2(1-x)}{(1-x)^4} = \frac{2}{(1-x)^3}$$

$$f'''(x) = -\frac{-2 \cdot 3(1-x)^2}{(1-x)^6} = \frac{2 \cdot 3}{(1-x)^4}$$

$$f^{(4)}(x) = -\frac{-2 \cdot 3 \cdot 4(1-x)^3}{(1-x)^8} = \frac{4!}{(1-x)^5} \quad \ldots \quad f^{(n)}(x) = \frac{n!}{(1-x)^{n+1}}$$

に $x=2$ を代入して

$$f(x) = -1 + (x-2) - (x-2)^2 + (x-2)^3 + \ldots + (-1)^{n+1}(x-2)^n + \ldots$$

と展開することができる。この級数が収束する範囲は $1 < x < 3$ である（図7-3 参照）。

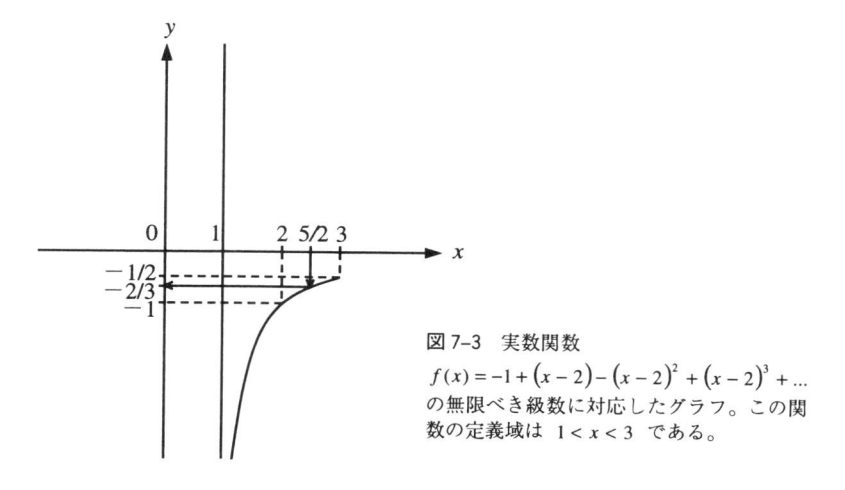

図7-3 実数関数
$f(x) = -1 + (x-2) - (x-2)^2 + (x-2)^3 + \ldots$
の無限べき級数に対応したグラフ。この関数の定義域は $1 < x < 3$ である。

第7章　解析接続

あるいは $|x-2|<1$ となって、この場合も収束半径は 1 である。例えば、この式に $x=5/2$ を代入すると

$$f\left(\frac{5}{2}\right) = -1 + \frac{1}{2} - \left(\frac{1}{2}\right)^2 + \left(\frac{1}{2}\right)^3 - \left(\frac{1}{2}\right)^4 + \left(\frac{1}{2}\right)^5 = -1 + \frac{1}{2} - \frac{1}{4} + \frac{1}{8} - \frac{1}{16} + \ldots$$

となる。これは、**初項** (first term) が -1 で**公比** (common ratio) が $-1/2$ の**無限等比級数** (infinite geometric progression) の和であるから

$$f\left(\frac{5}{2}\right) = \frac{-1}{1-\left(-\frac{1}{2}\right)} = -\frac{2}{3}$$

と計算できる。これを、もとの式 $f(x) = \dfrac{1}{1-x}$ に代入すると

$$f\left(\frac{5}{2}\right) = \frac{1}{1-\left(\dfrac{5}{2}\right)} = -\frac{2}{3}$$

となって、確かにテーラー展開した級数式に代入した値と同じ値が得られる。

つまり、テーラー展開の収束半径は 1 であるが、a の値を順次変化させていけば、ほとんどすべての実数軸に対応した級数展開式をつくることができる。$x=2$ のまわりの展開式と収束範囲は

$$f(x) = -1 + (x-2) - (x-2)^2 + (x-2)^3 + \ldots + (-1)^{n+1}(x-2)^n + \ldots \qquad (1 < x < 3)$$

であったが、$x=3$ のまわりで展開すると

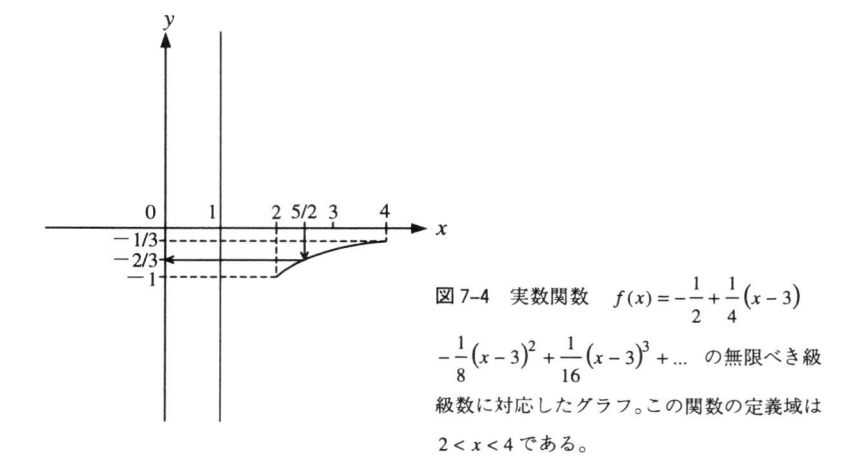

図 7-4　実数関数　$f(x) = -\dfrac{1}{2} + \dfrac{1}{4}(x-3) -\dfrac{1}{8}(x-3)^2 + \dfrac{1}{16}(x-3)^3 + \ldots$ の無限べき級数に対応したグラフ。この関数の定義域は $2 < x < 4$ である。

$$f(x) = -\frac{1}{2} + \frac{1}{4}(x-3) - \frac{1}{8}(x-3)^2 + \frac{1}{16}(x-3)^3 + \ldots + \left(-\frac{1}{2}\right)^{n+1}(x-3)^n + \ldots$$
$$(2 < x < 4)$$

となる(図7-4参照)。このように、この関数のテーラー展開の収束半径は1であるが、a の値を変化させるだけで、その定義域を拡張できる。

今行ったテーラー展開の2つの式は $2 \leq x \leq 3$ で定義域が重なっている。そこで、両方の式が使える $x = 3/2$ を、それぞれの式に代入してみよう。すると最初の式では

$$f\left(\frac{3}{2}\right) = -1 + \left(\frac{3}{2} - 2\right) - \left(\frac{3}{2} - 2\right)^2 + \left(\frac{3}{2} - 2\right)^3 + \ldots + (-1)^{n+1}\left(\frac{3}{2} - 2\right)^n + \ldots$$
$$= -1 - \frac{1}{2} - \frac{1}{4} - \frac{1}{8} \ldots - \left(\frac{1}{2}\right)^{n-1} = \frac{-1}{1 - (1/2)} = -2$$

と与えられる。つぎの式では

$$f\left(\frac{3}{2}\right) = -\frac{1}{2} + \frac{1}{4}\left(\frac{3}{2}-3\right) - \frac{1}{8}\left(\frac{3}{2}-3\right)^2 + \frac{1}{16}\left(\frac{3}{2}-3\right)^3 + \ldots + \left(-\frac{1}{2}\right)^{n+1}\left(\frac{3}{2}-3\right)^n + \ldots$$

$$= -\frac{1}{2} - \frac{3}{8} - \frac{9}{32} - \frac{27}{128} + \ldots + \left(-\frac{1}{2}\right)\left(\frac{3}{4}\right)^{n-1} + \ldots = \frac{-1/2}{1-(3/4)} = -2$$

となって、共通の領域では、両展開式は確かに同じ値を与える。(もちろん、$f(x) = 1/(1-x)$ に $x = 3/2$ を代入しても同じ値が得られる。)

しかし、定義域を限定しながら不自由な展開式を何個も並列に使わなくとも、$f(x) = 1/(1-x)$ という式を使えば、$x = -1$ 以外のすべての実数軸に対応できる。別の視点で整理すると、異なる領域で定義されているふたつの関数が、$f(x) = 1/(1-x)$ という**関数**によって**定義域が実数全体に拡張**されることになる。

ただし、実数関数ではその定義域は実数軸というたった一本の線上であるが、複素関数は、複素平面と呼ばれる 2 次元平面で定義されている。そして、複素関数の解析接続というのは、複素平面の中のある限られた領域 (domain) で定義されている関数を、この領域と共通部分を有していて、複素平面の別な領域まで定義されている関数を使って、定義域を広げていくという手法である。

演習 7-1 $f(x) = 1/(1-x)$ を $x = 3$ のまわりでテーラー展開せよ。

解) $x = 3$ のまわりのテーラー展開の一般式は

$$f(x) = f(3) + f'(3)(x-3) + \frac{1}{2}f''(3)(x-3)^2$$
$$+ \frac{1}{3!}f'''(3)(x-3)^3 + \ldots + \frac{1}{n!}f^{(n)}(3)(x-3)^n + \ldots$$

となる。ここで

$$f(3) = \frac{1}{1-3} = -\frac{1}{2} \qquad f'(3) = \frac{1}{(1-3)^2} = \frac{1}{4} \qquad f''(3) = \frac{2}{(1-3)^3} = -\frac{1}{4}$$

$$f'''(3) = \frac{2\cdot 3}{(1-3)^4} = \frac{3}{8} \qquad f^{(4)}(3) = \frac{4!}{-2^5} \qquad \dots \qquad f^{(n)}(3) = \frac{n!}{(-2)^{n+1}}$$

であるから

$$f(x) = -\frac{1}{2} + \frac{1}{4}(x-3) - \frac{1}{8}(x-3)^2 + \frac{1}{16}(x-3)^3 + \dots + \left(-\frac{1}{2}\right)^{n+1}(x-3)^n + \dots$$

となる。

7.2. 複素関数の解析接続

ここで、複素関数の例として

$$f(z) = 1 + z + z^2 + z^3 + \dots + z^n + \dots$$

という無限級数を考えてみよう。この級数展開式の収束半径は $|z|<1$ であり、図7-5に示した複素平面(z平面)の原点を中心とする半径1の領域 (domain) が定義域であり、これ以外の領域では発散してしまう。ここで、つぎの級数展開を考える。

$$g(z) = \frac{1}{2} + \frac{1}{4}(z+1) + \frac{1}{8}(z+1)^2 + \frac{1}{16}(z+1)^3 + \dots + \left(\frac{1}{2}\right)^{n+1}(z+1)^n + \dots$$

この収束範囲は $|z+1|<2$ となり、図7-6に示すように最初の級数展開式と共通部分を持っている。複素関数では、共通部分にある点 z_0 でこれら級数が同じ値を有する時、つまり

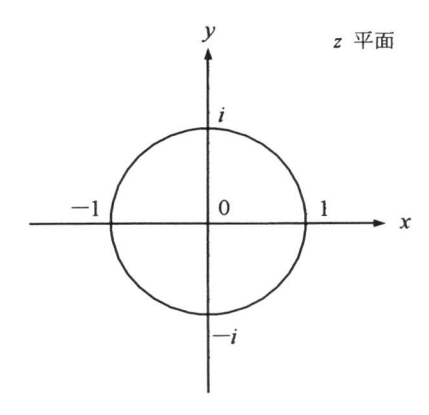

第 7 章　解析接続

図 7-5　複素関数
$$f(z) = 1 + z + z^2 + z^3 + \ldots$$
の定義域は、複素平面における半径 1 の円である。

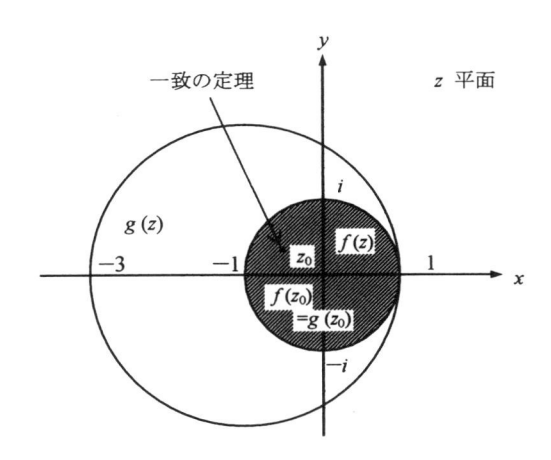

図 7-6　複素関数
$$f(z) = \frac{1}{2} + \frac{1}{4}(z+1) + \frac{1}{8}(z+1)^2 + \frac{1}{16}(z+1)^3 + \ldots$$
の複素平面における定義域は $z = -1$ に中心を有する半径 2 の円である。この時、定義域は図 7-5 の複素関数と共通部分を有する。

$$f(z_0) = g(z_0)$$

であるとき、これら級数展開は、同じ関数になる。これを**一致の定理** (identity

theorem) と呼んでいる。

ここで、試しに共通部分にある $z = -1/2$ を代入してみよう。すると

$$f\left(-\frac{1}{2}\right) = 1 + \left(-\frac{1}{2}\right) + \left(-\frac{1}{2}\right)^2 + \left(-\frac{1}{2}\right)^3 + \ldots + \left(-\frac{1}{2}\right)^n + \ldots$$

となって、初項が 1 で公比が $-(1/2)$ の無限等比級数の和となるので

$$f\left(-\frac{1}{2}\right) = \frac{1}{1 - (-1/2)} = \frac{2}{3}$$

と与えられる。一方

$$g\left(-\frac{1}{2}\right) = \frac{1}{2} + \frac{1}{4}\left(\frac{1}{2}\right) + \frac{1}{8}\left(\frac{1}{2}\right)^2 + \frac{1}{16}\left(\frac{1}{2}\right)^3 + \ldots + \left(\frac{1}{2}\right)^{n+1}\left(\frac{1}{2}\right)^n + \ldots$$

となり、こちらは初項が 1/2 で公比が 1/4 の無限等比級数の和となるから

$$g\left(-\frac{1}{2}\right) = \frac{1/2}{1 - (1/4)} = \frac{2}{3}$$

となって、確かに

$$f\left(-\frac{1}{2}\right) = g\left(-\frac{1}{2}\right)$$

となっている。定義域の共通部分では、すべてこれらふたつの級数展開式は同じ値を与える。この時、$g(z)$ のことを $f(z)$ の **解析接続** (analytic continuation) と呼んでいる。

逆の視点でみれば、$f(z)$ が $g(z)$ の解析接続となっていると考えることもできる。

第7章 解析接続

> **演習 7-2** ふたつの関数 $f(z)$ と $g(z)$ の共通の定義域に位置する $z = \dfrac{-1+i}{2}$ に対応した値を求めよ。

解) まず最初の級数式 $f(z) = 1 + z + z^2 + z^3 + \ldots + z^n + \ldots$ に代入すると

$$f\left(\frac{-1+i}{2}\right) = 1 + \left(\frac{-1+i}{2}\right) + \left(\frac{-1+i}{2}\right)^2 + \left(\frac{-1+i}{2}\right)^3 + \ldots + \left(\frac{-1+i}{2}\right)^n + \ldots$$

となる。これは初項が 1 で、公比が $\dfrac{-1+i}{2}$ の無限級数であるから

$$f\left(\frac{-1+i}{2}\right) = \frac{1}{1 - \left(\dfrac{-1+i}{2}\right)} = \frac{2}{2+1-i} = \frac{2}{3-i}$$

と与えられる。また

$$g(z) = \frac{1}{2} + \frac{1}{4}(z+1) + \frac{1}{8}(z+1)^2 + \frac{1}{16}(z+1)^3 + \ldots + \left(\frac{1}{2}\right)^{n+1}(z+1)^n + \ldots$$

では

$$g(z) = \frac{1}{2} + \frac{1}{4}\left(\frac{1+i}{2}\right) + \frac{1}{8}\left(\frac{1+i}{2}\right)^2 + \frac{1}{16}\left(\frac{1+i}{2}\right)^3 + \ldots + \left(\frac{1}{2}\right)^{n+1}\left(\frac{1+i}{2}\right)^n + \ldots$$

となり、初項が 1/2 で、公比が $\dfrac{1+i}{4}$ の無限等比級数の和となるから

$$g\left(\frac{-1+i}{2}\right) = \frac{1/2}{1 - \left(\dfrac{1+i}{4}\right)} = \frac{2}{4-1-i} = \frac{2}{3-i}$$

となって、確かにふたつの級数展開は同じ値を与える。

　もうすでにお気づきのことと思うが、以上の級数展開は、両式とも

$$f(z)=\frac{1}{1-z}$$

のテーラー級数であるので、同じ値になることは当たり前である。しかし、それが分からない段階では、解析接続の手法で定義域を拡大していくことが可能となる。
　また、すでに紹介したように、正則関数（あるいは特異点を除けば正則である関数）の級数展開を、複素平面のある領域で行ったときに、その級数展開は、ただひとつになるという性質がある。これを**級数展開の一意性**(uniqueness of power series) と呼んでいる。しかも、その級数展開はテーラー展開でなければならない。しかし、よく考えてみれば、べき級数の係数を任意と置いて、高階導関数を利用して、ただ一通りに導出されるのが、テーラー展開であるし、その他の係数を得ることはできないから、必然的な性質ではある。
　解析接続は、解析関数すなわち正則関数でなければならない。つまり、特異点を含む領域ではうまくいかないことになる。その例を見てみよう。この関数の特異点は $z=1$ である。そこで、$z=1/2$ のまわりで級数展開してみよう。すると

$$f(z) = 2 + 4\left(z-\frac{1}{2}\right) + 8\left(z-\frac{1}{2}\right)^2 + 16\left(z-\frac{1}{2}\right)^3 + ... + (2)^{n+1}\left(z-\frac{1}{2}\right)^n + ...$$

となる。ここで $z=3/4$ を代入すると

第7章 解析接続

$$f\left(\frac{3}{4}\right) = 2 + 4\left(\frac{1}{4}\right) + 8\left(\frac{1}{4}\right)^2 + 16\left(\frac{1}{4}\right)^3 + \ldots + (2)^{n+1}\left(\frac{1}{4}\right)^n + \ldots$$

となって、初項が2で公比が1/2の無限等比級数の和となるから

$$f\left(\frac{3}{4}\right) = \frac{2}{1 - \frac{1}{2}} = 4$$

となり、$f(z) = \dfrac{1}{1-z}$ に $z = 3/4$ を代入したのと同じ値が得られる。それでは、ここで、$z = 5/4$ としたらどうなるであろうか。

$$f\left(\frac{5}{4}\right) = 2 + 4\left(\frac{3}{4}\right) + 8\left(\frac{3}{4}\right)^2 + 16\left(\frac{3}{4}\right)^3 + \ldots + (2)^{n+1}\left(\frac{3}{4}\right)^n + \ldots$$

となり、発散してしまう。つまり、この級数展開式では、正しい値が得られないことになる。これは、この領域に $z = 1$ の特異点が含まれており、$z = 5/4$ は、特異点を超えた領域に入っているからである。つまり、この方向では、うまく解析接続ができないことになる。

演習7-3 つぎの級数展開式の定義域は $|z| < 1$ である。

$$f(z) = 1 - z + z^2 - z^3 + \ldots + (-1)^n z^n + \ldots$$

これを解析接続により、定義域を複素平面全体に拡張せよ。

解) この展開式は、初項が1で、公比が $-z$ の無限等比級数の和となっている。よって

$$f(z)=\frac{1}{1+z}$$

と与えられる。実際に $|z|<1$ の範囲では、これらの関数は同じ値を与える。ところが、得られた関数は、その定義域を $|z|<1$ に限定する必要はなく、$z=-1$ 以外のすべての複素平面に適用できる。すなわち、この $1/(1+z)$ が求める解析接続である。

しかし、テーラー展開式に基礎を置いて、解析接続していく手法では、当たり前すぎて拍子抜けしてしまう。そこで、実際に解析接続が必要となる複素関数の例を見てみよう。

7.3. ガンマ関数の解析接続

複素関数の解析接続の例としてよく取り上げられるのが**ガンマ関数** (Gamma function; Γ function) である。ガンマ関数はつぎの積分によって定義される**特殊関数** (special function) である。

$$\Gamma(z) = \int_0^\infty t^{z-1}e^{-t}dt$$

この積分が収束するためには、z の実数部が正でなければならない。

$$\mathrm{Re}(z) > 0$$

つまり、複素平面の右半分で定義されている関数ということになる。ガンマ関数のグラフを実数の範囲で描くと図7-7のように、正の範囲がその定義域となる。

この関数は**階乗** (factorial) と同じ働きをするので、物理数学において階

第7章 解析接続

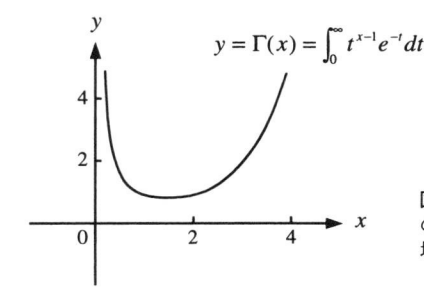

図7-7 積分で定義されたガンマ関数のグラフ。実数が正の領域がその定義域となる。

$$y = \Gamma(x) = \int_0^\infty t^{x-1}e^{-t}dt$$

乗の近似を行うときなどに利用される。その特徴をまず調べてみよう。

部分積分 (integration by parts) を利用すると

$$\Gamma(z+1) = \int_0^\infty t^z e^{-t}dt = \left[-t^z e^{-t}\right]_0^\infty + z\int_0^\infty t^{z-1}e^{-t}dt = z\int_0^\infty t^{z-1}e^{-t}dt = z\Gamma(z)$$

という関係が得られる。（補遺5参照）（もしzの実数部が負であると、この積分の下端で$t \to 0$で、$t^z \to \infty$と発散してしまうので値が得られない。このため、この積分を使ったガンマ関数の定義域は実数部が正の領域となる。）

よって、ガンマ関数は

$$\Gamma(z+1) = z\Gamma(z)$$

という**漸化式** (recursion relation) を満足することが分かる。ここで

$$\Gamma(1) = \int_0^\infty e^{-t}dt = \left[-e^{-t}\right]_0^\infty = 1$$

と計算できるので、zとして正の整数を選ぶと

$$\Gamma(2) = 1\Gamma(1) = 1 \qquad \Gamma(3) = 2\Gamma(2) = 2\cdot 1 \qquad \Gamma(4) = 3\Gamma(3) = 3\cdot 2\cdot 1$$

と順次計算でき

$$\Gamma(n+1) = n \cdot (n-1) \cdot (n-2) \cdots 3 \cdot 2 \cdot 1 = n!$$

のように、階乗に対応していることが分かる。このため、ガンマ関数のことを**階乗関数** (factorial function) とも呼ぶ。ここで、$n = 0$ を代入すると

$$\Gamma(1) = 0!$$

となるから $0! = 1$ となることが分かる。階乗を習うとき、くわしい説明もなく「$0! = 1$ とする」ということで済まされるが、ガンマ関数を基本に階乗を考えれば、この定義が自然であることが理解できる。

さらにガンマ関数は、実数、さらには複素数に拡張することができる。例えば

$$\Gamma\left(\frac{1}{2}\right) = \int_0^\infty t^{-\frac{1}{2}} e^{-t} dt$$

のように、整数でない場合のガンマ関数が、この積分で定義できる。この積分は $t = u^2$ とおくと $dt = 2udu$ であるから

$$\Gamma\left(\frac{1}{2}\right) = 2\int_0^\infty \exp(-u^2) du$$

と変形できるが、この積分は有名な**ガウス積分**（補遺3 参照）であり

$$\int_0^\infty \exp(-u^2) du = \frac{\sqrt{\pi}}{2}$$

と計算できる。よって

第7章　解析接続

$$\Gamma\left(\frac{1}{2}\right) = \sqrt{\pi}$$

と値が得られる。いったん、この値が計算できれば漸化式を利用することで

$$\Gamma\left(\frac{3}{2}\right) = \Gamma\left(\frac{1}{2}+1\right) = \frac{1}{2}\Gamma\left(\frac{1}{2}\right) = \frac{\sqrt{\pi}}{2}$$

のように $\Gamma(3/2)$ の値が簡単に計算できる。よって、正の実数に対する**ガンマ関数の値は $0 < z < 1$ の範囲の値が分かれば、漸化式によってすべて計算できることになる。**

　ところで、最初の積分による定義では、ガンマ関数は複素平面の右半分だけに限定されている。それで不自由がないと言えば、それまでだが、何とか複素平面全体にその定義域を広げることができないであろうか。

　ガンマ関数は、最初の積分によって定義されたものであるが、その積分の性質から

$$\Gamma(z+1) = z\Gamma(z)$$

という漸化式が得られる。そこで、この漸化式を利用してガンマ関数を定義しなおす。すると

$$\Gamma(z) = \frac{\Gamma(z+1)}{z}$$

という定義式になる。この式を利用すれば

$$\Gamma\left(-\frac{1}{2}\right) = \frac{\Gamma\left(-\frac{1}{2}+1\right)}{-\frac{1}{2}} = \frac{\Gamma\left(\frac{1}{2}\right)}{-\frac{1}{2}} = -2\Gamma\left(\frac{1}{2}\right)$$

$$y = \Gamma(x) = \int_0^\infty t^{x-1} e^{-t} dt$$

$$\Gamma(z) = \frac{\Gamma(z+1)}{z}$$

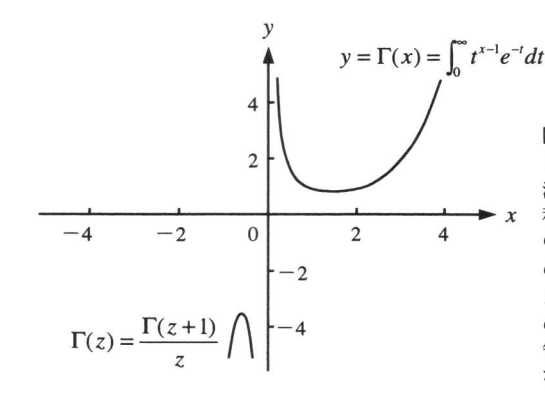

図 7-8 　ガンマ関数は、$\Gamma(z) = \Gamma(z+1)/z$ の漸化式を満足する。そこで、この式を利用すれば、$0 < z < 1$ の範囲の $\Gamma(z)$ の値から、$-1 < z < 0$ の範囲の $\Gamma(z)$ の値を計算することができる。よって、図のように $z = -1$ までの負の領域に定義域を広げることができる。

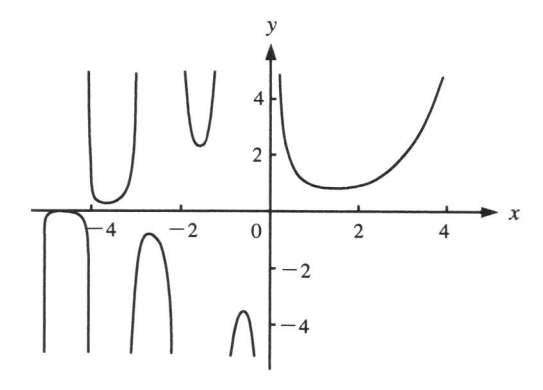

図 7-9 　図 7-8 で用いた手法を用いれば、$-1 < z < 0$ の範囲の $\Gamma(z)$ の値から、$-2 < z < -1$ の範囲の $\Gamma(z)$ の値を計算することができる。この手法を順次繰り返していけば、ガンマ関数の定義域をすべての領域に広げることができる。

のように、負の領域の値を求めることができる。この時、$0 < z < 1$ の範囲の $\Gamma(z)$ の値から、$-1 < z < 0$ の $\Gamma(z)$ の値が得られる（図7-8 参照）。同様にして、$-1 < z < 0$ の $\Gamma(z)$ の値から、$-2 < z < -1$ の範囲の値が得られ、これを順次繰り返していけば、図7-9 に示すように、すべての領域にガンマ関数の定義域を拡張することができる。これを**ガンマ関数の解析接続**と呼んでいる。

演習 7-4 積分によって定義された関数 $f(z) = \int_0^\infty t^3 e^{-zt} dt$ は、複素平面の右半面 $\text{Re}(z) > 0$ に定義域を有する。この関数を複素平面の左半面 $(\text{Re}(z) < 0)$ の領域へ解析接続した関数を求めよ。

解） 部分積分を利用して、この積分の値を求める。補遺 5 を使うと

$$f(z) = \int_0^\infty t^3 e^{-zt} dt = \left[t^3 \left(\frac{e^{-zt}}{-z} \right) \right]_0^\infty + \frac{3}{z} \int_0^\infty t^2 e^{-zt} dt = \frac{3}{z} \int_0^\infty t^2 e^{-zt} dt$$

$$\int_0^\infty t^2 e^{-zt} dt = \left[t^2 \left(\frac{e^{-zt}}{-z} \right) \right]_0^\infty + \frac{2}{z} \int_0^\infty t e^{-zt} dt = \frac{2}{z} \int_0^\infty t e^{-zt} dt$$

$$\int_0^\infty t e^{-zt} dt = \left[t \left(\frac{e^{-zt}}{-z} \right) \right]_0^\infty + \frac{1}{z} \int_0^\infty e^{-zt} dt = \frac{1}{z} \left[-\frac{e^{-zt}}{z} \right]_0^\infty = \frac{1}{z^2}$$

よって

$$f(z) = \frac{6}{z^4}$$

と与えられる。この関数は、$z = 0$ が特異点となるが、$\text{Re}(z) < 0$ の領域でも定義できる。つまり、これが求める解析接続である。

演習 7-5 $f(z) = \int_0^\infty (1+t) e^{-zt} dt$ は、複素平面の右半面 $\text{Re}(z) > 0$ に定義域を有する。この関数を、複素平面の左半面 $(\text{Re}(z) < 0)$ の領域へ解析接続した関数を求めよ。

解） この積分をふたつの項に分けると

$$f(z) = \int_0^\infty (1+t)e^{-zt}dt = \int_0^\infty e^{-zt}dt + \int_0^\infty te^{-zt}dt$$

まず、最初の積分は

$$\int_0^\infty e^{-zt}dt = \left[\frac{e^{-zt}}{-z}\right]_0^\infty = \frac{1}{z}$$

となるが、もし Re(z) < 0 であれば、$t \to \infty$ で exp($-zt$) の値が発散することから、定義域が Re(z) > 0 であることが確認できる。つぎの項の積分は、部分積分を利用して

$$\int_0^\infty te^{-zt}dt = \left[t\left(\frac{e^{-zt}}{-z}\right)\right]_0^\infty + \frac{1}{z}\int_0^\infty e^{-zt}dt = \frac{1}{z}\int_0^\infty e^{-zt}dt = \frac{1}{z^2}$$

と与えられる。よって

$$f(z) = \frac{1}{z} + \frac{1}{z^2}$$

となる。この関数は、$z=0$ が特異点となるが、Re(z) < 0 の領域でも定義できる。つまり、これが求める解析接続である。

　解析接続の概念にはじめて出会うと、いったいどうしてこんなことができるのか、また、どうしてこんな操作が必要なのかと疑問に思う。本章で紹介したように、実数関数であっても、テーラー展開の中心を変えることで、定義域を広げるという操作は可能である。
　一方、複素関数では、その変数の動ける範囲が複素平面という 2 次元の

第 7 章　解析接続

世界に広がっているため、少し取り扱いが面倒になる反面、思いもよらない理工系への応用が可能となっている。

　19 世紀までは数学界にも複素数（虚数）を使った数学手法に強い拒否反応があったが、物理において熱伝導や電磁気学、流体力学などの分野で偏微分方程式が重要になってくると、実数関数よりも複素関数の方がはるかに適応能力が高いことが明らかになってきた。そして、20 世紀になると、複素数は物理数学の必須の道具となる。その証拠に、現代物理学の基本である「量子力学」の建設は、複素数によって行われている。

　多くの分野に共通しているが、何か手詰まり状態になったら、新しい手法を試してみるということが重要になる。複素関数の利用も、そのひとつである。しかし、複素関数の利点を生かした応用を模索しているとき、その変数の動ける範囲が、限られた領域に限定されているのでは不都合な場合が多い。そこで、解析接続によって、本来の性質とは少し異なるが、その基本的な特徴を生かしたかたちで、関数の定義域を広げるという手法を採用するのである。

　例えば、積分形で定義されたガンマ関数を物理数学へ利用していたら、突然、実数部が負の関数が現れる場合がある。この時、この領域は、ガンマ関数が定義できないから、ここで計算はおしまいというわけにはいかない。そこで、解析接続を利用して、何とかその値を求めるという工夫をすることになる。もちろん、この操作が重要な成果につながることもあれば、拡張すること自体が無意味であるという場合もある。しかし、解析接続という概念を知っていれば、少なくともひとつの解決策を与えるヒントが得られる。物理数学には、意外とこのような例が多い。

第8章　多価関数とリーマン面

　複素関数を習っていると、**リーマン面** (Riemann surface) と呼ばれる少し分かりにくい概念が登場する。複素平面が 1 枚では足りないので、複数の面をつくるのであるが、なぜ 1 面しかないはずの複素平面の数を増やすのか訳がわからないという不満を聞いたことがある。ただでさえ、複素数には虚数という実際には存在しない数が含まれているのに、さらに複素平面にも、実際には存在しない面が増えたのでは手に負えないということであろう。

　実は、リーマン面は、実数関数にも存在する**多価関数** (multi-valued function) に対処するために考えられた手法であり、いたずらに複素平面の数を増やしたのではない。多価関数とは、ひとつの変数 x に対して $y=f(x)$ の値が複数存在する関数である。y の値が複数あったのでは、その解析ができない。そこで、実数関数の場合は、その定義域を狭めることで、x と y を 1 対 1 に対応させる。複素関数でも同様の手法が使えるが、それだけでは不充分な場合があり、対策としてリーマン面が導入された。

　複素関数の開祖は**コーシー** (Cauchy) と**リーマン**(Riemann) の二人であるが、コーシーが主に複素関数の解析的な側面を発展させたのに対し、リーマンはその幾何学的な側面を発展させたことで知られている。リーマン面など、その最たるものである。

　本章では、まず実数関数の多価関数について復習したあとで、複素数の多価関数がどういうものかを紹介する。そのうえで、多価関数を表現するのに、リーマン面がどのように役に立つのかを紹介する。

8.1.　多価関数とは

　関数 $y=\sin x$ のグラフを描くと、図 8-1 に示すように周期が 2π ごとに

第 8 章　多価関数とリーマン面

図 8-1　$y=\sin x$ のグラフ。

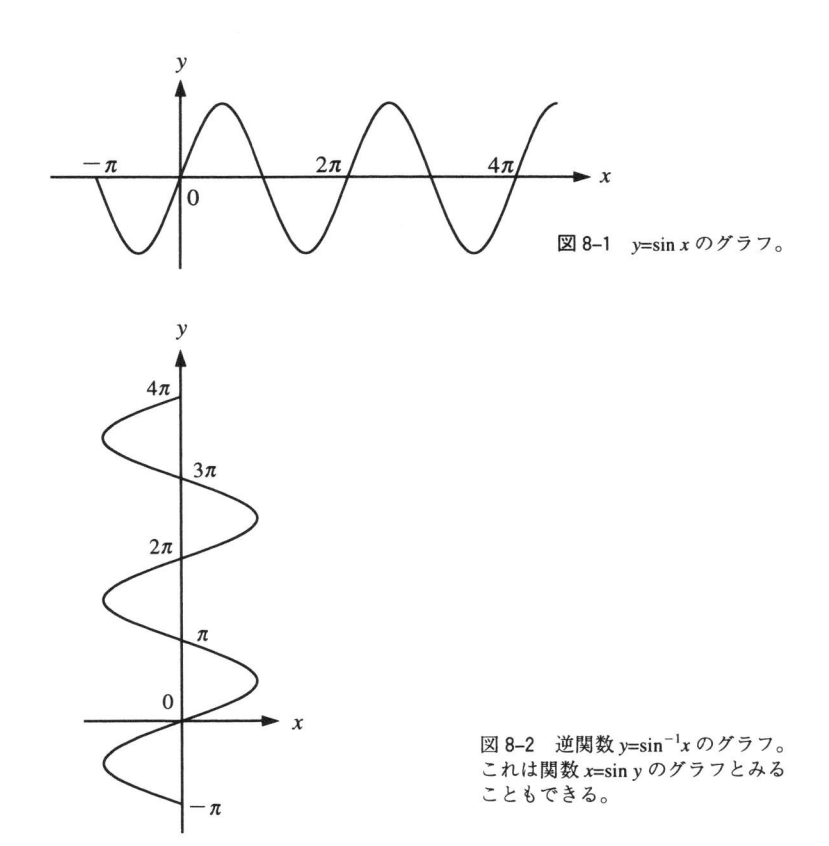

図 8-2　逆関数 $y=\sin^{-1} x$ のグラフ。これは関数 $x=\sin y$ のグラフとみることもできる。

振幅が 1 の振動を繰り返すグラフとなる。それでは、この**逆関数** (inverse function)

$$y = \sin^{-1} x \quad (y = \arcsin x \text{とも表記する})$$

のグラフはどうなるであろうか。これは、図 8-1 のグラフと $y=x$ に関して対称となり、図 8-2 のようになる。これは、もとの関数の x と y を入れ換えた $x = \sin y$ のグラフとみなすこともできる。

ひとめ見ただけでは、何の変哲もないグラフであるが、ここで問題が起

こる。それは、1個の**独立変数** (independent variable) x に対して**従属変数** (dependent variable) y の値が無数にある点である。y を x の関数とみなして

$$y = f(x)$$

と表記するが、ある x を与えたときに y の値がひとつになってくれないと、関数値が決められない。これが $y = f(x) = \sin x$ であれば、x の値に対してただひとつの y の値が決まるので問題がない。

例えば、$y = \sin^{-1} x$ を微分や積分することを考える。ところが

$$\frac{d(\sin^{-1} x)}{dx} \qquad \int \sin^{-1} x \, dx$$

を計算しようにも、$\sin^{-1} x$ の値が無数にあったのでは、どれを採用してよいか分からない。これが多価関数の問題である。

演習 8-1　$y = \sin^{-1} x$ の導関数を求めよ。

解）　$x = \sin y$ であるから

$$\frac{dx}{dy} = \cos y$$

となる。ここで

$$\sin^2 y + \cos^2 y = 1$$

の関係にあるから

第 8 章　多価関数とリーマン面

$$\cos y = \pm\sqrt{1-\sin^2 y} = \pm\sqrt{1-x^2}$$

と変形できるので、結局

$$\frac{d}{dx}\left(\sin^{-1} x\right) = \frac{1}{\dfrac{dx}{dy}} = \frac{1}{\cos y} = \pm\frac{1}{\sqrt{1-x^2}}$$

と与えられる。このように、多価関数の性質を反映して、導関数には正負の符号がついている。ただし、もともとの関数は、ひとつの x に対して無限個の y の値が対応するが、その変化は単調であるので、導関数は 2 価になっている。

　それでは、多価関数に対処するには、どうしたらよいであろうか。第 3 章で紹介したように、現在とられている対策は、y の範囲を限定して、x に対して y の値がひとつになるようにする方法である。このような y の範囲を**主枝**（principal branch）と呼び、この時の y の値を**主値**（principal value）と呼んでいる。

　例えば、$y = \sin^{-1} x$ の場合には、$-\pi/2 \leq y \leq \pi/2$ を主枝とすると、この関数のグラフは図 8-3 のようになって、変数 x に対して、ただひとつの y の値が対応することになる。こうすれば、導関数もただひとつになって

$$\frac{d}{dx}\left(\sin^{-1} x\right) = \frac{1}{\sqrt{1-x^2}}$$

と与えられる。

　ここで、注意すべきは、主枝の範囲は自由に選べるという事実である。$y = \sin^{-1} x$ の場合は、一般的に $-\pi/2 \leq y \leq \pi/2$ が採用されるが、

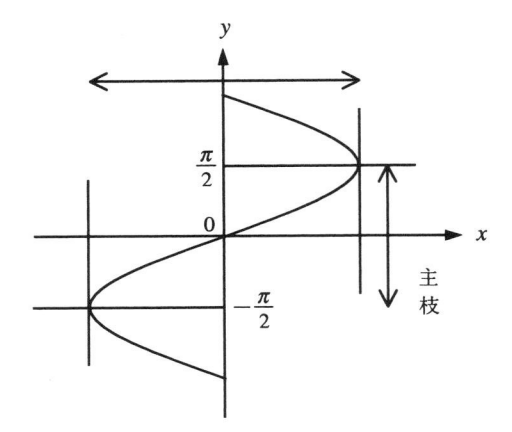

図 8-3 関数 $y=\sin^{-1}x$ のグラフの主枝。このように y の動ける範囲を限定すれば、独立変数 x に対して、ただひとつの従属変数 y を対応させることができる。

$\pi/2 \leq y \leq 3\pi/2$ としても構わない。この場合の導関数には負の符号がつく。

演習 8-2 $y=\sin^{-1}x$ が主枝の範囲（$-\pi/2 \leq y \leq \pi/2$）でのみ定義されているものと仮定して、その不定積分を求めよ。

解） 主枝の範囲では、演習 8-1 で求めたように、$\sin^{-1}x$ の微分は

$$\frac{d}{dx}(\sin^{-1}x) = \frac{1}{\sqrt{1-x^2}}$$

で与えられる。ここで**部分積分** (integration by parts) を利用すると

$$\int \sin^{-1}x\,dx = \int (x)' \cdot \sin^{-1}x\,dx = x\sin^{-1}x - \int x\left(\sin^{-1}x\right)' dx$$

となる。よって

第8章　多価関数とリーマン面

$$\int x\left(\sin^{-1} x\right)' dx = \int \frac{xdx}{\sqrt{1-x^2}}$$

ここで、$1-x^2 = t$ とおくと $-2xdx = dt$ であるから

$$\int \frac{xdx}{\sqrt{1-x^2}} = -\frac{1}{2}\int \frac{dt}{\sqrt{t}} = -\frac{1}{2}\int t^{-\frac{1}{2}} dt = -\frac{1}{2} \cdot \frac{1}{-\frac{1}{2}+1} t^{-\frac{1}{2}+1} = -t^{\frac{1}{2}} = -\sqrt{t}$$

よって

$$\int x\left(\sin^{-1} x\right)' dx = -\sqrt{t} = -\sqrt{1-x^2}$$

と計算できることになる。これを、もとの式に代入すると

$$\int \sin^{-1} xdx = x\sin^{-1} x - \int x\left(\sin^{-1} x\right)' dx = x\sin^{-1} x + \sqrt{1-x^2}$$

と積分できる。

　このように、多価関数では定義域を狭めて、**ひとつの独立変数にひとつの従属変数が対応する**工夫をすることで、問題を解決することができる。しかし、本来は y 方向に無限に続くグラフであるのに、その一部分だけを取り出すという操作に対しては、本当にこんな対策でいいのかという疑問もあろう。少し違和感はあるが、実数関数に関しては、この対処方法で問題がないのである。

　実は、多価関数は複素関数にも存在し、同様の問題が発生する。もちろん、ここで紹介したように関数の定義域を狭めて、意図的に z と w を1対1に対応させるという対策もある。しかし、複素関数には奥の手として、リ

―マン面を使う手法がある。

8.2. 複素数の多価性

実は、複素関数を考えるまでもなく、複素数自体に**多価性**が潜んでいるのである。複素平面上に複素数を表示する場合

$$z = x + yi$$

のように、2変数 x と y を使って表示することもできるが、すでに紹介したように変数 r と θ を使って

$$z = re^{i\theta}$$

と表示することも可能である。このような表記方法を**極形式** (polar form)と呼んでいる。変数 r は原点からの**距離** (modulus)、あるいは**絶対値** (absolute value)、変数 θ は**偏角** (argument) に対応している。ここで r を一定とすると、この表式は複素平面における半径 r の円に対応する。 θ を 0 から増やしていくと、この複素数は、半径 r の円上を実軸から出発して反時計まわりに回転していくが、ちょうど 2π 回転したところで同じ実軸上の点にもどってくる。よって

$$z = r\exp(i0) = r\exp(i2\pi)$$

となり、2π の周期をもって、常に同じ値になる。つまり

$$z = r\exp\{i(\theta + 2n\pi)\}$$

は n が整数の場合、すべて同じ複素数に対応している。つまり、複素数そのものが、偏角に着目すれば、すでに多価性を有するのである。

この問題を回避するために、実数と同じように、**主枝** (principal branch)

を規定する。一般には

$$0 \leq \theta < 2\pi \quad \text{あるいは} \quad -\pi \leq \theta < \pi$$

を選び、この範囲の偏角 θ を**主値** (principal value) と呼んでいる。

8.3. 複素関数の多価関数

それでは、複素関数の**多価関数** (multi-valued function) とはいったいどういうものであろうか。その一例として

$$w = f(z) = z^{\frac{1}{2}}$$

という関数を考えてみよう。一見したところ、非常に単純な関数で何も問題がないような印象を受けるが、実はこの関数は **2 価関数** (double-valued function) なのである。それを確かめてみよう。z 平面において半径 1 の円を、この関数を使って w 平面に写像する。この時、極座標では

$$z = e^{i\theta}$$

となるので

$$w = z^{\frac{1}{2}} = e^{i\frac{\theta}{2}}$$

と与えられる。

ここで、z と w の簡単な対応表をつくると

θ	0	π	2π	3π	4π
$z = \exp(i\theta)$	1	-1	1	-1	1
$w = \exp(i\theta/2)$	1	i	-1	$-i$	1

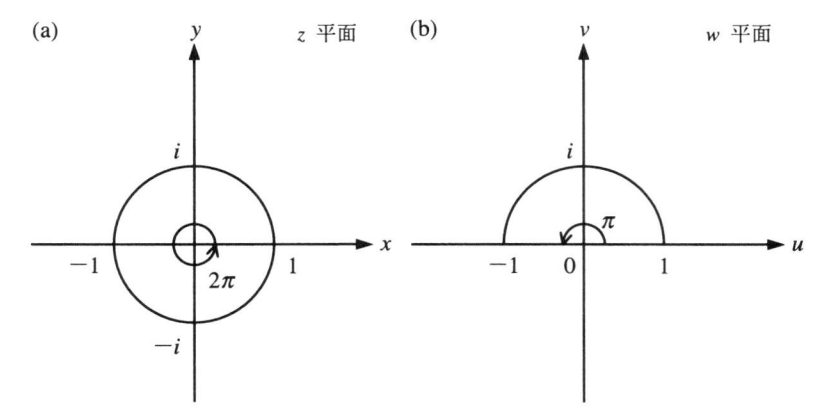

図 8-4 複素関数 $w=z^{1/2}$ では z 平面において 1 周しても、w 平面では半周しかしない。

となる。

ここで、図 8-4 に示すように、z 平面においては、θ が 0 から 2π まで増加する間に単位円を 1 周するが、w 平面では、半周しかしない。θ がさらに 2π から 4π まで変化してはじめて w 平面では円を 1 周することになる。

そこで、あらためて上の対応表をみると、$z=1$ に対して $w=1$ が対応しているが、しばらく進むと、今度は $z=1$ に対して $w=-1$ が対応している。これは、z 平面においては

$$z = e^{i0} = 1 \qquad z = e^{i2\pi} = 1$$

の 2 つの点に区別をつけることはできないが、それぞれに対応した w 平面の点は、

$$w = f(z) = e^{i0} = 1 \qquad w = f(z) = e^{i\pi} = -1$$

のように、明確に区別がつくためである。つまり、この関数は $z=1$ に対して 2 個の異なる値を持つことになり、2 価関数であることが分かる。

それでは、この問題にどのように対処したらよいのであろうか。ひとつ

第8章　多価関数とリーマン面

の方法は、実数関数と同じように、w 平面の動ける範囲を半円に限定してしまう手が考えられる。しかし、これではあまりに芸が無さ過ぎる。なぜなら、複素関数の場合、値は同じ1であっても、**偏角**（argument）を見れば 0 と 2π という区別がつけられるからである。これをうまく利用しない手はない。しかし残念なことに、z 平面だけでは、この違いが分からない。そこで、リーマンは、図 8-5 に示すように 2π から 4π まで偏角が変化するのに対応した別の z 平面、つまり**リーマン面**（Riemann surface）という仮想的な平面を考えたのである。この時、複素平面に原点から実軸に沿って切れ目を入れる。これを**切断線**（branch cut）と呼んでいる。（この線は、本来は無限遠まで伸びた半直線となる。）

ここで、分かりやすいように、複素平面を上から見た図と、それを横（左と右）から見た図を同時に示し、さらに、リーマン面に 1 と 2 という番号をつけて区別した。出発点として $\theta = 0$ の点を考える。θ が増えると、リーマン面 1 の上で反時計まわりに回転する。そして、$A \to B \to C \to D$ と移動し、出発点に戻るが、ここで切断線を通して別なリーマン面 2 に分岐する。すると、ふたたび θ の増加とともに、$E \to F \to G \to H$ と移動するが、ここで切断線に戻ったところで、もとのリーマン面 1 に戻る。こうすれば、z 平面上の独立変数と、w 平面上の従属変数が 1 対 1 に対応し、**1 価関数**（single-valued function）とみなすことができる。

それでは次に

$$w = f(z) = z^{\frac{1}{3}}$$

という複素関数の場合はどうなるであろうか。この場合は、すぐに 3 枚のリーマン面が必要となるのが分かる。同じように

$$w = f(z) = z^{\frac{1}{n}}$$

の場合には n 葉のリーマン面が必要になる。しかも、これら複数の面はい

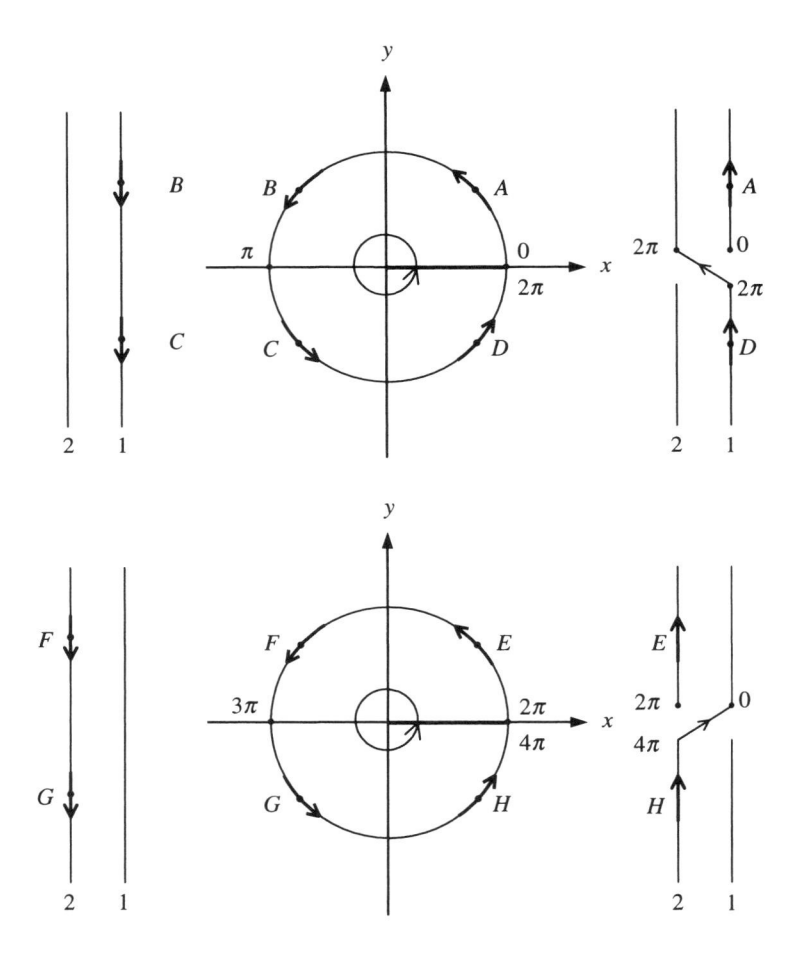

図 8-5　複素関数 $w=z^{1/2}$ のリーマン面。z 平面の原点から実軸の正の方向に半無限の切断線（branch cut）を入れる。図の円に沿って反時計まわりに回転することを考えてみよう。θ が増えるに従って、円上では $A \to B \to C \to D$ のように移動する。ここで出発点に戻ってきたとき、もう1枚のリーマン面（リーマン面2）に分岐する。この別な面上において $E \to F \to G \to H$ と移動して元の位置に戻ったときに、再び元のリーマン面（リーマン面1）に移動する。こうすると、独立変数と従属変数が1対1に対応することになる。

第 8 章　多価関数とリーマン面

たずらに導入されているのではなく、偏角によって明確に区別されている。つまりリーマン面というのは、z 平面だけでは対応できない偏角の変化を複数の面を使うことで、うまく幾何学的に取り入れたものと考えることができる。いたずらに、複素平面の数を増やしたのではなく、その根拠が明確であることを認識する必要があろう。

8.4. 分岐点

8.4.1. 分岐点とは

もっと前に断るべきであったかもしれないが、$w = z^{1/n}$ のかたちをした関数は正則関数ではない。試しに、半径 1 の単位円 ($z = e^{i\theta}$) に沿って、複素関数 $w = z^{1/2}$ の周回積分を求めてみよう。すると $dz = ie^{i\theta}d\theta$ であるから

$$\oint_C z^{\frac{1}{2}} dz = \int_0^{2\pi} e^{i\frac{\theta}{2}} ie^{i\theta} d\theta = i\int_0^{2\pi} e^{i\frac{3\theta}{2}} d\theta = i\left[\frac{2}{3i} e^{i\frac{3\theta}{2}}\right]_0^{2\pi} = \frac{2}{3} e^{i3\pi} - \frac{2}{3} = -\frac{4}{3}$$

となって、0 とはならない。つまり、正則関数の性質を備えていないのである。この理由は、z 平面では周回していても、w 平面では周回していないことに原因がある。では、どうすれば良いか。この場合は θ に関して 0 から 4π まで変化させれば w 平面でも 1 周する。試しに、積分を 0 から 4π まで実行すると

$$\int_0^{4\pi} e^{i\frac{\theta}{2}} ie^{i\theta} d\theta = i\int_0^{4\pi} e^{i\frac{3\theta}{2}} d\theta = i\left[\frac{2}{3i} e^{i\frac{3\theta}{2}}\right]_0^{4\pi} = \frac{2}{3} e^{i6\pi} - \frac{2}{3} = 0$$

となって 0 となる。つまり、実質的にはこれで 1 周したことになる。とはいうものの、本来の z 平面における周回積分では 0 にはならないので、これを正則関数とは呼ばない。

この時、この関数では $\theta = 2\pi$ の点が特異点となる。この点は、リーマン

面で考えれば、ちょうど、ひとつの面から別な面に分岐する点であるので、専門的にも**分岐点**（branch point）と呼び、一般の特異点とは区別している。

ここで、リーマン面を具体的に考える例として

$$w = f(z) = z^{1/5}$$

という複素関数を考えてみる。

$$w^5 = z$$

のように変形する。極形式 $z = r\exp(i\theta)$ で表現し、k を整数とすると

$$r\exp(i\theta) = r\exp(i(\theta + 2k\pi))$$

であるから w は

$$w = z^{\frac{1}{5}} = r^{\frac{1}{5}} \exp\left(i\frac{\theta + 2k\pi}{5}\right) = r^{\frac{1}{5}}\left\{\cos\left(\frac{\theta + 2k\pi}{5}\right) + i\sin\left(\frac{\theta + 2k\pi}{5}\right)\right\}$$

と与えられる。このように、w は 5 価関数である。ここで、$z = 0$ が分岐点であり、$0 \leq \theta < 2\pi$、$2\pi \leq \theta < 4\pi$、$4\pi \leq \theta < 6\pi$、$6\pi \leq \theta < 8\pi$、$8\pi \leq \theta < 10\pi$ に対応した 5 枚のリーマン面が必要となる。

z 平面において、$z = r\exp 0$ から出発して反時計まわりに 1 周すると 2 枚目のリーマン面に移る。さらに、つぎの 1 周で 3 枚目のリーマン面に移り、5 周してはじめて、最初の点に戻ることになる。

8.4.2. 分岐点を有する関数の積分

分岐点は、特異点ではあるが、複素積分の**留数定理** (residue theorem) で使う特異点とは明確に区別する必要がある。また、分岐点というのは、ひとつのリーマン面から、別のリーマン面へ移る点であるので、関数の値がひとつに定まらない。

第 8 章 多価関数とリーマン面

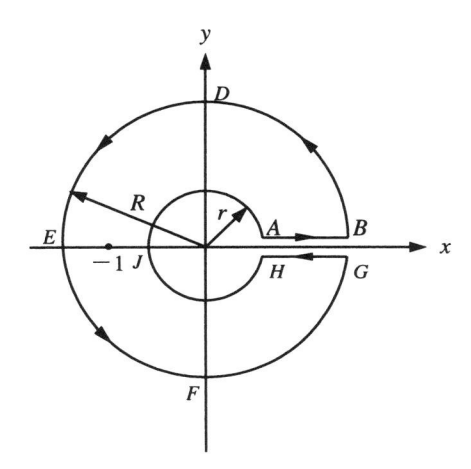

図 8-6 積分路。

そこで、分岐点を含む関数を積分するときには、この分岐点を避けるような工夫をする必要がある。例としてつぎの積分を考えてみよう。

$$\int_0^\infty \frac{x^{-1/2}}{x+1} dx$$

この実数積分を複素積分を利用して解法することを考える。このため

$$I_z = \oint_C \frac{z^{-1/2}}{z+1} dz$$

の複素変数の周回積分を考える。ここで、積分路としては図 8-6 のような経路を考える。$z=0$ は、分岐点であるのでこれを避けている。また、リーマン面としては、$0 \leq \theta < 2\pi$ の範囲（主枝）を考える。すると

$$I_z = \int_{AB} \frac{x^{-1/2}}{x+1} dx + \int_{BDEFG} \frac{z^{-1/2}}{z+1} dz + \int_{GH} \frac{x^{-1/2}}{x+1} dx + \int_{HJA} \frac{z^{-1/2}}{z+1} dz$$

となる。ここで、この閉曲線の中の特異点は、$z=-1$ が1位の極となっている。よって**留数** (residue) は

$$\mathrm{Res}\left(\frac{z^{-1/2}}{z+1}\right)=\lim_{z\to -1}(z+1)\frac{z^{-1/2}}{z+1}=\lim_{z\to -1}z^{-1/2}$$

となるが、$\exp(i\pi)=-1$ であるから、z として $\exp(i\pi)=-1$ を代入すると

$$\mathrm{Res}\left(\frac{z^{-1/2}}{z+1}\right)=\exp\left(-i\frac{\pi}{2}\right)=-i$$

と計算できる。よって

$$I_z=\oint_C \frac{z^{-1/2}}{z+1}dz=2\pi i\cdot(-i)=2\pi$$

と与えられる。

　つぎに周回積分の各部分の値を求めてみよう。まず、大きな円上の点を

$$z=R\exp(i\Theta)$$

と置くと、$dz=Ri\exp(i\Theta)d\Theta$ であるから、大円に沿っての積分 (*BDEFG*) は

$$\int_0^{2\pi}\frac{R^{-\frac{1}{2}}\exp\left(-i\frac{\Theta}{2}\right)}{R\exp(i\Theta)+1}Ri\exp(i\Theta)d\Theta=i\int_0^{2\pi}\frac{R^{\frac{1}{2}}\exp\left(i\frac{\Theta}{2}\right)}{R\exp(i\Theta)+1}d\Theta=i\int_0^{2\pi}\frac{\exp\left(i\frac{\Theta}{2}\right)}{R^{\frac{1}{2}}\exp(i\Theta)+R^{-\frac{1}{2}}}d\Theta$$

と変形できる。この積分は $R\to\infty$ の極限で分母が無限大となるので 0 となる。

　つぎに小円上の点を

第 8 章 多価関数とリーマン面

$$z = r\exp(i\theta)$$

と置くと、$dz = ri\exp(i\theta)d\theta$ であるから、小円に沿っての積分 (HJA) は

$$\int_{2\pi}^{0} \frac{r^{-\frac{1}{2}}\exp\left(-i\frac{\theta}{2}\right)}{r\exp(i\theta)+1} ri\exp(i\theta)d\theta = i\int_{2\pi}^{0} \frac{r^{\frac{1}{2}}\exp\left(i\frac{\theta}{2}\right)}{r\exp(i\theta)+1} d\theta$$

となるが、この積分も、$r \to 0$ の極限で分母が 1、分子が 0 となるので、その値は 0 となる。よって

$$I_z = \int_{AB} \frac{x^{-1/2}}{x+1} dx + \int_{GH} \frac{x^{-1/2}}{x+1} dx$$

となり、実数軸上の積分を求めればよいことになる。ところが、ここで問題が生じる。つまり、AB と GH が実軸上で単に逆向きの経路と考えると、この積分は 0 となってしまうのである。実は、GH 上では偏角が 2π だけ増加しているので、経路が単純に反転しているだけではない。つまり、AB 上の複素数を z とすると、GH 上の複素数は

$$z\exp(i2\pi)$$

とならなければならない。これを考慮すると

$$I_z = \int_r^R \frac{x^{-1/2}}{x+1} dx + \int_R^r \frac{x^{-1/2}\exp(-i\pi)}{x\exp(i2\pi)+1} dx = \int_r^R \frac{x^{-1/2}}{x+1} dx + \exp(-i\pi)\int_r^R \frac{x^{-1/2}}{x+1} dx$$

よって

$$I_z = 2\int_r^R \frac{x^{-1/2}}{x+1} dx$$

ここで $R \to \infty$ および $r \to 0$ の極限では

$$I_z = 2\int_0^\infty \frac{x^{-1/2}}{x+1}dx = 2\pi$$

となって、結局

$$\int_0^\infty \frac{x^{-1/2}}{x+1}dx = \pi$$

と計算できる。

演習 8-4 複素積分を利用して、つぎの実数積分の値を求めよ。

$$\int_0^\infty \frac{x^{-k}}{x+1}dx \qquad (0 < k < 1)$$

解) 積分経路として図 8-6 を採用し、つぎの周回積分を考える。

$$I_z = \oint_C \frac{z^{-k}}{z+1}dz$$

ここで、この閉曲線の中の特異点は、$z = -1$ が 1 位の極となっている。よって留数は

$$\mathrm{Res}\left(\frac{z^{-k}}{z+1}\right) = \lim_{z \to -1}(z+1)\frac{z^{-k}}{z+1} = \lim_{z \to -1} z^{-k}$$

となるが、$\exp(i\pi) = -1$ であるから、z として $\exp(i\pi) = -1$ を代入すると

第 8 章　多価関数とリーマン面

$$\mathrm{Res}\left(\frac{z^{-k}}{z+1}\right) = \exp(-ik\pi)$$

と計算できる。よって

$$I_z = \oint_C \frac{z^{-1/2}}{z+1} dz = 2\pi i \cdot \exp(-ik\pi)$$

と与えられる。

つぎに、それぞれの経路の積分は、上で見たように、円上の積分はそれぞれ $R\to\infty$ および $r\to 0$ の極限で 0 となるから

$$I_z = \int_0^\infty \frac{x^{-k}}{x+1} dx + \int_\infty^0 \frac{x^{-k}\exp(-i2k\pi)}{x\exp(i2\pi)+1} dx = \int_0^\infty \frac{x^{-k}}{x+1} dx - \exp(-i2k\pi)\int_0^\infty \frac{x^{-k}}{x+1} dx$$

$$= \{1-\exp(-i2k\pi)\}\int_0^\infty \frac{x^{-k}}{x+1} dx$$

よって

$$I_z = 2\pi i \exp(-ik\pi) = \{1-\exp(-i2k\pi)\}\int_0^\infty \frac{x^{-k}}{x+1} dx$$

となり、結局

$$\int_0^\infty \frac{x^{-k}}{x+1} dx = \frac{2\pi i \exp(-ik\pi)}{1-\exp(-i2k\pi)} = \frac{2\pi i}{\exp(ik\pi)-\exp(-ik\pi)}$$

となるが、**オイラーの公式**

$$\sin k\pi = \frac{\exp(ik\pi)-\exp(-ik\pi)}{2i}$$

を使うと

$$\int_0^\infty \frac{x^{-k}}{x+1}dx = \frac{\pi}{\sin k\pi}$$

という解が得られる。ちなみに、$k = 1/2$ を代入すると、$\sin(\pi/2) = 1$ であるから

$$\int_0^\infty \frac{x^{-1/2}}{x+1}dx = \frac{\pi}{\sin\frac{\pi}{2}} = \pi$$

となって、先ほど求めた積分の値が得られる。

8.5. 多様なリーマン面

すでに見たように

$$w = f(z) = z^{1/n}$$

という関数を 1 価関数として扱うためには、n 枚のリーマン面が必要になる。それでは

$$w = f(z) = (z-a)^{1/n}$$

という関数ではどうか。この場合も分岐点が $z = 0$ から $z = a$ に移っただけで、$z = a$ から実軸に沿って切断線を入れ、n 枚のリーマン面を使えば対処が可能である。

第8章 多価関数とリーマン面

演習 8-6 複素関数 $w = f(z) = (z-1)^{1/3}$ のリーマン面を図示せよ。

解) この場合の切断線は図8-7に示すように、z平面の $z=1$ から実軸の正の方向に伸びる半直線となる。$n=3$ であるから、3枚のリーマン面が必要になる。偏角で整理すれば、それぞれのリーマン面は

$$0 \leq \arg(z-1) \leq 2\pi \qquad 2\pi \leq \arg(z-1) \leq 4\pi \qquad 4\pi \leq \arg(z-1) \leq 6\pi$$

に対応する。

ここで、図8-5と同じように、複素平面を上から見た図と、それを横(左と右)から見た図を同時に示す。リーマン面に1、2、3という番号をつけて区別した。出発点として $\theta = 0$ の点を考える。θ が増えると、リーマン面1の上で反時計まわりに回転する。そして、$A \to B \to C \to D$ と移動し、出発点に戻るが、ここで切断線を通して別なリーマン面2に分岐する。すると、ふたたび θ の増加とともに、$E \to F \to G \to H$ と移動するが、ここで切断線に戻ったところで、次のリーマン面3に移る。さらに、$I \to J \to K \to L$ と移動し分岐点に来たところでリーマン面1に戻ることになる。

しかし、当然のことながら、関数はこのように単純なものばかりではない。例えば、

$$w = f(z) = z^{1/2} + z^{1/3}$$

という関数を考えてみよう。

$w = z^{1/2}$ という関数では、リーマン面が2枚必要である。$w = z^{1/3}$ という関数では、リーマン面が3枚必要になる。それでは、これら関数を足し合わせた関数では、何枚のリーマン面が必要になるであろうか。

ここで、実際に値を求めてみよう。

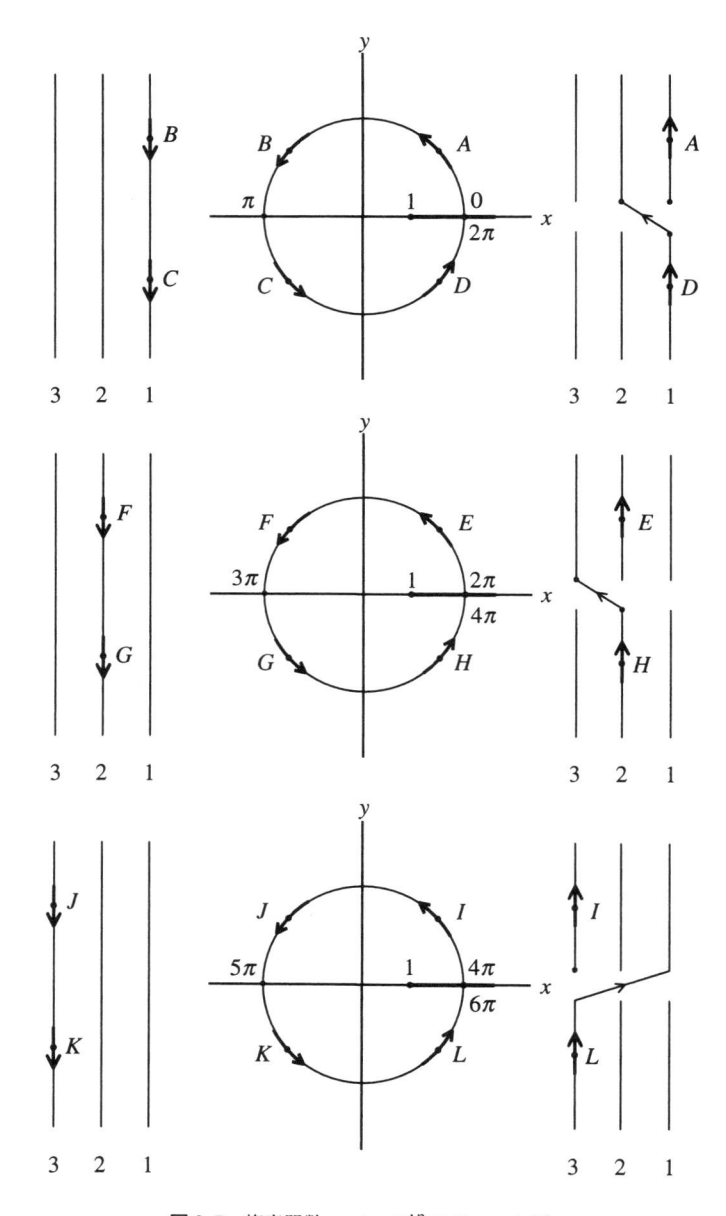

図 8-7　複素関数 $w=(z-1)^{1/3}$ のリーマン面。

第8章　多価関数とリーマン面

θ	0	π	2π	3π	4π	5π	6π	7π	8π	9π	10π	11π	12π
z	1	-1	1	-1	1	-1	1	-1	1	-1	1	-1	1
$z^{1/2}$	1		-1		1		-1		1		-1		1
$z^{1/3}$	1			-1			1			-1			1
$f(z)$	2						0						2

　このように、$w = z^{1/2}$ では 0 から 4π でもとに戻るが、$w = z^{1/3}$ では 0 から 6π でもとに戻るので、結局、$f(z) = z^{1/2} + z^{1/3}$ では、0 から 12π でもとに戻ることになり、合計で 6 枚のリーマン面が必要となる。

　このように、関数が複雑になれば、それだけ数多くのリーマン面が必要になるが、基本は多価関数を 1 価関数にするために、複数の複素平面をうまく利用するという手法である。また、z 平面と、その関数である w 平面の対応を考えると、リーマン面を導入する必要があるのは z 平面である。

補遺1　三角関数の公式

三角関数 (trigonometric function) の**加法定理** (addition formulae) とは、sin $(A+B)$ と cos $(A+B)$ を、sin A, sin B, cos A, cos B で表現する公式で、非常に重要かつ有用な定理である。

いま、図 A1-1 に示すように、斜辺の長さが 1 の直角三角形 abc を描く。ここで $\angle abc$ が $\angle A + \angle B$ とし、点 b から底辺 bc との角度が $\angle A$ となるような直線を引く。つぎに点 a から直線 ac との角度が $\angle A$ となるように直線を引き、先ほどの直線との交点を d とする。これら直線が、d で直交することは、三角形の相似から、すぐに分かる。

つぎに d から、それぞれ直線 ac および直線 bc の延長線上に直交する直線を引き、その交点をそれぞれ f および e とする。

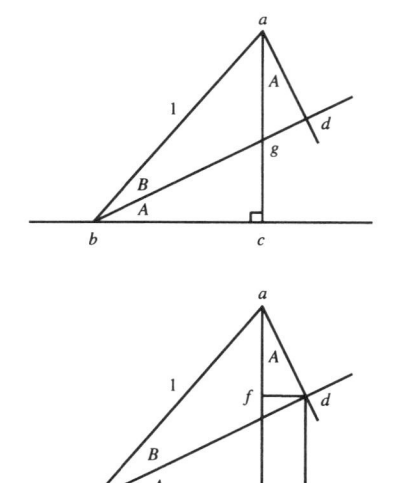

図 A1-1　三角関数における加法定理を説明する図。

補遺1 三角関数の公式

この図を利用して加法定理を導いてみよう。

$$\overline{ac} = \sin(A+B)$$

となる。次に、直角三角形 abd において、辺の長さは

$$\overline{ad} = \sin B, \quad \overline{bd} = \cos B$$

と与えられる。次に

$$\overline{af} = \overline{ad}\cos A = \cos A \sin B$$
$$\overline{fc} = \overline{de} = \overline{bd}\sin A = \sin A \cos B$$

であり

$$\overline{ac} = \overline{af} + \overline{fc}$$

の関係にあるから、結局

$$\sin(A+B) = \sin A \cos B + \cos A \sin B$$

となる。同様にして

$$\overline{bc} = \cos(A+B)$$

であり

$$\overline{be} = \overline{bd}\cos A = \cos A \cos B$$
$$\overline{ce} = \overline{fd} = \overline{ad}\sin A = \sin A \sin B$$

となって、

$$\overline{bc} = \overline{be} - \overline{ce}$$

の関係にあるから

$$\cos(A+B) = \cos A \cos B - \sin A \sin B$$

となる。

以上をまとめた

$$\sin(A+B) = \sin A \cos B + \cos A \sin B$$
$$\cos(A+B) = \cos A \cos B - \sin A \sin B$$

を加法定理と呼んでいる。この基本公式を使うと、多くの公式が導くことができる。

例えば、B に $-B$ を代入すると

$$\sin\{A+(-B)\} = \sin A \cos(-B) + \cos A \sin(-B) = \sin A \cos B - \cos A \sin B$$
$$\cos\{A+(-B)\} = \cos A \cos(-B) - \sin A \sin(-B) = \cos A \cos B + \sin A \sin B$$

となって、ただちに差の場合の公式

$$\sin(A-B) = \sin A \cos B - \cos A \sin B$$
$$\cos(A-B) = \cos A \cos B + \sin A \sin B$$

が得られる。さらに、この差の公式と和の公式の、和と差をとると、次の公式（三角関数の積を和に変換する公式）が得られる。

補遺 1　三角関数の公式

$$\sin A \cos B = \frac{1}{2}[\sin(A+B) + \sin(A-B)]$$
$$\cos A \sin B = \frac{1}{2}[\sin(A+B) - \sin(A-B)]$$
$$\cos A \cos B = \frac{1}{2}[\cos(A-B) + \cos(A+B)]$$
$$\sin A \sin B = \frac{1}{2}[\cos(A-B) - \cos(A+B)]$$

また、tan の和の公式も sin と cos の和の公式を使い

$$\tan(A+B) = \frac{\sin(A+B)}{\cos(A+B)} = \frac{\sin A \cos B + \cos A \sin B}{\cos A \cos B - \sin A \sin B}$$

と表されるが、分子分母を $\cos A \cos B$ で割ると

$$\tan(A+B) = \frac{\frac{\sin A}{\cos A} + \frac{\sin B}{\cos B}}{1 - \frac{\sin A \sin B}{\cos A \cos B}} = \frac{\tan A + \tan B}{1 - \tan A \tan B}$$

という tan の加法定理が導かれる。

つぎに加法定理の基本公式に $B = A$ を代入すると

$$\sin(A+A) = \sin 2A = \sin A \cos A + \cos A \sin A = 2 \sin A \cos A$$
$$\cos(A+A) = \cos 2A = \cos A \cos A - \sin A \sin A = \cos^2 A - \sin^2 A$$

よって

$$\sin 2A = 2 \sin A \cos A$$
$$\cos 2A = \cos^2 A - \sin^2 A$$

という有名な**倍角の公式** (double angle formulae) も簡単に導かれる。さらに

$$\sin^2 A + \cos^2 A = 1$$

という関係を利用すると

$$\cos 2A = \cos^2 A - \sin^2 A = 1 - 2\sin^2 A = 2\cos^2 A - 1$$

という変形も可能である。また、tan の倍角公式もすぐに

$$\tan(A + A) = \tan 2A = \frac{\tan A + \tan A}{1 - \tan A \tan A} = \frac{2\tan A}{1 - \tan^2 A}$$

と計算できる。さらに、以上の関係を使うと、3倍角、4倍角の公式も順次計算できるが、ここでは3倍角の例を紹介する。基礎公式において $B = 2A$ を代入すると

$$\begin{aligned}\sin(A+2A) &= \sin 3A = \sin A \cos 2A + \cos A \sin 2A \\ &= \sin A(\cos^2 A - \sin^2 A) + \cos A(2\sin A \cos A) = 3\sin A \cos^2 A - \sin^3 A \\ \cos(A+2A) &= \cos 3A = \cos A \cos 2A - \sin A \sin 2A \\ &= \cos A(\cos^2 A - \sin^2 A) - \sin A(2\sin A \cos A) = \cos^3 A - 3\sin^2 A \cos A\end{aligned}$$

以下同様にして、4倍角、5倍角と計算することが可能である。

　以上のように、いったん sin と cos の加法定理が得られれば、多くの有用な公式を簡単に導くことが可能となる。ここで、重要な事実は、これら三角関数の公式がすべて複素関数つまり、複素変数においてもそのまま成立するという点である。

補遺1　三角関数の公式

《三角関数の公式のまとめ》

$$\sin(A+B) = \sin A \cos B + \cos A \sin B$$
$$\cos(A+B) = \cos A \cos B - \sin A \sin B$$

$$\sin(A-B) = \sin A \cos B - \cos A \sin B$$
$$\cos(A-B) = \cos A \cos B + \sin A \sin B$$

$$\sin A \cos B = \frac{1}{2}[\sin(A+B) + \sin(A-B)]$$
$$\cos A \sin B = \frac{1}{2}[\sin(A+B) - \sin(A-B)]$$
$$\cos A \cos B = \frac{1}{2}[\cos(A-B) + \cos(A+B)]$$
$$\sin A \sin B = \frac{1}{2}[\cos(A-B) - \cos(A+B)]$$

$$\tan(A+B) = \frac{\tan A + \tan B}{1 - \tan A \tan B} \qquad \tan(A-B) = \frac{\tan A - \tan B}{1 + \tan A \tan B}$$

$$\sin 2A = 2\sin A \cos A \qquad \cos 2A = \cos^2 A - \sin^2 A$$
$$\tan 2A = \frac{2\tan A}{1 - \tan^2 A}$$

$$\sin 3A = 3\sin A \cos^2 A - \sin^3 A \qquad \cos 3A = \cos^3 A - 3\sin^2 A \cos A$$

補遺2　コーシーの積分定理

A2.1.　コーシーの積分定理

　本文では、ある正則関数を円に沿って一周する積分路で積分した場合に必ずその値が 0 となることを示したが、コーシーの積分定理は、任意の閉曲線に沿って周回積分した場合にも成立する。

　一般の教科書ではグリーンの定理 (Green's theorem) を利用して、この定理を証明しているので、その方法を紹介する。まず、コーシーの積分定理は、C を複素平面の任意の閉曲線とし、$f(z)$ を正則関数とすると、常に

$$\int_C f(z)dz = 0$$

が成立するという定理である。**周回積分** (integration along a closed curve) を強調して

$$\oint_C f(z)dz = 0$$

とも表記される。この積分経路が円の場合には、極形式で置きかえることで簡単に積分値が 0 になることが証明できるが、ここでは、極形式を使わずに、$z = x + yi$ と置き換えてみよう。このとき

$$dz = dx + idy$$

補遺 2　コーシーの積分定理

であり

$$f(z) = f(x,y) = u(x,y) + iv(x,y)$$

のように、x と y の関数とおくと

$$\int_C f(z)dz = \int_C \bigl(u(x,y) + iv(x,y)\bigr)(dx + idy)$$

となる。右辺を計算し、実数部と虚数部に分けると

$$\int_C f(z)dz = \int_C \bigl(u(x,y)dx - v(x,y)dy\bigr) + i\int_C \bigl(v(x,y)dx + u(x,y)dy\bigr)$$

と整理することができる。この積分値が常に 0 となるためには、実数部および虚数部がともに 0 となる必要がある。つまり

$$\int_C \bigl(u(x,y)dx - v(x,y)dy\bigr) = 0$$

$$\int_C \bigl(v(x,y)dx + u(x,y)dy\bigr) = 0$$

が成立しなければならない。ここで、次項で紹介する**グリーンの定理**を使うと、これら周回積分は

$$\int_C \bigl(u(x,y)dx - v(x,y)dy\bigr) = \iint_D \left(-\frac{\partial v(x,y)}{\partial x} - \frac{\partial u(x,y)}{\partial y}\right)dxdy$$

$$\int_C \bigl(v(x,y)dx + u(x,y)dy\bigr) = \iint_D \left(\frac{\partial u(x,y)}{\partial x} - \frac{\partial v(x,y)}{\partial y}\right)dxdy$$

のような**面積分** (surface integral) に変形できる。　正則関数が有する性質で

あるコーシー・リーマンの関係式

$$\frac{\partial u(x,y)}{\partial x} - \frac{\partial v(x,y)}{\partial y} = 0 \qquad \frac{\partial v(x,y)}{\partial y} + \frac{\partial u(x,y)}{\partial x} = 0$$

を思い起こすと、上のふたつの面積分の値は 0 となるので、結局線積分の値も 0 となる。つまり、コーシーの積分定理が証明できる。

しかし、このままでは、グリーンの定理とはいったいどういうものかという問題が残る。そこで、グリーンの定理についても見てみよう。

A2.2. グリーンの定理

グリーンの定理とは、2 次元平面における周回積分と面積分との関係を示すものである。x と y の 2 変数関数 $F(x,y)$ と $G(x,y)$ を考える。この時、これら関数の閉曲線 C に沿った線積分と、この閉曲線によって囲まれた領域 D のつぎの面積分が等しいという定理である。

$$\int_C (F(x,y)dx + G(x,y)dy) = \iint_D \left(\frac{\partial G(x,y)}{\partial x} - \frac{\partial F(x,y)}{\partial y} \right) dxdy$$

同様の定理は、**ガウスの定理** (Gauss' theorem) や**ストークスの定理** (Stokes' theorem) と呼ばれることもある。これは、この関係を扱う分野が電磁気学か流体力学かなどによっても異なるが、本質的な違いがある訳ではない。

それでは、この定理がどうして成立するかを見てみよう。図 A2-1 のような長方形の積分領域 (D) を考える。

すると、つぎの面積分

$$\iint_D \frac{\partial G(x,y)}{\partial x} dxdy$$

は

補遺 2　コーシーの積分定理

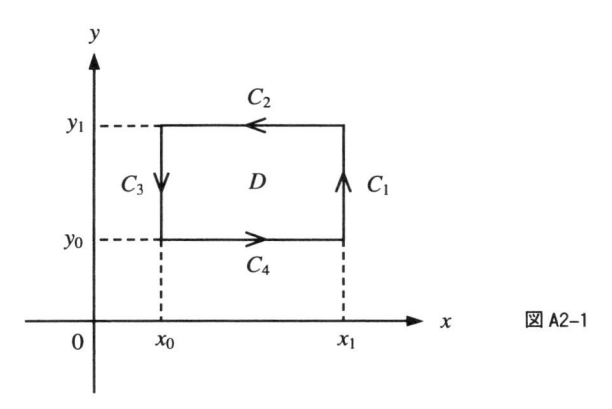

図 A2-1

$$\iint_D \frac{\partial G(x,y)}{\partial x} dxdy = \int_{y_0}^{y_1} \left(\int_{x_0}^{x_1} \frac{\partial G(x,y)}{\partial x} dx \right) dy$$

のような 2 重積分 (double integral) に変形できる。ここで、まず x に関して積分を行うと

$$\int_{x_0}^{x_1} \frac{\partial G(x,y)}{\partial x} dx = G(x_1, y) - G(x_0, y)$$

であるから、2 重積分は

$$\iint_D \frac{\partial G(x,y)}{\partial x} dxdy = \int_{y_0}^{y_1} (G(x_1, y) - G(x_0, y)) dy$$

という y に関する積分となる。右辺を 2 つの項に分けて

$$\iint_D \frac{\partial G(x,y)}{\partial x} dxdy = \int_{y_0}^{y_1} G(x_1, y) dy - \int_{y_0}^{y_1} G(x_0, y) dy$$

とする。ここで、右辺の第 1 項の積分は、$x = x_1$ に沿って、$G(x, y)$ を y_0 から y_1 まで積分するものである。つまり、図 A2-1 の C_1 という経路を矢印方向に沿って線積分したものであるから

$$\int_{y_0}^{y_1} G(x_1, y) dy = \int_{C_1} G(x, y) dy$$

と書くことができる。

　同様にして、第 2 項の積分は、$x = x_0$ という直線に沿って積分路 C_3 を周回積分とは逆向きに積分したときの値であるから

$$\int_{y_0}^{y_1} G(x_0, y) dy = -\int_{C_3} G(x, y) dy$$

となる。よって

$$\iint_D \frac{\partial G(x, y)}{\partial x} dx dy = \int_{C_1} G(x, y) dy + \int_{C_3} G(x, y) dy$$

と与えられる。しかし、このままでは、左辺の面積分が、この領域 D の周に沿った周回積分にはなっていない。あとは、C_2 および C_4 に沿った線積分が必要になる。ところが、これら経路上では y の値が一定であるから $dy = 0$ となって、この経路に沿って $G(x, y)$ を積分しても 0 である。つまり

$$\int_{C_2} G(x, y) dy = 0 \qquad \int_{C_4} G(x, y) dy = 0$$

であるから、これらを先の積分に足せば

$$\iint_D \frac{\partial G(x, y)}{\partial x} dx dy = \int_{C_1} G(x, y) dy + \int_{C_2} G(x, y) dy + \int_{C_3} G(x, y) dy + \int_{C_4} G(x, y) dy$$

補遺2　コーシーの積分定理

$$= \int_C G(x, y)dy$$

となって、領域 D のまわりの周回積分となる。まったく同様の操作を $F(x)$ に対しても行うと

$$\iint_D \frac{\partial F(x, y)}{\partial y}dxdy = -\int_C F(x, y)dx$$

となるので、結局

$$\int_C \bigl(F(x, y)dx + G(x, y)dy\bigr) = \iint_D \left(\frac{\partial G(x, y)}{\partial x} - \frac{\partial F(x, y)}{\partial y} \right)dxdy$$

が成立することになる。この等式は、複素平面のすべての長方形のかたちをした領域で成立する。

このように、いったん長方形の積分路でこの関係が成立することが分かれば、図 A2-2 のように、ふたつの長方形を重ねて積分した場合、図の共通の線上の積分は方向がちょうど逆となって相殺されるため、結局、これら2つの長方形の外周をまわる周回積分においても、グリーンの定理が成立することになる。

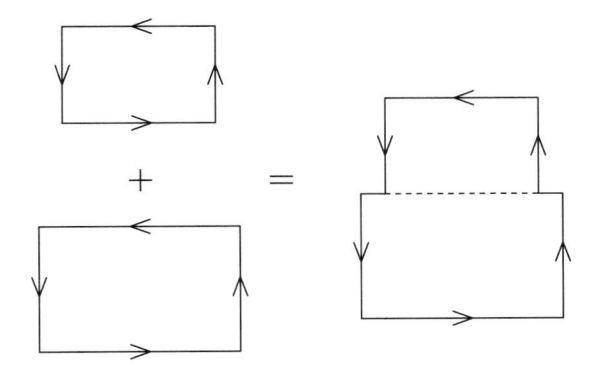

図 A2-2

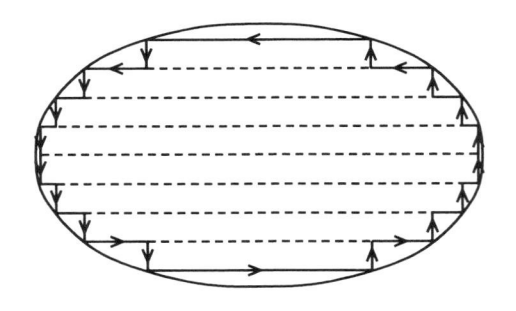

図 A2-3

　この要領で、適当な長方形を組み合わせれば、任意の形状の閉曲線をつくることができる。これには、図 A2-3 に示したように、微分や積分で用いた極限値の考えを適用する。
　つまり、グリーンの定理はすべての閉曲線で成立することが分かる。よって、任意の閉曲線でコーシーの積分定理は成立することになる。どのような閉曲線でも成立するならば、何も複雑なかたちを考える必要はなく、本文で行ったように、積分領域として円を考えれば十分である。同様の考えは留数定理に対しても適用できる。

補遺3　ガウスの積分公式

ガウスの積分公式は

$$f(x) = \exp(-ax^2)$$

のかたちをした関数を $-\infty$ から ∞ まで積分したときの値を与えるものである。この関数は**ガウス関数** (Gaussian function) とも呼ばれる重要な関数である。例えば、統計学で重用されている**正規分布** (normal distribution) は**ガウス分布** (Gaussian distribution) とも呼ばれるが、それはガウス関数のかたちをしているからである。

この関数を図示すると図 A3-1 に示したようなグラフとなる。$x = 0$ にピークを持ち、x の絶対値の増加とともに急激に減衰する。よって、無限の範囲で積分しても有限の値を持つことが分かる。それほど複雑な関数ではないので、簡単に積分できそうだが、見た目ほど単純ではなく、この積分の解法には工夫を要する。

ここで、この値を I と置こう。

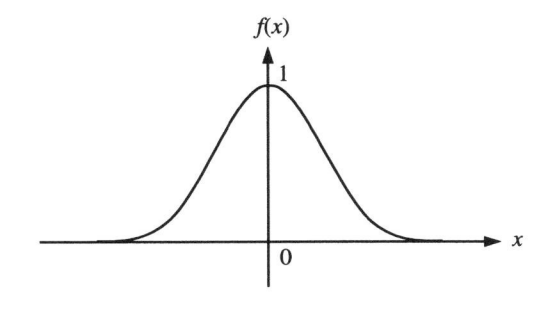

図 A3-1　$f(x) = \exp(-ax^2)$ のグラフ。

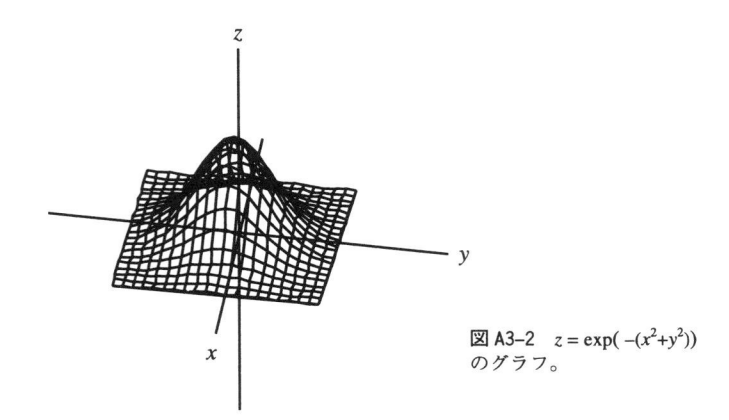

図 A3–2　$z = \exp(-(x^2+y^2))$ のグラフ。

$$I = \int_{-\infty}^{\infty} \exp(-ax^2)dx$$

つぎに、まったく同様な y の関数の積分を考え

$$I = \int_{-\infty}^{\infty} \exp(-ay^2)dy$$

そのうえで、これら積分の積を求めると

$$I^2 = \int_{-\infty}^{\infty} \exp(-ax^2)dx \cdot \int_{-\infty}^{\infty} \exp(-ay^2)dy$$

となるが、これをまとめて

$$I^2 = \int_{-\infty}^{\infty}\int_{-\infty}^{\infty} \exp(-a(x^2+y^2))dxdy$$

という**重積分** (double integral) のかたちに変形できる。この重積分は図 A3-2 に示すような

補遺3 ガウスの積分公式

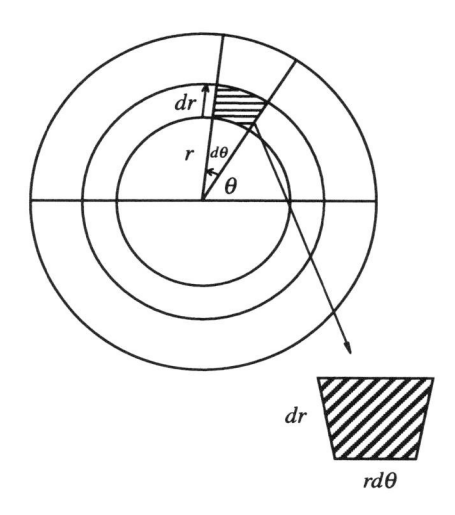

図 A3-3 極座標における面積素。

$$z = \exp(-a(x^2 + y^2))$$

という関数の体積に相当する。ここで、直交座標 (x, y) を極座標 (r, θ) に変換する。すると

$$x^2 + y^2 = r^2$$

となるが、微分係数は

$$dx\,dy \to r\,dr\,d\theta$$

という変換が必要となる。ここで、$dx\,dy$ は直交座標における面積素に相当する。これを極座標での面積素に変換するには、図 A3-3 に示すように、極座標系で、r が dr だけ、また、θ が $d\theta$ だけ増えたときの面積素を計算する必要がある。これは、斜線の部分の面積に相当するが、図から明らかなように、$r\,dr\,d\theta$ となる。この変換にともなって、積分範囲は

$$-\infty \leq x \leq \infty, -\infty \leq y \leq \infty \quad \rightarrow \quad 0 \leq r \leq \infty, 0 \leq \theta \leq 2\pi$$

と変わる。よって

$$I^2 = \int_0^{2\pi} \int_0^{\infty} \exp(-ar^2) r\, dr\, d\theta$$

と置き換えられる。まず

$$\int_0^{\infty} \exp(-ar^2) r\, dr$$

の積分を計算する。$r^2 = t$ と置くと $2r\, dr = dt$ であるから

$$\int_0^{\infty} \exp(-ar^2) r\, dr = \int_0^{\infty} \frac{\exp(-at)}{2} dt = \left[-\frac{\exp(-at)}{2a}\right]_0^{\infty} = \frac{1}{2a}$$

と計算できる。よって

$$I^2 = \int_0^{2\pi} \int_0^{\infty} \exp(-ar^2) r\, dr\, d\theta = \int_0^{2\pi} \frac{1}{2a} d\theta = \left[\frac{\theta}{2a}\right]_0^{2\pi} = \frac{\pi}{a}$$

$$\therefore I = \pm\sqrt{\frac{\pi}{a}}$$

となるが、グラフから明らかなように I の値は正であるので、結局

$$\int_{-\infty}^{\infty} \exp(-ax^2) d\omega = \sqrt{\frac{\pi}{a}}$$

と与えられる。

補遺4　直交座標から極形式への変換

A4.1.　コーシー・リーマンの関係式の極形式表示

コーシー・リーマンの関係式 (Cauchy-Riemann's relations) は

$$\frac{\partial u(x,y)}{\partial x} = \frac{\partial v(x,y)}{\partial y} \qquad \frac{\partial u(x,y)}{\partial y} = -\frac{\partial v(x,y)}{\partial x}$$

である。この関係を**極形式** (polar form) で示すために、変数変換を行う。あらためて、関数を表記すると

$$f(z) = f(x,y) = u(x,y) + v(x,y)i$$

であるが、この $u(x,y)$ および $v(x,y)$ に $x = r\cos\theta$ および $y = r\sin\theta$ を代入して得られる

$$f(z) = f(r,\theta) = u(r,\theta) + v(r,\theta)i$$

が極形式で表した複素関数である。まず下準備として、偏微分の成分を計算する。

$$r = \sqrt{x^2 + y^2} = \left(x^2 + y^2\right)^{\frac{1}{2}}$$

の関係にあるから

$$\frac{\partial r}{\partial x} = \frac{1}{2}(x^2 + y^2)^{\frac{1}{2}-1} \cdot 2x = \frac{x}{\sqrt{x^2 + y^2}}$$

および

$$\frac{\partial r}{\partial y} = \frac{1}{2}(x^2 + y^2)^{\frac{1}{2}-1} \cdot 2y = \frac{y}{\sqrt{x^2 + y^2}}$$

と与えられる。

　つぎに角度成分の偏微分を求める。

$$\tan\theta = \frac{y}{x} \qquad \theta = \tan^{-1}\left(\frac{y}{x}\right)$$

である。

$$\frac{d}{dz}\tan^{-1} z = \frac{1}{z^2 + 1}$$

を使うと

$$\frac{\partial \theta}{\partial x} = \frac{1}{1+\left(\frac{y}{x}\right)^2}\left(-\frac{y}{x^2}\right) = \frac{-y}{x^2 + y^2}$$

$$\frac{\partial \theta}{\partial y} = \frac{1}{1+\left(\frac{y}{x}\right)^2}\left(\frac{1}{x}\right) = \frac{x}{x^2 + y^2}$$

と与えられる。ここで、変数変換のために必要な道具をまとめると

$$\frac{\partial r}{\partial x} = \frac{x}{\sqrt{x^2 + y^2}} \qquad \frac{\partial r}{\partial y} = \frac{y}{\sqrt{x^2 + y^2}}$$

補遺4　直行座標から極形式への変換

$$\frac{\partial \theta}{\partial x} = \frac{-y}{x^2 + y^2} \qquad \frac{\partial \theta}{\partial y} = \frac{x}{x^2 + y^2}$$

となる。これを利用して変数変換を行ってみよう。まず

$$\frac{\partial u}{\partial x} = \frac{\partial u}{\partial r}\frac{\partial r}{\partial x} + \frac{\partial u}{\partial \theta}\frac{\partial \theta}{\partial x}$$

と分解できるが、それぞれの微分値を代入すると

$$\frac{\partial u}{\partial x} = \frac{\partial u}{\partial r}\left(\frac{x}{\sqrt{x^2 + y^2}}\right) + \frac{\partial u}{\partial \theta}\left(\frac{-y}{x^2 + y^2}\right)$$

となる。ここで、$x = r\cos\theta$　および　$y = r\sin\theta$　であるから、結局

$$\frac{\partial u}{\partial x} = \frac{\partial u}{\partial r}\cos\theta - \frac{1}{r}\frac{\partial u}{\partial \theta}\sin\theta$$

と変形できる。同様にして

$$\frac{\partial u}{\partial y} = \frac{\partial u}{\partial r}\frac{\partial r}{\partial y} + \frac{\partial u}{\partial \theta}\frac{\partial \theta}{\partial y}$$

$$\frac{\partial u}{\partial y} = \frac{\partial u}{\partial r}\left(\frac{y}{\sqrt{x^2 + y^2}}\right) + \frac{\partial u}{\partial \theta}\left(\frac{x}{x^2 + y^2}\right)$$

$$\frac{\partial u}{\partial y} = \frac{\partial u}{\partial r}\sin\theta + \frac{1}{r}\frac{\partial u}{\partial \theta}\cos\theta$$

v に関しても変数変換のプロセスはまったく同様であるから

$$\frac{\partial v}{\partial x} = \frac{\partial v}{\partial r}\cos\theta - \frac{1}{r}\frac{\partial v}{\partial \theta}\sin\theta \qquad \frac{\partial v}{\partial y} = \frac{\partial v}{\partial r}\sin\theta + \frac{1}{r}\frac{\partial v}{\partial \theta}\cos\theta$$

となる。ここで、あらためてコーシー・リーマンの関係式を見ると

$$\frac{\partial u}{\partial x} = \frac{\partial v}{\partial y}$$

から

$$\frac{\partial u}{\partial x} = \frac{\partial u}{\partial r}\cos\theta - \frac{1}{r}\frac{\partial u}{\partial \theta}\sin\theta = \frac{\partial v}{\partial y} = \frac{\partial v}{\partial r}\sin\theta + \frac{1}{r}\frac{\partial v}{\partial \theta}\cos\theta$$

整理すると

$$\boxed{\frac{\partial u}{\partial r}\cos\theta - \frac{1}{r}\frac{\partial u}{\partial \theta}\sin\theta = \frac{\partial v}{\partial r}\sin\theta + \frac{1}{r}\frac{\partial v}{\partial \theta}\cos\theta}$$

となる。また

$$\frac{\partial u}{\partial y} = -\frac{\partial v}{\partial x}$$

から

$$\frac{\partial u}{\partial y} = \frac{\partial u}{\partial r}\sin\theta + \frac{1}{r}\frac{\partial u}{\partial \theta}\cos\theta = -\frac{\partial v}{\partial x} = -\frac{\partial v}{\partial r}\cos\theta + \frac{1}{r}\frac{\partial v}{\partial \theta}\sin\theta$$

整理すると

補遺4　直行座標から極形式への変換

$$\frac{\partial u}{\partial r}\sin\theta + \frac{1}{r}\frac{\partial u}{\partial \theta}\cos\theta = -\frac{\partial v}{\partial r}\cos\theta + \frac{1}{r}\frac{\partial v}{\partial \theta}\sin\theta$$

となる。これら整理した2つの式において、最初の式に $\cos\theta$、つぎの式に $\sin\theta$ をかけて足すと

$$\frac{\partial u}{\partial r}\left(\cos^2\theta + \sin^2\theta\right) = \frac{1}{r}\frac{\partial v}{\partial \theta}\left(\cos^2\theta + \sin^2\theta\right)$$

となるので、結局

$$\frac{\partial u}{\partial r} = \frac{1}{r}\frac{\partial v}{\partial \theta}$$

という関係が得られる。つぎに、最初の式に $\sin\theta$ をかけて、つぎの式に $\cos\theta$ をかけたものをひくと

$$-\frac{1}{r}\frac{\partial u}{\partial \theta}\left(\sin^2\theta + \cos^2\theta\right) = \frac{\partial v}{\partial r}\left(\sin^2\theta + \cos^2\theta\right)$$

となり、結局

$$\frac{\partial v}{\partial r} = -\frac{1}{r}\frac{\partial u}{\partial \theta}$$

という関係が得られる。これが、極形式で表現したコーシー・リーマンの関係式である。まとめると

$$\frac{\partial u}{\partial r} = \frac{1}{r}\frac{\partial v}{\partial \theta} \qquad \frac{\partial v}{\partial r} = -\frac{1}{r}\frac{\partial u}{\partial \theta}$$

となる。

A4.2. ラプラス方程式の極形式表示

極形式のラプラス方程式は、極形式のコーシー・リーマン関係式から導くことができる。いま

$$\frac{\partial u}{\partial r} = \frac{1}{r}\frac{\partial v}{\partial \theta} \qquad \frac{\partial v}{\partial r} = -\frac{1}{r}\frac{\partial u}{\partial \theta}$$

の関係にある。ここで左の式を r で偏微分、右の式を θ で偏微分してみよう。すると

$$\frac{\partial^2 u}{\partial r^2} = -\frac{1}{r^2}\frac{\partial v}{\partial \theta} + \frac{1}{r}\frac{\partial^2 v}{\partial r \partial \theta} \qquad \frac{\partial^2 v}{\partial r \partial \theta} = -\frac{1}{r}\frac{\partial^2 u}{\partial \theta^2}$$

ここで最初の式に

$$\frac{\partial v}{\partial \theta} = r\frac{\partial u}{\partial r} \quad と \quad \frac{\partial^2 v}{\partial r \partial \theta} = -\frac{1}{r}\frac{\partial^2 u}{\partial \theta^2}$$

を代入すれば

$$\frac{\partial^2 u}{\partial r^2} = -\frac{1}{r^2}\frac{\partial v}{\partial \theta} + \frac{1}{r}\frac{\partial^2 v}{\partial r \partial \theta} = -\frac{1}{r^2}\left(r\frac{\partial u}{\partial r}\right) + \frac{1}{r}\left(-\frac{1}{r}\frac{\partial^2 u}{\partial \theta^2}\right) = -\frac{1}{r}\frac{\partial u}{\partial r} - \frac{1}{r^2}\frac{\partial^2 u}{\partial \theta^2}$$

となり、右辺を移項すると

$$\frac{\partial^2 u}{\partial r^2} + \frac{1}{r}\frac{\partial u}{\partial r} + \frac{1}{r^2}\frac{\partial^2 u}{\partial \theta^2} = 0$$

という関係が得られる。

補遺 4　直行座標から極形式への変換

A4.3.　複素ポテンシャルの極形式表示

まず、整理の意味で、直交座標の速度、v_x, v_y と、極形式の r 方向および θ 方向の速度 v_r, v_θ の関係を図示すると、図 A4-1 のようになる。いま、複素速度ポテンシャルが直交座標表示で

$$F(z) = F(x, y) = \phi(x, y) + i\varphi(x, y)$$

で与えられているとする。この時、x 方向および y 方向の速度は

$$v_x = \frac{\partial \phi}{\partial x} \qquad v_y = \frac{\partial \phi}{\partial y}$$

で与えられる。この偏微分を極形式で表示してみよう。

$$\frac{\partial \phi}{\partial r} = \frac{\partial \phi}{\partial x}\frac{\partial x}{\partial r} + \frac{\partial \phi}{\partial y}\frac{\partial y}{\partial r} \qquad \frac{\partial \phi}{\partial \theta} = \frac{\partial \phi}{\partial x}\frac{\partial x}{\partial \theta} + \frac{\partial \phi}{\partial y}\frac{\partial y}{\partial \theta}$$

と変換される。ここで、$x = r\cos\theta$、$y = r\sin\theta$ であるから

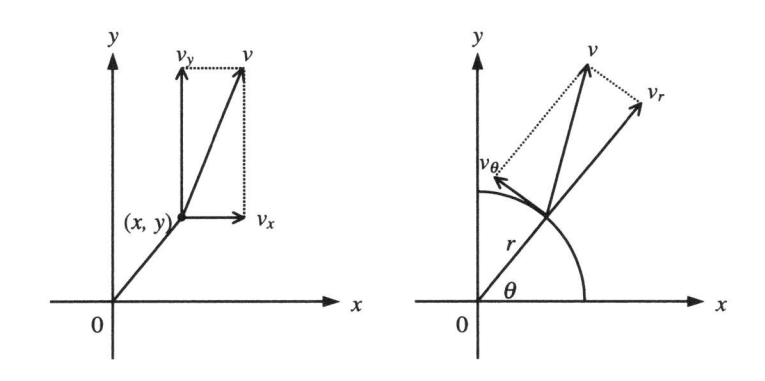

図 A4-1　直交座標と極形式で表現した速度。

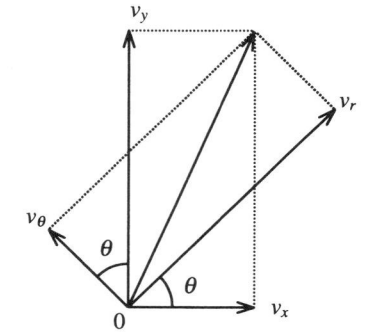

図 A4-2　直交座標系と極座標系の関係。

$$\frac{\partial \phi}{\partial r} = \frac{\partial \phi}{\partial x}\cos\theta + \frac{\partial \phi}{\partial y}\sin\theta = v_x \cos\theta + v_y \sin\theta$$

$$\frac{\partial \phi}{\partial \theta} = \frac{\partial \phi}{\partial x}(-r\sin\theta) + \frac{\partial \phi}{\partial y}r\cos\theta = -rv_x \sin\theta + rv_y \cos\theta$$

ここで、図 A4-2 から分かるように

$$v_r = v_x \cos\theta + v_y \sin\theta \qquad v_\theta = -v_x \sin\theta + v_y \cos\theta$$

の関係にあるから、結局

$$v_r = \frac{\partial \phi}{\partial r} \qquad v_\theta = \frac{1}{r}\frac{\partial \phi}{\partial \theta}$$

という関係が得られる。

補遺 5　極限値

ふたつの関数 $f(x), g(x)$ があって、その比の極限値

$$\lim_{x \to a} \frac{f(x)}{g(x)}$$

を求める場合、0/0 あるいは ∞/∞ のかたちになることがある。これらは、不定形 (indeterminate form) と呼ばれている。このままでは計算できないが、微分を利用すると極限値が求められる場合がある。

例えば、これが

$$\lim_{x \to a} f(x) = 0, \quad \lim_{x \to a} g(x) = 0$$

という特性を持っているとした場合、このままでは、0/0 である。簡単な例として

$$f(x) = x^2 - a^2, \quad g(x) = x - a$$

を考えてみる。この場合は

$$\lim_{x \to a} \frac{f(x)}{g(x)} = \lim_{x \to a} \frac{x^2 - a^2}{x - a} = \lim_{x \to a} x + a = 2a$$

と計算できるから問題はない。では、より一般的な場合には、どうすれば

よいのであろうか。結果から言えば、それぞれの微分をとればよいのである。つまり

$$\lim_{x \to a} \frac{f(x)}{g(x)} = \lim_{x \to a} \frac{f'(x)}{g'(x)}$$

の関係がある。こうしても計算できない場合があるが、計算できる場合もある。上の関数の例にこれを当てはめれば

$$\lim_{x \to a} \frac{f(x)}{g(x)} = \lim_{x \to a} \frac{f'(x)}{g'(x)} = \lim_{x \to a} \frac{2x}{1} = 2a$$

となって、確かに同じ答えが得られる。この手法は ∞ になる場合も使えるのであるが、どうして成り立つのであろうか。それを考えてみよう。

微分の定義から

$$\lim_{x \to a} f'(x) = \lim_{x \to a} \frac{f(x) - f(a)}{x - a}$$
$$\lim_{x \to a} g'(x) = \lim_{x \to a} \frac{g(x) - g(a)}{x - a}$$

と書くことができる。よって

$$\lim_{x \to a} \frac{f'(x)}{g'(x)} = \lim_{x \to a} \frac{\frac{f(x) - f(a)}{x - a}}{\frac{g(x) - g(a)}{x - a}} = \lim_{x \to a} \frac{f(x) - f(a)}{g(x) - g(a)}$$

となるが、$f(a) = 0, g(a) = 0$ であるから

$$\lim_{x \to a} \frac{f'(x)}{g'(x)} = \lim_{x \to a} \frac{f(x) - 0}{g(x) - 0} = \lim_{x \to a} \frac{f(x)}{g(x)}$$

補遺 5　極限値

となる。例えば

$$\lim_{x \to 0} \frac{e^x - e^{-x}}{\sin x}$$

について考えてみよう。この場合

$$\lim_{x \to 0}\left(e^x - e^{-x}\right) = e^0 - e^0 = 1 - 1 = 0$$

$$\lim_{x \to 0}\sin x = \sin 0 = 0$$

であるから、このままでは 0/0 のかたちになっている。そこで、分子分母を微分してやると

$$\lim_{x \to 0} \frac{e^x - e^{-x}}{\sin x} = \lim_{x \to 0} \frac{\left(e^x - e^{-x}\right)'}{(\sin x)'} = \lim_{x \to 0} \frac{e^x + e^{-x}}{\cos x} = \frac{e^0 + e^0}{\cos 0} = 2$$

となって、2 という値が得られる。

それでは、無限大の場合はどうか。この場合は

$$\lim_{x \to a} f(x) = \infty, \quad \lim_{x \to a} g(x) = \infty$$

となっている。ここで

$$\phi(x) = \frac{1}{f(x)}, \quad \varphi(x) = \frac{1}{g(x)}$$

という置き換えを行う。すると

$$\lim_{x\to a}\frac{f(x)}{g(x)}=\lim_{x\to a}\frac{1}{\phi(x)}\bigg/\frac{1}{\varphi(x)}=\lim_{x\to a}\frac{\varphi(x)}{\phi(x)}$$

となる。ここで

$$\lim_{x\to a}\phi'(x)=\lim_{x\to a}\frac{\phi(x)-\phi(a)}{x-a}$$
$$\lim_{x\to a}\varphi'(x)=\lim_{x\to a}\frac{\varphi(x)-\varphi(a)}{x-a}$$

であるから

$$\lim_{x\to a}\frac{\varphi'(x)}{\phi'(x)}=\lim_{x\to a}\frac{\dfrac{\varphi(x)-\varphi(a)}{x-a}}{\dfrac{\phi(x)-\phi(a)}{x-a}}=\lim_{x\to a}\frac{\varphi(x)-\varphi(a)}{\phi(x)-\phi(a)}=\lim_{x\to a}\frac{\varphi(x)}{\phi(x)}$$

ここで

$$\phi'(x)=\left(\frac{1}{f(x)}\right)'=-\frac{f'(x)}{(f(x))^2}$$
$$\varphi'(x)=\left(\frac{1}{g(x)}\right)'=-\frac{g'(x)}{(g(x))^2}$$

を考えて、$f(x), g(x)$ にもどすと

$$\lim_{x\to a}\frac{f(x)}{g(x)}=\lim_{x\to a}\frac{1}{\phi(x)}\bigg/\frac{1}{\varphi(x)}=\lim_{x\to a}\frac{\varphi(x)}{\phi(x)}=\lim_{x\to a}\frac{\varphi'(x)}{\phi'(x)}$$
$$=\lim_{x\to a}\frac{-g'(x)}{(g(x))^2}\bigg/\frac{-f'(x)}{(f(x))^2}=\lim_{x\to a}\frac{g'(x)}{f'(x)}\left(\frac{f(x)}{g(x)}\right)^2$$

よって、無限大の場合でも

補遺 5　極限値

$$\lim_{x \to a}\frac{f(x)}{g(x)} = \lim_{x \to a}\frac{f'(x)}{g'(x)}$$

となることが分かる。例えば

$$\lim_{x \to \infty}\frac{x}{e^x}$$

という極限を考えてみよう。すると

$$\lim_{x \to \infty} x = \infty, \quad \lim_{x \to \infty} e^x = \infty$$

であるから、∞/∞ のかたちになっているので、このままでは計算できない。そこで、分子分母の微分をとると

$$\lim_{x \to \infty}\frac{x}{e^x} = \lim_{x \to \infty}\frac{(x)'}{(e^x)'} = \lim_{x \to \infty}\frac{1}{e^x} = 0$$

と計算できる。

　もし仮に $\lim_{x \to a}\dfrac{f'(x)}{g'(x)}$ が 0/0 や ∞/∞ のかたちになってしまった場合には、同様の考えで

$$\lim_{x \to a}\frac{f'(x)}{g'(x)} = \lim_{x \to a}\frac{f''(x)}{g''(x)}, \quad \lim_{x \to a}\frac{f''(x)}{g''(x)} = \lim_{x \to a}\frac{f'''(x)}{g'''(x)}$$

を順次利用することができる。

　例えば

$$\lim_{x \to \infty}\frac{x^3}{e^x}$$

を考えてみよう。このままでは ∞/∞ となっているので、分子分母の微分をとると

$$\lim_{x\to\infty}\frac{(x^3)'}{(e^x)'}=\lim_{x\to\infty}\frac{3x^2}{e^x}$$

となるが、これも ∞/∞ のかたちとなっている。そこでさらに微分をとると

$$\lim_{x\to\infty}\frac{(3x^2)'}{(e^x)'}=\lim_{x\to\infty}\frac{6x}{e^x}$$

さらに、もう一度微分をとると

$$\lim_{x\to\infty}\frac{6x}{e^x}=\lim_{x\to\infty}\frac{(6x)'}{(e^x)'}=\lim_{x\to\infty}\frac{6}{e^x}=0$$

となって、結局、極限値は 0 と計算できることになる。いまの計算から容易に分かるように m が有限であれば

$$\lim_{x\to\infty}x^m e^{-x}=\lim_{x\to\infty}\frac{x^m}{e^x}=0$$

となることが分かる。

索　引

あ行
1位の極　*114*
1のn乗根　*46*
一致の定理　*79, 241*
n位の極　*114*
オイラーの公式　*39*

か行
階乗　*246*
階乗関数　*248*
外積　*24*
解析関数　*72, 233*
解析接続　*233, 242*
回転　*20*
ガウス関数　*289*
ガウス積分　*104, 248*
ガウスの積分公式　*289*
加法定理　*23, 276*
渦流　*231*
カルマン・トレフツ変換　*170*
ガンマ関数　*246*
ガンマ関数の解析接続　*250*
逆関数　*198, 255*
級数展開　*26*
級数展開の一意性　*244*
共役　*14, 44*
共役調和関数　*188*
極形式　*19, 151*
極形式表示　*293*
極限値　*301*
極と留数　*112*
虚数　*11*
虚数部　*12*

空力学　*162*
グリーンの定理　*282*
コーシーの積分公式　*135*
コーシーの積分定理　*93*
コーシー・リーマンの関係式　*73, 185, 284, 293*

さ行
三角関数　*34, 276*
指数関数　*33, 66, 69*
自然対数　*33*
実数　*11*
実数部　*12*
写像　*56*
周回積分　*92, 282*
ジューコウスキー翼　*169*
ジューコウスキー変換　*162*
収束半径　*235*
従属変数　*256*
主枝　*257*
主値　*257*
シュバルツ・クリストッフェル変換　*173, 221*
初等関数　*61*
吸い込み　*226*
正n角形　*48*
正則関数　*184*
積分経路　*88*
絶対値　*18*
切断線　*263*
漸化式　*247*
線積分　*88*
双曲線関数　*64, 155*
双曲線関数の微分　*187*
速度ポテンシャル　*203, 204*

た行
対数関数　69
多価関数　69, 254, 261
多角形　173
多項式　29
単位円　45
調和関数　180
直角双曲線　212
テーラー展開　31, 110, 234
電気力線　227
点電荷　224
等温線　192
等角写像　139
等角写像の条件　142
特異点　78, 234
独立変数　256
ド・モアブルの定理　51

　　な行
内積　21
流れ関数　204
2項定理　30
2次元ベクトル　21
2次方程式の根　11
熱伝導　181
熱伝導方程式　183

　　は行
飛行機の翼　164
被積分関数　116
微分可能　143
微分の加減乗除の基本公式　84
フーリエ変換　131
複素関数　26, 53
複素関数の微分　70
複素数　12
複素数速度　202
複素数の加減乗除　13
複素数の多価性　260
複素積分　87, 91
複素積分のパターン　116
複素速度ポテンシャル　204

複素平面　17, 44
複素変数の2次変数　53
複素ポテンシャル　208, 299
不定形　301
フレネル積分　103
分岐点　265
閉曲線　92
平行四辺形の法則　21
べき級数の係数　28
ベクトルの合成則　167
偏角　19
偏微分方程式　181
放物線　141
ポテンシャル　180
ポテンシャル関数　208

　　ま行
マクローリン展開　27
無限等比級数　237

　　や行
4次元　54
4次元空間　91

　　ら行
ラプラス方程式　181
リーマン面　254, 263
留数　108, 268
流体力学　202
臨界点　146
ローラン展開　110

　　わ
湧き出し　226

著者：村上　雅人（むらかみ　まさと）

1955 年，岩手県盛岡市生まれ．東京大学工学部金属材料工学科卒，同大学工学系大学院博士課程修了．工学博士．超電導工学研究所第一および第三研究部長を経て，2003 年 4 月から芝浦工業大学教授．2008 年 4 月同副学長，2011 年 4 月より同学長．

1972 年米国カリフォルニア州数学コンテスト準グランプリ，World Congress Superconductivity Award of Excellence，日経 BP 技術賞，岩手日報文化賞ほか多くの賞を受賞．

著書：『なるほど虚数』『なるほど微積分』『なるほど線形代数』『なるほど量子力学』など「なるほど」シリーズを 20 冊以上のほか，『日本人英語で大丈夫』．編著書に『元素を知る事典』（以上，海鳴社），『はじめてナットク超伝導』（講談社，ブルーバックス），『高温超伝導の材料科学』（内田老鶴圃）など．

なるほど複素関数
2002 年 3 月 8 日　第 1 刷発行
2024 年 4 月 5 日　第 7 刷発行

発行所：㈱海鳴社　http://www.kaimeisha.com/
〒 101-0065　東京都千代田区西神田 2－4－6
E メール：info@kaimeisha.com
Tel.：03-3262-1967　Fax：03-3234-3643

JPCA

本書は日本出版著作権協会 (JPCA) が委託管理する著作物です．本書の無断複写などは著作権法上での例外を除き禁じられています．複写（コピー）・複製，その他著作物の利用については事前に日本出版著作権協会（電話 03-3812-9424，e-mail:info@e-jpca.com）の許諾を得てください．

発　行　人：辻　信行
組　　　版：小林　忍
印刷・製本：シナノ

出版社コード：1097
ISBN 978-4-87525-206-1

© 2002 in Japan by Kaimeisha
落丁・乱丁本はお買い上げの書店でお取替えください

村上雅人の理工系独習書「なるほどシリーズ」

なるほど虚数──理工系数学入門	A5判 180頁、1800円
なるほど微積分	A5判 296頁、2800円
なるほど線形代数	A5判 246頁、2200円
なるほどフーリエ解析	A5判 248頁、2400円
なるほど複素関数	A5判 310頁、2800円
なるほど統計学	A5判 318頁、2800円
なるほど確率論	A5判 310頁、2800円
なるほどベクトル解析	A5判 318頁、2800円
なるほど回帰分析　　（品切れ）	A5判 238頁、2400円
なるほど熱力学	A5判 288頁、2800円
なるほど微分方程式	A5判 334頁、3000円
なるほど量子力学Ⅰ──行列力学入門	A5判 328頁、3000円
なるほど量子力学Ⅱ──波動力学入門	A5判 328頁、3000円
なるほど量子力学Ⅲ──磁性入門	A5判 260頁、2800円
なるほど電磁気学	A5判 352頁、3000円
なるほど整数論	A5判 352頁、3000円
なるほど力学	A5判 368頁、3000円
なるほど解析力学	A5判 238頁、2400円
なるほど統計力学	A5判 270頁、2800円
なるほど統計力学　◆応用編	A5判 260頁、2800円
なるほど物性論	A5判 360頁、3000円

（本体価格）